生物多样性优先保护丛书

# 重庆缙云山国家级自然保护区植物多样性研究

邓洪平 等 著

科 学 出 版 社
北 京

## 内 容 简 介

缙云山位于重庆市区西北，区内自然环境多样，森林植被繁茂，具有保存较为完好的亚热带常绿阔叶林。其中植物物种非常丰富，且具有区系古老、物种稀有、特有性显著等特征，是长江中上游地区的植物种质基因库。保护区始建于 1979 年，对这个邻近市区中心的植物种质基因库起到了显著的保护效果。本书分为十二章，分别介绍保护区自然地理概况、不同类群植物多样性现状、植被和景观多样性现状，并重点介绍保护区的珍稀濒危植物、保护植物、古树名木、模式标本植物、入侵植物及特色资源植物的研究成果，最后对保护区的保护工作提出了一些建议。本书可为保护区保护工作的开展以及相关科学研究提供参考。

**图书在版编目（CIP）数据**

重庆缙云山国家级自然保护区植物多样性研究/邓洪平等著. —北京：科学出版社，2017.5

（生物多样性优先保护丛书）

ISBN 978-7-03-052233-7

Ⅰ. ①重… Ⅱ. ①邓… Ⅲ. ①自然保护区–生物多样性–研究–重庆 Ⅳ. ①S759.992.719 ②Q16

中国版本图书馆 CIP 数据核字（2017）第 054878 号

责任编辑：张 展 刘 琳 / 责任校对：韩雨舟
责任印制：罗 科 / 封面设计：墨创文化

科学出版社出版
北京东黄城根北街 16 号
邮政编码：100717
http: //www.sciencep.com

成都锦瑞印刷有限责任公司印刷
科学出版社发行 各地新华书店经销
*
2017 年 5 月第 一 版 开本：889×1194 1/16
2017 年 5 月第一次印刷 印张：11.75
字数：380 000

**定价：118.00 元**

（如有印装质量问题，我社负责调换）

## 《重庆缙云山国家级自然保护区植物多样性研究》
## 编委会


主　编：邓洪平

副主编：王　茜　齐代华　张家辉　牟维斌　陈　锋　李运婷

编　者：丁　博　黄　琴　李宗峰　王　馨　兰雪莲　邓先保
王太强　蒋洁云　巴罗菊　宗秀虹　王国行　杨小艳
郭　金　杨　牟　操梦帆　王　鑫　张华雨　成晓霞
刘　钦　喻奉琼　李丘霖　万海霞　蒋庆庆　肖江伟
刘玉芳　王　刚　彭　曾　马凯阳　瞿欢欢　顾　梨
倪东萍　何　松　程莅登

# 前　　言

重庆缙云山国家级自然保护区位于重庆市区西北，距重庆市中心35km。保护区总面积7600hm$^2$，其中，核心区1235hm$^2$，缓冲区1505hm$^2$，实验区4860hm$^2$。保护区自然环境多样，森林植被繁茂，具有保存较为完好的亚热带常绿阔叶林。区内植物物种丰富，区系起源古老，物种稀有程度高，特有性显著，是长江中上游地区的植物种质基因库。其在保护、科研、教学、旅游等方面均具有很高的价值。保护区经重庆市人民政府批准，于1979年4月成立，并设立管理处。2001年6月，经国务院办公厅批准为国家级自然保护区，并将管理处更名为管理局。1985年，重庆市编委批准在缙云山成立重庆市缙云山植物园，与保护区“两块牌子，一套班子”，1991年，经重庆市编委批准更名为重庆市植物园。

自然保护区在保护生物多样性及物种生境上发挥着极为重要的作用，获得翔实的生物多样性本底资料是保护区开展保护工作的必备条件。自20世纪80年代起，保护区就吸引了国内外许多专家和学者来此开展植物资源的调查和研究，先后出版了《缙云山植物名录》（1999年）及《缙云山植物志》（2005年）。由于当时研究手段和数据资料的限制，《缙云山植物名录》及《缙云山植物志》也有不尽人意之处，如对某些植物的疏忽和对某些物种的鉴定谬误，并且都未对大型真菌进行记录。近年来，由于人为影响、气候变化等原因，缙云山植物多样性也出现了一定的变化，其中在藻类植物中体现得最为明显。

编者所组建的研究团队，多年来以缙云山植物及生态系统为依托开展了大量的基础研究，并多次承担保护区的科学考察，获得了丰硕的研究成果，积累了丰富的基础资料。前后发现了木油桐、异叶梁王茶、岩木瓜等新分布物种及缙云秋海棠一新物种。

本书是在多年资料累积的基础上编撰而成的，并汇集了最新的调查和研究成果。以期为保护区保护工作的开展提供基础，并为相关的科学研究提供参考。

限于时间和业务水平，书中难免存在一定的不足，敬请读者提出宝贵意见。

编　者

2017年2月

# 目 录

# 第1章　自然地理概况

## 1.1　地 理 位 置

重庆缙云山国家级自然保护区位于重庆市北碚区、沙坪坝区、璧山区境内，距市中心约35km。地理坐标为东经106°17′43″～106°24′50″，北纬29°41′08″～29°52′03″，总面积7600hm$^2$，东西长23.0km，南北宽5.0km，最低海拔180.0m，最高海拔952.2m，属中亚热带东部偏湿性季风气候，雨量充沛，温暖湿润，自然条件非常优越。

## 1.2　地 质 地 貌

自然保护区地质构造属川东褶皱带华蓥山帚状弧形构造。褶皱带由明显的北北东—南南西走向的三个背斜、两个向斜构成，构成单元由西北向东南分别为沥鼻峡背斜、温塘峡背斜和观音峡—中梁山背斜构成，背斜之间有宽缓的澄江向斜和北碚向斜谷地，嘉陵江由西北向东南横切三个背斜和两个向斜，因而形成三个险峻的峡谷，称为沥鼻峡、温塘峡、观音峡。峡谷两侧山高岩陡，峭拔幽深，形势险要，其雄奇瑰丽之势，犹如长江三峡的缩影，故素有“嘉陵江小三峡”之称。褶皱带在白垩纪末到古近纪初的四川运动形成。地层有三叠系、侏罗系和第四系地层。缙云山为三背斜中间的一支——温塘峡背斜的一部分，与小三峡上下相映，风景秀丽，相对高差752.2m。岩层为三叠系须家河组厚层砂岩，山的北段由于流水沿岩石节理裂缝溯源侵蚀，形成许多垭口和山峰，从北到南，连绵相接，有日照、香炉、狮子、聚云、猿啸、莲花、宝塔、玉尖、夕照九个突兀的山峰，山形奇异，景色别致。“狮子摩霄汉，香炉篆太空。朝阳迎旭阳，猿啸乱松风。夕照三千界，莲花七窍通。玉尖如宝塔，更有聚云峰。”这诗句概括了九峰的形态和风光。山的南段为箱形山脊，顶部平缓。全山西北翼较缓，坡度20°左右，东南翼较陡，倾角约六七十度。因此两翼的植物和植被有所差异。

## 1.3　水　　文

根据《重庆市北碚区水资源开发利用现状分析报告》，缙云山水系十分复杂，属嘉陵江水系（V3）干流中下游（V3-3）三级区中的一个四级区（即河口丘陵区，V3-3-3）中壁北河流域区的壁北河右岸区（$\mathrm{I}_2$）、黛湖流域区（$\mathrm{I}_4$）和梁滩河流域区（Ⅱ）的马鞍溪流域区（$\mathrm{II}_2$）。

缙云山岩层为砂、泥页岩相间组合，上层为厚砂岩，下层为泥页岩，泥页岩积水。岩层越厚，积水越多。在砂岩和泥页岩接触面，有接触水流出。采煤后的煤洞水，岩体在这些流水的长期作用下，形成以山脊线为分水岭。在东南翼和西北翼上发育的许多平行排列的顺向河及冲沟，构成了缙云山的梳状水系。冲沟长度一般为0.7～1.0km，最长1.8km，最短0.5km，大多属于幼年冲沟，其弯曲度不明显，多为直线型冲沟，而沟谷为“V”字形。谷宽10～50m，也有几米宽的，由于山体蓄水量较大，冲沟大多数（12条）有常年性流水，成为山泉，最终汇入嘉陵江。缙云山东南翼上的山泉，在黑石坪东北面的归入马鞍溪，在黑石坪西南面的归入龙凤溪；西北翼的山泉全部归入壁北河（运河），这三条溪河最后分别在澄江镇、北碚碚石、兼善中学（何家嘴）流入嘉陵江。

缙云山地下水类型属平行岭谷裂隙水区的碎屑岩孔隙裂隙水（$T_{3XJ}$），单井涌水量小于100m$^3$/d。

## 1.4　气　　候

自然保护区具亚热带季风湿润性气候特征，年平均气温13.6℃，最热月（8月）平均气温24.3℃，最冷月

（1月）平均气温3.1℃，极端最高温36.2℃，极端最低温–4.6℃，≥10℃年积温为4272.4℃；年平均相对湿度87%，年平均水汽压14.9mbar，年平均降水量1611.8mm，最高年降水量1783.8mm，冬半年（10月～次年3月）降水量368.0mm，占全年的22.8%，夏半年（4～9月）降水量达1243.8mm，占全年的77.2%；年平均蒸发量777.1mm，月平均蒸发量64.7mm，7、8两月蒸发量共255.4mm，占全年的32.8%；雾日数年平均89.8d，年平均日照时数低于1293h。缙云山林内最高月平均气温（8月）24.5℃，最低月平均气温（2月）3.7℃，月均温年较差20.8℃；林外空旷地最高月平均气温25.8℃，最低月平均气温3.3℃，月平均年较差22.5℃，比林内年较差高1.7℃，最热月均温林外比林内高1.3℃，最冷月均温林外比林内低0.4℃。

## 1.5 土　壤

保护区的土壤是以三叠系须家河组厚层岩石英砂岩，炭质页岩和泥质砂岩为母质风化而成的酸性黄壤及水稻土。山麓地区为侏罗纪由紫色页岩夹层上发育的中性或微石灰性的黄壤化紫色土。

缙云山土壤分为黄壤和水稻土两大类，并有少量分布零星的紫色土。黄壤包括砂质黄壤、土质黄壤、粗骨质黄壤、石质黄壤、岩渣土、腐殖质黄壤、冷砂土、冷砂泥土、黄砂土、黑渣土；水稻土包括冷砂田、冷砂泥田、黄泥田。

## 1.6 旅游资源

缙云山保护区具有丰富的自然景观和人文景观两大旅游资源。

缙云山素有“川东小峨眉”之称，旅游资源十分丰富。它雄峙于“嘉陵江小三峡”之温塘峡西侧，自东向西，朝日、香炉、狮子、聚云、猿啸、莲花、宝塔、玉尖、夕照，九峰绵延，苍翠葱陇。山上奇峰耸翠，林海苍茫，古木参天，古刹林立，春天繁花似锦、夏时绿荫蔽日，秋末层林尽染，冬寒银装素裹，集雄、险、奇、幽于一身。自南北朝刘宋景平元年始，历代先后修建有缙云寺、温泉寺、白云寺、大隐寺、石华寺、复兴寺、转龙寺、绍龙寺等8寺；此外有晚唐石照壁、宋代石刻、明代石坊、清代那伽窟等文物古迹，存建完好。其他如八角井、碑亭、华昌亭、南北高观音、九龙寨、青云寨、云峰寨、狮子峰寨等人文景观和海螺洞、轩辕洞、大岩洞、袈裟洞、桂月中秋、狮峰观月、香炉凌空、竹海探幽等自然景观辉映林间。1932年，中国佛教学会会长太虚大师在山上创办了“世界佛学苑汉藏教理院”，广收门徒，开展佛学教育工作，因此缙云山又被誉为“川东佛教圣地”，同北温泉、钓鱼城形成一条闻名遐迩的自然风光旅游线。

## 1.7 社会经济

保护区涉及三个区的9个乡镇、33个行政村、3个国有林场。保护区人口主要为汉族，包括农户4008户，13 052人，有耕地1214.8hm$^2$，主要分布于实验区内。保护区居民主要收入来源于农业生产和旅游服务业。已开发出具有浓郁地方特色的缙云甜茶、缙云竹笋、蕨菜、菝葜（*Smilax china*）、绞股蓝（*Gynostemma pentaphyllum*）等产品。

保护区现有林区公路14.2km，林区便道45km，基本上满足区内生产、生活运输之用。保护区通信设施较好。保护区的生活能源主要以电和天然气为主。区内无水电站，保护区外围运河村有煤矿开采。

## 1.8 科研及科普教育建设

重庆缙云山国家级自然保护区隶属重庆市林业局，是市林业局直属事业单位。保护区成立三十几年来，坚持走保护、科研和可持续发展的道路，建立了标本馆，开展森林生态廊道建设，为保存动植物资源做了大量的工作。

保护区已建成“八个基地一个中心”，即“全国青少年科技教育基地”、“全国野生植物保护教育基地”、“中国中小学绿色教育行动野外实习基地”、“重庆市青少年环境教育基地”、“国家生态文明教育基地”、“全国科普教育基地”、“全国中小学环境教育基地”、“重庆市科普基地”和“缙云山自然保护教育中心”。

# 第2章　藻类植物多样性

## 2.1　研 究 方 法

### 2.1.1　取样地点

缙云山保护区内的所有水域（塘）、水沟。重点为黛湖、大茶沟、石堰沟、石河堰、翠月湖。

### 2.1.2　调查方法

1. 样品采集

（1）定性采集：在库塘和流速较缓的溪沟中，用25#浮游生物网在采样点水面下0.5m处以每秒20～30cm的速度作"∞"形往复缓慢拖动。拖网时间为3～5min，将采得的水样倾入标本瓶中，加入鲁哥氏液固定保存。在流速较快的溪沟中，用镊子或刀片刮去水下基质（如石头、枯枝落叶、水草等）上的固着藻类，注入标本瓶，加入鲁哥氏液固定保存。

（2）定量采集：用1L深水采样器采集水面下0.5m的水样，经25#浮游生物网过滤后装入标本瓶，用鲁哥氏液固定保存。

2. 标本鉴定及计数

在显微镜下对定性样品进行拍照和鉴定，对于硅藻，经强酸处理后再行鉴定。物种鉴定参考《中国淡水藻志》《淡水习见藻类》等文献。对于定量样品，将其浓缩至30mL，充分摇匀后，用移液管吸取0.1mL注入浮游植物计数框内镜检计数。每个样品数3片，3片间差异不宜超过15%，取其平均值。如果差异过大，重新操作。使用以下公式计算藻类含量：

$$N = \frac{n \cdot V_1}{V_2 \cdot V_3}$$

式中，$V_1$为浓缩样体积（mL）；$V_2$为计数体积（mL）；$V_3$为采样量（L）；$n$为计数所得个体数。

3. 藻类物种多样性指数计算

（1）Shannon-Wiener物种多样性指数公式：

$$D = -\sum_{i=1}^{s} \frac{n_i}{N} \ln \frac{n_i}{N}$$

式中，$s$为样点中藻类种类数；$n_i$为样点第$i$种藻类个体数；$N$为样点中藻类总个体数。

Shannon-Wiener物种多样性指数可以反映水体水质状况，一般而言，指数值越高，水质越清洁。当物种多样性指数大于3时，水质清洁；指数为2～3时为轻度污染；1～2时为中度污染；0～1时为重度污染。

（2）Lloyd-Ghelardi均匀度指数。$E=S_i/S$，$E$为Lloyd-Ghelardi均匀度指数。$S_i$为第$i$个采样点的藻类物种数，$S$为藻类总种数。$E$值也在一定程度上反映了水体受污染的状况，其中>0.5为清洁；0.4～0.5为β中污带；0.3～0.4为α中污带；0～0.3为多污带。

## 2.2　藻类植物种类组成

经调查和鉴定，缙云山自然保护区有藻类植物8门28科60属206种（含变种和变型），详见表2-1。

其中硅藻门和绿藻门物种最多，分别占物种总数的 44.17%和 35.92%；蓝藻门的物种也比较丰富，占物种总数的 15.05%；裸藻门物种数占总数的 2.43%；属于隐藻门、甲藻门、金藻门和黄藻门的种类不多，仅 1～2 种，占物种总数的比例不到 1%。

**表 2-1　保护区藻类植物种类组成**

| 门 | 科 | 属 | 种 | 占总种数百分比/% |
|---|---|---|---|---|
| 蓝藻门 Cyanophyta | 4 | 12 | 31 | 15.05 |
| 隐藻门 Cryptophyta | 1 | 1 | 1 | 0.49 |
| 甲藻门 Pyrrophyta | 1 | 1 | 1 | 0.49 |
| 金藻门 Chrysophyta | 1 | 1 | 1 | 0.49 |
| 黄藻门 Xanthophyta | 1 | 1 | 2 | 0.97 |
| 硅藻门 Bacillarophyta | 8 | 21 | 91 | 44.17 |
| 裸藻门 Euglenophyta | 1 | 2 | 5 | 2.43 |
| 绿藻门 Chlorophyta | 11 | 21 | 74 | 35.92 |
| 合计 | 28 | 60 | 206 | 100.00 |

不同采样点间物种数量的差异明显（图 2-1），黛湖、大茶沟、铁厂沟采样点物种最丰富，约 100 种；白云水池、缙云寺物种最少，各为 52 种和 35 种；其余各采样点物种为 64～80 种。

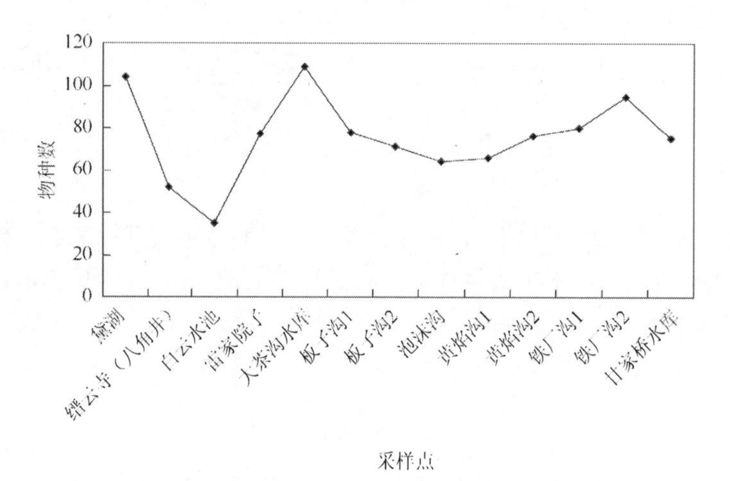


图 2-1　保护区各采样点藻类物种数量统计

## 2.3　浮游藻类植物种群密度

藻类植物的种群密度与采样时间和采样点的水流速度有很大关系。缙云山自然保护区 13 个采样点的调查分析结果表明（表 2-2），黛湖、雷家院子和大茶沟水库采样点藻类植物细胞密度较大。以上采样点以绿藻门植物细胞密度占绝对优势；其余采样点细胞密度比较一致，以硅藻占优势。

**表 2-2　保护区藻类植物细胞密度**　　单位：个/L

| 类群＼样点 | 黛湖 | 白云水池 | 缙云寺（八角井） | 雷家院子 | 大茶沟水库 | 板子沟1 | 板子沟2 | 泡沫沟 | 黄焰沟1 | 黄焰沟2 | 铁厂沟1 | 铁厂沟2 | 甘家桥水库 |
|---|---|---|---|---|---|---|---|---|---|---|---|---|---|
| 蓝藻门 | 8600 | 9600 | 12500 | 18600 | 7500 | 4200 | 6500 | 5800 | 4900 | 3700 | 3900 | 4800 | 15200 |
| 硅藻门 | 12000 | 6800 | 5000 | 14500 | 18700 | 23600 | 25680 | 32000 | 25800 | 22560 | 27480 | 26340 | 20150 |
| 裸藻门 | 460 | 120 | 60 | 120 | 450 | 370 | 410 | 320 | 180 | 320 | 260 | 170 | 220 |
| 绿藻门 | 25660 | 18000 | 25000 | 28900 | 22630 | 6630 | 4200 | 3600 | 2900 | 4200 | 5800 | 6400 | 3900 |
| 其他 | 180 | 230 | 0 | 300 | 750 | 150 | 270 | 330 | 420 | 480 | 330 | 120 | 350 |
| 总数 | 46900 | 34750 | 42560 | 62420 | 50030 | 34950 | 37060 | 42050 | 34200 | 31260 | 37800 | 37830 | 39820 |

# 2.4　主要藻类植物的生物量

由于水体中藻类植物的个体微小，无法直接称量，所以藻类植物的生物量测定采用体积法。对于静水采样点，以 1L 水样为标准计算藻类生物量。对于数量较少的金藻、甲藻、裸藻和黄藻门则未进行计算。各采集点硅藻门、绿藻门和蓝藻门生物量见表 2-3。由于藻类植物生物量是以藻类细胞为基础进行计算的，所以，各采样点计算结果同藻类细胞密度一致。

**表 2-3　保护区各采样点藻类植物生物量（湿重）**　单位：mg/L

| 门类 \ 样点 | 黛湖 | 白云水池 | 缙云寺（八角井） | 雷家院子 | 大茶沟水库 | 板子沟 1 | 板子沟 2 | 泡沫沟 | 黄焰沟 1 | 黄焰沟 2 | 铁厂沟 1 | 铁厂沟 2 | 甘家桥水库 |
|---|---|---|---|---|---|---|---|---|---|---|---|---|---|
| 蓝藻门 | 0.0684 | 0.0764 | 0.0994 | 0.1479 | 0.0597 | 0.0334 | 0.0517 | 0.0461 | 0.0390 | 0.0294 | 0.0310 | 0.0382 | 0.1209 |
| 硅藻门 | 1.6200 | 0.9180 | 0.6750 | 1.9575 | 2.5245 | 3.1860 | 3.4668 | 4.3200 | 3.4830 | 3.0456 | 3.7098 | 3.5559 | 2.7203 |
| 绿藻门 | 2.5302 | 1.7749 | 2.4651 | 2.8497 | 2.2314 | 0.6538 | 0.4141 | 0.3550 | 0.2860 | 0.4141 | 0.5719 | 0.6311 | 0.3846 |
| 总数 | 4.2186 | 2.7692 | 3.2395 | 4.9551 | 4.8156 | 3.8732 | 3.9326 | 4.7211 | 3.8079 | 3.4892 | 4.3127 | 4.2251 | 3.2257 |

# 2.5　藻类植物多样性分析

缙云山自然保护区藻类植物的各采样点属亚热带湿润气候区，气候较温和，雨量较充沛，四季分明。在正常水体中，藻类群落结构是相对稳定的。当水体受到影响后，藻类物种及个体数将发生变化，因此，可采用多样性指数来反映藻类群落变化，从而指示水环境状况。

## 2.5.1　Shannon-Wiener 物种多样性指数

该多样性指数的计算，是根据不同群落中藻类物种数和每一个物种的不同个体数来计算不同群落（采样点）的指数值，这样就可以了解不同群落中种间个体的差异和群落结构的组成以及物种的分布格局，同时还可以反映断面的水质状况。如图 2-2 所示，除白云水池、缙云寺、雷家院子 3 个采样点多样性指数值小于 3 外，其余采样点多样性指数值均大于 3，属清洁水体，说明各采样点水质状况较好。白云水池、缙云寺游客较多，对水体有一定污染，雷家院子水塘容易接纳周边农地及农家乐废水，同时还在人工喂鱼，因此水质比其他采样点差。

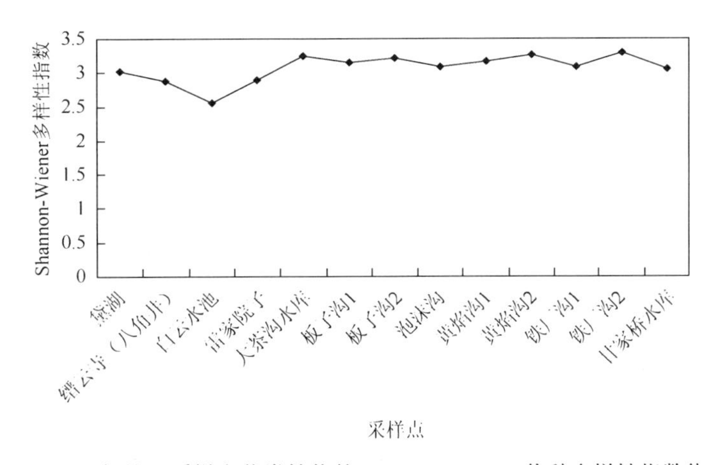


图 2-2　保护区采样点藻类植物的 Shannon-Wiener 物种多样性指数值

## 2.5.2　Lloyd-Ghelardi 均匀度指数

13 个采样点的 Lloyd-Ghelardi 多样性指数如图 2-3 所示，计算结果与 Shannon-Wiener 多样性指数值结果较为一致。Lloyd-Ghelardi 均匀度指数以 0.5 作为临界点，仅白云水池、缙云寺、雷家院子 3 个采样点多样性指数值小于 0.5，指示其受到一定程度的污染。

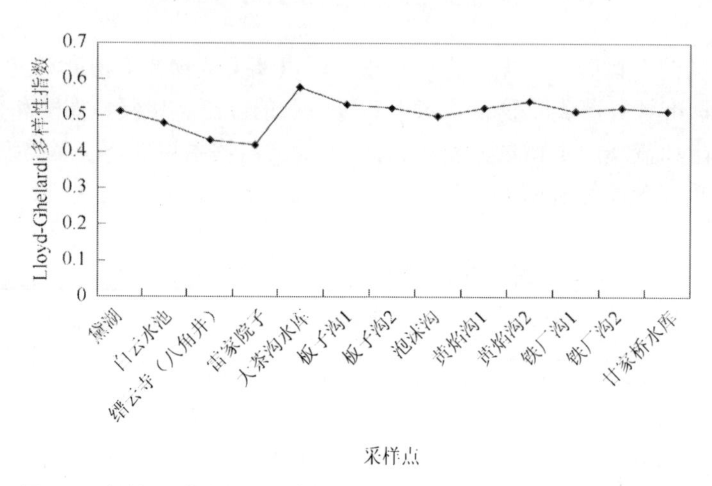


图 2-3　保护区采样点藻类植物的 Lloyd-Ghelardi 物种多样性指数值

## 2.6　指 示 藻 类

某些藻类对水体的环境变化能产生各种反应信息，对水质具有指示作用。因此可利用它们来监测和评价水体的污染状况。

**表 2-4　保护区污染指示藻类植物及其分布**

| 指示藻类 | 水体划带 | | | | 指示藻类 | 水体划带 | | | |
|---|---|---|---|---|---|---|---|---|---|
| | 多污带 | α-中污带 | β-中污带 | 微污带 | | 多污带 | α-中污带 | β-中污带 | 微污带 |
| *Oscillatoria agardhii* | | | ++++ | | *Cymbella ffinis* | | -- | -- | ++++ |
| *O. prirceps* | | | ++++ | | *Pinunlaria gibba* | | | ++++ | |
| *Phormidium favosum* | | | ++++ | | *Rhopalodia gibba* | | | | ---- |
| *Anabaena flos-aquae* | | -- | ++++ | ++ | *Hantzschia amphioxys* | | | ++++ | ++++ |
| *Ceratium hirundinella* | | | | ++++ | *Nitzschia palea* | ++ | ++++ | ++++ | |
| *Tabellaria fenestrata* | | | ---- | ++++ | *Surirella capronii* | | | ++++ | |
| *Diatoma elongatum* | | | | ++++ | *S. linearis* | | ---- | ++++ | -- |
| *D.vulgare* | | | ++++ | ++++ | *S. ovata* | | ---- | ++++ | -- |
| *Melosira varians* | -- | ---- | ++++ | -- | *S. spiralis* | | | | ++++ |
| *Fragilaria capucina* | | | ++++ | ++++ | *Cymatopleura elliptica* | | | ---- | |
| *Synedra ulna* | | | ++++ | ++ | *Tribonema minus* | | | | ++++ |
| *Eunotia pectinalis* | | | | ++++ | *Pandorina mornm* | | | ++++ | ---- |
| *Achnathes.lanceolata* | | | | ++++ | *Eudorina.eiegans* | | | ++++ | ---- |
| *Cocconeis.placentula* | | ---- | ++++ | ++ | *Scenedesmus quadricauda* | | ---- | ++++ | ---- |
| *Gyrosigma.acuminatum* | | ---- | ++ | ++++ | *Ulothrix zonata* | | | -- | ++++ |
| *G. angustatum* | | | | ++++ | *Closterium cerosum* | | | ++++ | |
| *Navicula oblonga* | | -- | -- | ++++ | | | | | |

注：++++示极常出现；++示常出现；----示出现；--示偶有出现。

水体中的理化性质和藻类群落的组成与水体本身的自净力、污染源的距离、污染物的性质等会发生相应变化。同一属的种类其耐污程度（或指示作用）可能不同，如裸藻属（*Euglena*）的绿裸藻（*E.viridis*）是最耐污的种类，而同属的易变裸藻（*E.mutechilis*）就不耐有机污染。另外，污染物的种类和性质差别很大，水生藻类对它们的反应也各不相同。根据这些现象，法国的 Kolkwitx 和 Marsson、日本的津田松苗将河流划分为多污带（重污带）、α-中污带（强中污带）、β-中污带（弱中污带）、寡污带（微污带）和清洁带，并指出每一带水体中都生存有不同的藻类，形成污水生物系统，并运用这一系统来评价水质的污染程度（表 2-4）。清洁带指山溪水，它们开始于泉水，并且在很有限的范围，随后根据流水不断进入新的环境而成为不洁的污水带，因此河流一般被划分在前 4 个带。

缙云山保护区有指示各水体带的藻类植物 33 种（表 2-4）。其中常出现在多污染带水体的指示藻类 1 种，占指示藻类总数的 3.03%；极常出现于 α-中污带水体中的指示藻类 1 种，占指示藻类总数的 3.03%；极常出现于 β-中污带水体中的指示藻类有 19 种，占指示藻类总数的 57.58%；在微污带水体中极常出现的种类为 15 种，占指示藻类总数的 45.45%。可以看出各采样点以 β-中污带和微污带指示藻类占的比例最大，表明缙云山自然保护区采样点内水质状况较为良好，藻类群落结构稳定。

## 2.7　藻类植物区系特点

从自然属性来看，由于淡水藻类大多个体微小，它们的孢子或休眠合子，乃至单细胞或者丝状体的营养体都易为风、水禽、船只等所传播。因此，淡水藻类大部分是世界性分布的或者属于广布生活区类型。一般来说，无论地域差异，只要环境条件相似，极易发现同种或相似的藻类植物，所以淡水藻类在某一地区的特有种很少，尤其对那些易传播的微小藻类来说。缙云山自然保护区水域中的藻类植物与北半球欧亚大陆乃至北美陆地的淡水藻类大多是相同或相近的，它们主要来源于亚热带和热带。对于本保护区来说，其藻类区系具有物种丰富、着生藻类群落较单一、硅藻和绿藻占优势及指示藻类明显的特点。

### 1. 藻类物种较为丰富

13 个采样点共有藻类植物 8 门 28 科 60 属 206 种。不但种类丰富，生态类型也多样，喜流水的物种、喜静水的物种及着生的物种均有分布。

### 2. 着生藻类群落较单一

#### 1）鞘藻群落（The *Oedogonium pringsheimii* Community）

该群落常附生于岸边的石头、树枝等基质上，绿色，呈丝状。优势种为普林鞘藻（*Oedogonium pringsheimii*），此外还有异极藻属（*Gomphonema*）、桥弯藻属（*Cymbella*）的种类常通过胶质柄附着在鞘藻丝体上。该群落在板子沟、泡沫沟等采样点有分布。

#### 2）席藻-颤藻群落（The *Phormidium-Oscillatoria* Community）

该群落常生长在水下的泥土和石块上。优势种为窝形席藻（*Phormidium foveolarun*）和泥生颤藻（*Oscillatoria limosa*）。混生其中的主要硅藻种类有扁圆卵形藻多孔变种（*Cocconeis placentula* var. *englypta*）、普通等片藻（*Diatoma vulgare*）、微绿舟形藻（*Navicula viridula*）等。该群落主要分布于白云水池、雷家院子等采样点。

#### 3）变异直链藻群落（The *Melosira varians* Community）

该群落以附着生活为主，常受到水流冲击成偶然性浮游类型。在各断面沿岸带的泥土、石块上附生。主要为变异直链藻（*Melosira varians*），混生有普通等片藻（*Diatoma vulgare*）、谷皮菱形藻（*Nitzschia palea*）、切断桥弯藻（*Cymbella excisa*）等。在 13 个采样点均有分布，而且为优势种群。

### 3. 硅藻和绿藻为优势类群

调查发现，黄焰沟 1、黄焰沟 2、板子沟 1、板子沟 2、泡沫沟、铁厂沟 1、铁厂沟 2 等 7 个采样点均以硅藻为优势类群，这些采样点生境为山间溪流，流速快，因此喜流水环境的硅藻占优势。黛湖、甘家桥水库、白云水池、缙云寺、雷家院子、大茶沟水库等 6 个采样点为静水的湖泊、水库、水井等，因此以喜静水的绿藻为优势类群。

4. 指示藻类明显

各水体的指示藻类种类均较明显，以指示清洁或微污水体的指示藻类，如清净颤藻（*Oscillatoria saneta*）、短小曲壳藻（*Achnathes exigua*）、杆状舟形藻（*Navicula bacillum*）小型异极藻（*Gomphophella parvulum*）、延长鱼鳞藻（*Mallomonas elongata*）、瞳孔舟形藻（*Navicula pupula*）、阿氏颤藻（*Oscillatoria agardhii*）等种类为主。这从侧面反映出保护区水质良好，这与采样点附近植被覆盖率高、污染少有关。

## 2.8 藻类植物资源

藻类植物是水生生态系统中初级生产者之一，是整个系统中物质循环和能量流通的基础。在水体中除了作为饵料外，在缙云山自然保护区也有一些可以开发利用的藻类植物。

1. 固定氮素作为肥料的藻类

鱼腥藻和念珠藻的一些种类具有固氮能力，能将空气中的分子态氮转化为可供植物吸收利用的氮。据有关资料报道，我国有30多种固氮蓝藻。固氮蓝藻通过固氮酶的作用将大气中游离的分子氮固定为化合态氮，同时在其繁殖过程中不断分泌着氨基酸、糖类、多肽和少量激素等含氮化合物和活性物质，加之固氮蓝藻死亡后释放出大量的氨态氮，从而大大增加土壤肥力。据有关资料分析，500kg鲜重蓝藻相当于5～7.5kg硫酸铵的含氮量，1.3kg的过磷酸钙和9.45kg活性有机物质的肥力。蓝藻的固氮潜力一季可以达到20～60kg/公顷，据我国的研究报道，晚稻田接种固氮蓝藻一季可固定氮素 0.95～1.95kg/亩，每年每亩地的固氮量可达 1～6.5kg。在稻田中，人工施用固氮蓝藻，水稻的产量平均可提高10%～15%。日本的Watanabe和他的协作者们，在连续5年对固氮蓝藻的使用中发现，第1年水稻产量增加2%，第2年增加8%，第3年增加15%，第4年增加20%。所以，培养固氮蓝藻来解决湿地保护区的土壤肥力，既经济又环保。

2. 作为饲料的藻类

20世纪60年代，已有不少国家和地区利用单细胞藻类作为家畜的辅助饲料。美国Maryland大学家禽系用玉米粉、大豆粉、骨粉和维生素D喂小鸡，4周后小鸡体重增加0.13kg，而在这种混合饲料中把小球藻干粉代替等量豆粉喂小鸡，4周后其体重增加了0.28kg，其效果比混合饲料增加了1倍多。人工培养小球藻、栅藻、衣藻等单细胞藻类作为猪、鸡等家禽的饲料，收效明显。分析表明，1g斜生栅藻的干物质中含有38μg维生素$B_2$、12μg泛酸、72μg烟酸和其他物质。许多经济鱼类幼鱼的活性饵料是水蚤，而单细胞藻类是水蚤最好的饲料。所以利用库区环境培养生长较快的单细胞和小型群体藻类作为猪、牛、羊以及家禽饲料的添加剂或者作为鱼的饵料，都将得到良好的效果。

3. 用于提取叶绿素的藻类

过去提取叶绿素的原料主要是豆科植物的苜蓿（*Clover blossom*），由于含量只有0.2%，所以成本较高。单细胞的绿球藻类含有叶绿素的量达 4%～6%，超过苜蓿含量的 20～30 倍，因此利用绿球藻类提取叶绿素，不但含量高，而且还能大大降低成本。

4. 用于提取胡萝卜素的藻类

单细胞绿藻类和硅藻类含有丰富的β-胡萝卜素，这种色素是维生素A原。与相同量的苜蓿比较，绿球藻类中β-胡萝卜素的含量为1.3μg，苜蓿含0.2～0.3μg。

5. 用于提取油脂和固醇的藻类

一些单细胞藻类都含有不饱和脂肪酸。如绿球藻类中含有固醇，特别是软骨菊固醇。它是合成皮质酮极好的材料。皮质酮是肾上腺皮质分泌的激素，是治疗急性风湿性症和传染性黄疸等的良药。栅藻中这种固醇含量达干物质的 0.23%。

6. 医药上的利用

据报道，从培养的小球藻中可提取一种对温度不稳定的、在三氯甲烷和甲苯中会溶解的物质——“小球藻素”，它对一些细菌有明显的抗生作用，如金黄色葡萄球菌（*Staphylococcus aureus*）、大肠埃希氏杆菌（*Escherichia coli*）和痢疾疾志贺氏菌（*Shigeua dysenteriae*）。刚毛藻属和鞘丝藻属的一些种类也可提取抗生素，如生产控制绿脓杆菌（*Pseudomonas*）和黏细菌（*Mycobacterium*）生长的物质。

7. 食品上的利用

有些淡水藻类在我国是普通的食品，如人们常食用的地木耳（普通念珠藻 *Nostoc commune*）、小球藻、溪菜（*Prasiola*）、刚毛藻、水绵等。许多藻类，特别是单细胞藻类含有人体健康所必需的各种营养物质，如蛋白质、脂肪、糖类、维生素等。目前，世界上最大的商品性藻类生产国是日本，年产量 2500t，其中 50%为供人们食用的营养品。螺旋藻（*Spirulina pletensis*）具有丰富的、营养均衡的优质蛋白质，多种维生素，矿物质、叶绿素、γ-亚麻酸等不饱和脂肪酸和 β-胡萝卜素，它所含有的人体不能合成的 8 种必需氨基酸，与联合国“FAO”标准几乎一致，1g 螺旋藻粉所含的营养相当于 1000g 各种蔬菜营养的总和，它集 10 余种维生素于一身，且含量丰富。因此，粮食专家们说，螺旋藻等是成为这个拥挤不堪的星球上的人类未来的食物来源最有希望的重要藻类之一。

8. 水体的净化作用

水的自净作用在自然界中到处都有发生，只要水中存在有机物，水的自净过程就在进行。水的自净作用是多种因素促成的，有物理、化学和生物等因素参与。藻类在光合作用过程中放出氧气，能促进细菌的活动，以加速废水中有机物的分解。分解过程中所产生的二氧化碳，又可在藻类的光合作用过程中被利用或者排除。这样来达到净化水体的作用。有些单细胞藻类，如一种衣藻（*Chlamydomonas mundana*）也能像有些细菌那样，在无氧的条件下同化污水中的有机物。但是，藻类在水体自净过程中的能力是有限的，当排入水中的污染物过多，且含有抑制生物的物质时，藻类不但不能起到自净作用，反而会破坏水体的自净能力，这是我们必须要注意的。

9. 降低废水中无机盐含量方面的作用

因为藻类在光合作用的过程中必须从基质中吸取简单的无机盐类用于合成复杂的有机物，所以可在废水中培养藻类进行废水的深度净化处理，以降低废水中的氮磷含量，增加溶解氧达到净化废水的目的。

10. 对农药及重金属的净化作用

有些藻类对农药有降解作用，如菱形藻（*Nitzchia*）可使 DDT 少量降解为 DDE。实验证明，小球藻对 DDT 有相当高的吸附力，当水中 DDT 为 15g/m$^3$ 时，7 天后小球藻中 DDT 吸附量高于水中 7 倍多。有些藻类有吸收和积累有害元素的能力，它们体内所积累的元素往往高于环境数千倍以上。如四尾栅藻（*S.quadricauda*）积累的铈（Se）、钇（Y）比外界环境高 2 万倍。值得注意的是，利用藻类的富集能力来净化环境时，必须注意食物链的延伸对人类的影响。

11. 对环境的监测作用

有些藻类对周围环境信息反应非常敏感，在水体中藻类植物群落组成的性质和数量取决于被污染的水中有机物的情况。近年来，对淡水藻类与水体污染之间关系的研究，有很大的发展，不仅补充了水质化学分析的不足，而且被广泛用来评价、监测和预报水质的情况。

在不影响水环境的前提下，我们可以充分利用藻类资源来造福保护区人民。在技术人员的指导下，可大量培养藻类作为食品、工业原料或者饲料。同时对于有害的藻类加以防治。

## 2.9　保护措施及建议

水体富营养化外在的原因是人为活动频繁、营养盐输入。削减水体营养负荷或营养积累，是治本的措施。虽然目前缙云山自然保护区各水体水质较好，但随着旅游业的兴起和游客数量的增多，建议采取如下措施防止水环境污染。

### 1. 严格控制污水的排入

缙云山自然保护区实验区内分布有一定数量的农家乐，比如白云竹海、缙云寺、雷家院子、黛湖等地。农家乐的生活污水必须经过严格处理，达标排放。建议铺设污水管网和生化处理池，处理的污水用车运下山排入指定地方，实现废水零排放。

### 2. 加强对库塘的管理

雷家院子鱼塘养有一定数量的鱼，水体质量已经受到一定的影响，建议采取生态喂养的方式进行生产，防止水体污染。

### 3. 加强对游客的管理

缙云山植被覆盖率高，景点多，有大量游客前往观光旅游。因此，一定要做好宣传教育，防止垃圾污染水体，保证良好的水环境。

### 4. 进行水土保持

对于坡度较大、植被稀疏、易发生水土流失的水体及周边环境，进行植树造林，以减小水土流失。

# 第3章　大型真菌多样性

## 3.1　调 查 方 法

### 3.1.1　野外调查与标本采集

采用样线法与样方法相结合的方法进行实地调查，并采集大型真菌子实体的标本。使用记录表和数码相机记录大型真菌子实体的外部形态、发生情况、生态习性及生境特点。标本采集前需对子实体的宏观特征进行描述和测量，包括颜色、大小、质地等，采集时一定要保持标本的完整性。采集的标本按质地不同分别包装，带回实验室后获取孢子印。

### 3.1.2　标本的保存和鉴定

对于灵芝类、多孔菌类等木质、木栓质和革质标本，直接烘干即可保存。对于其他质地的子实体一般采用浸制法保存，保存液为甲醛液与50%酒精（*V*/*V*=3/50）的混合溶液。查阅相关的大型真菌彩色图谱和分类专著，标本采用传统的形态学分类和化学试剂反应相结合的方法进行鉴定。

### 3.1.3　区系分析

参考现有文献资料确定各属的地理成分，并进行统计分析。

## 3.2　大型真菌的种类组成

**表3-1　保护区大型真菌数量统计**

| 科名 | 属数 | 种数 | 科名 | 属数 | 种数 |
|---|---|---|---|---|---|
| **子囊菌门 Ascomycota** | | | 塔氏菌科 Tapinellaceae | 1 | 1 |
| 煤炱科 Capnodiaceae | 1 | 1 | 口蘑科 Tricholomataceae | 1 | 1 |
| 胶陀螺科 Bulgariaceae | 1 | 1 | 木耳科 Auriculariaceae | 2 | 5 |
| 虫草科 Cordycipitaceae | 2 | 2 | 胶耳科 Exidiaceae | 2 | 2 |
| 炭角菌科 Xylariaceae | 2 | 6 | 牛肝菌科 Boletaceae | 7 | 12 |
| 马鞍菌科 Helvellaceae | 1 | 1 | 桩菇科 Paxillaceae | 1 | 1 |
| 羊肚菌科 Morchellaceae | 1 | 1 | 硬皮马勃科 Sclerodermataceae | 1 | 2 |
| 盘菌科 Pezizaceae | 1 | 2 | 蛇革菌科 Serpulaceae | 1 | 1 |
| 火丝菌科 Pyronemataceae | 2 | 2 | 乳牛肝菌科 Suillaceae | 1 | 2 |
| | | | 鸡油菌科 Cantharellaceae | 1 | 1 |
| **担子菌门 Basidiomycota** | | | 伏革菌科 Corticiaceae | 1 | 1 |
| 伞菌科 Agaricaceae | 10 | 17 | 花耳科 Dacrymycetaceae | 3 | 4 |
| 鹅膏菌科 Amanitaceae | 1 | 19 | 地星科 Geastraceae | 1 | 2 |
| 球柄菌科 Bolbitiaceae | 2 | 2 | 钉菇科 Gomphaceae | 1 | 1 |
| 珊瑚菌科 Clavariaceae | 1 | 1 | 刺革菌科 Hymenochaetaceae | 4 | 6 |
| 囊韧革菌科 Cystostereaceae | 1 | 1 | 鬼笔科 Phallaceae | 5 | 6 |
| 轴腹菌科 Hydnangiaceae | 1 | 1 | 耳匙菌科 Auriscalpiaceae | 1 | 1 |
| 蜡伞科 Hygrophoraceae | 2 | 3 | 齿菌科 Hydnaceae | 1 | 1 |

续表

| 科名 | 属数 | 种数 | 科名 | 属数 | 种数 |
| --- | --- | --- | --- | --- | --- |
| 丝盖菇科 Inocybaceae | 2 | 2 | 红菇科 Russulaceae | 2 | 8 |
| 离褶伞科 Lyophyllaceae | 1 | 2 | 韧革菌科 Stereaceae | 2 | 2 |
| 小皮伞科 Marasmiaceae | 3 | 9 | 银耳科 Tremellaceae | 1 | 2 |
| 小伞科 Mycenaceae | 2 | 2 | 拟层孔菌科 Fomitopsidaceae | 3 | 4 |
| 侧耳科 Pleurotaceae | 2 | 4 | 灵芝科 Ganodermataceae | 1 | 4 |
| 膨瑚菌科 Physalacriaceae | 3 | 4 | 节毛菌科 Meripilaceae | 1 | 1 |
| 脆柄菇科 Psathyrellaceae | 4 | 7 | 干朽菌科 Meruliaceae | 3 | 3 |
| 裂褶菌科 Schizophyllaceae | 1 | 1 | 多孔菌科 Polyporaceae | 9 | 14 |
| 球盖菇科 Strophariaceae | 4 | 4 | 革菌科 Thelephoraceae | 1 | 1 |
| 合计 | | | | 109 | 184 |

通过分类鉴定，确定保护区有大型真菌 184 种，隶属于 19 目 51 科 109 属，其中子囊菌门 5 目 8 科 11 属 16 种，占总种数的 8.74%；担子菌门 14 目 43 科 98 属 168 种，占总种数的 91.26%（表 3-1）。

## 3.3　大型真菌的生态分布

### 3.3.1　生态类型

分析大型真菌获得营养的方式、生长基质或寄主的类型，可以有效地反映大型真菌的生态类型。按照大型真菌获得营养的方式，大型真菌可以分为腐生菌、寄生菌和共生菌三大类群。每一类又可根据生长的基质或寄主进一步划分为不同类型。例如，腐生类大型真菌可根据基质划分为木生菌、土生菌、草生菌、粪生菌等；寄生类大型真菌可根据寄主分为植物寄生菌、昆虫植物寄生菌、真菌植物寄生菌等；共生类大型真菌可根据与其共生的生物分为菌根菌、地衣型真菌和其他一些类别。

对调查结果进行统计得知，区内的 184 种大型真菌中，腐生菌种类占绝对优势，生于木材、树木、枯枝、落叶、腐草、腐殖质土壤等基质上的腐生真菌所占比例最大，有 137 种，占调查总种数的 74.86%，其中粪生菌 3 种，占调查总种数的 1.64%；土生菌有 41 种，占调查总种数的 22.40%，主要是鹅膏菌科、牛肝菌科和红菇科的一些种类；寄生真菌 3 种，为虫草科虫草属和棒束孢属寄生真菌，占调查总种数的 1.64%。

### 3.3.2　分布特点

大型真菌的分布与受气温、降水量影响的植被关系密切，不同植被类型下大型真菌种类的组成各不同。根据缙云山植被分布，其中发生于阔叶林中的大型真菌 95 种，占缙云山已知大型真菌总种数的 57.23%；发生于针阔混交林中的 111 种，占 66.87%；发生于针叶林中的 76 种，占 45.78%；发生于竹林中的 31 种，占 18.67%；发生于荒地或草丛中的 25 种，占 15.06%。

1. 阔叶林中的大型真菌

缙云山有保存较为完好的亚热带常绿阔叶林，分布于海拔 600～900m 的高山地段，建群优势种多为山茶科（Theaceae）、樟科（Lauraceae）、壳斗科（Fagaceae）、山矾科（Symplocaceae）的常绿树种，常见的有四川大头茶（*Gordonia acuminata*）、小叶栲（*Castanopsis carlesii* var. *spinulosa*）、黄杞（*Engelhardtia roxburghiana*）、利川润楠（*Machilus lichuanensis*）、薯豆（*Elaeocarpus japonicus*）、四川山矾（*Symplocos setchuensis*）、钝叶柃（*Eurya obtusifolia*）、白毛新木姜子（*Neolitsea aurata*）、光叶山矾（*Symplocos lancifolia*）等种类，林下自然土壤类型主要为山地黄壤，由于水热条件及植物等方面的综合影响，有利于大型真菌生长。常见的种类有木耳（*Auricularia auricula-judae*）、皱木耳（*Auricularia delicate*）、树舌灵芝（*Ganoderma applanatum*）、铍孔菌（*Coltricia perennis*）、大孔菌（*Polyporus* sp.）、窄褶鹅膏（*Amanita angustilamelleta*）、褶孔牛肝菌（*Phylloporus rhodoxanthus*）、黄斑绿菇（*Russula crustosa*）等。

## 2. 针阔混交林中的大型真菌

缙云山自然保护区内有乌龙背、聚云峰、杉木园、青龙寨和猿啸峰等针阔混交林分布典型地段，该林分上层以针叶树马尾松为主，次亚层及中下层乔木以常绿阔叶树种四川大头茶、四川山矾、白毛新木姜子、小叶栲、光叶山矾、川杨桐(*Adinandra bockiana*)为主，灌木层以绒毛红果树(*Stranvaesia tomentosa*)、杜茎山（*Maesa japonica*）等为主，草本层以红盖鳞毛蕨（*Dryopteris erythrosora*）、狗脊蕨（*Woodwardia japonica*）、芒萁（*Dicranopteris dichotoma*）等为主。植物组成较为复杂，林内气温稳定，空气湿度大，土壤吸水性强，形成多种小气候，为大型真菌生长繁衍提供了有利的条件。在这种植被类型中的大型真菌极为丰富，有 111 种。大型真菌多见于多孔菌科（Polyporaceae）、鹅膏菌科（Amanitaceae）、牛肝菌科（Boletaceae）、红菇科（Russulaceae）、蘑菇科（Agaricaceae）、灵芝科（Ganodermataceae）等几乎全部都适应于分布，木耳科（Auriculariaceae）、马勃科（Lycoperdaceae）等也较普遍。常见种类有朱红栓菌（*Trametes cinnabarina*）、扇形小孔菌（*Microporus flabelliformis*）、硫磺菌（*Laetiporus sulphureus*）、稀褶黑菇（*Russula nigricans*）、亚绒盖牛肝菌（*Xerocomus subtomentosus*）、短棱鹅膏（*Amanita imazekii*）、林地蘑菇（*Agaricus silvaticus*）、绿褐裸伞（*Gymnopilus aeruginosus*）、有柄树舌灵芝（*Ganoderma gibbosum*）、头状秃马勃（*Calvatia craniiformis*）、安络小皮伞（*Marasmius androsaceus*）、凤梨条孢牛肝菌（*Boletellus ananas*）等。

## 3. 针叶林中的大型真菌

缙云山针叶林主要有马尾松林（海拔 600m 以下）和杉木林，多数是人工林且多为纯林，林下落叶层厚，常伴有少数藤本植物香花崖豆藤（*Millettia dielsiana*）、菝葜等和镰羽复叶耳蕨（*Arachniodes falcata*）、阔鳞鳞毛蕨（*Dryopteris championii*）、狗脊蕨等蕨类，林内比较通风，有利于大型真菌的生长，共 76 种。尤以多孔菌科、牛肝菌科、鹅膏菌科、红菇科、花耳科（Dacrymycetaceae）、硬皮马勃科（Sclerodermataceae）等占优势，红菇科多分布于马尾松林；牛肝菌类、鹅膏类多与松、杉林组成生态分布，形成外生菌根。常见种类有褐紫囊孔菌（*Hirchioporusfusco-violaceus*）、紫褐黑孔菌（*Nigroporus vinosus*）、粘盖牛肝菌（*suillus bovinus*）、假褐云斑鹅膏（*Amanita pseudoporphyria*）、毒红菇（*Russula emetica*）、胶角耳（*Calocera cornea*）、桂花耳（*Guepinia spathularia*）、马勃状硬皮马勃（*Scleroderma areolatum*）、橙黄硬皮马勃（*Scleroderma citrinum*）、小地星（*Geastrum minus*）等。

## 4. 竹林中的大型真菌

缙云山在白云竹海、泡木沟、绍龙观等地分布有大片竹林，主要是楠竹（*Phyllostachys heterocycla*）和慈竹（*Neosinocalamus affinis*）。相比之下，竹林内枯落物储量少，持水能力低，林内通风性强，湿度变化较大，各种环境因素对林内大型真菌种类的分布产生影响。调查中在竹林中发现的大型真菌种类相对较少。常见种类有中华散尾鬼笔（*Lysurus mokusin* f. *sinensis*）、棱柱伞尾鬼笔（*Lysurus mokusin*）、短裙竹荪（*Dictyophora duplicata*）、红鬼笔（*Phallus rubicundus*）、白网球菌（*Ileodictyon gracile*）、毛柄网褶菌（*Paxillus atrotometosus*）、脉褶菌（*Campanella junghuhnii*）等。

## 5. 荒地和草丛中的大型真菌

缙云山除其典型的地带性植被亚热带常绿阔叶林外，还有灌丛、草地、农田和溪流等多种小气候生境，但由于其地形比较开阔，常年风力较强，光照强烈，并不利于大型真菌的生长繁殖，故在调查中所发现的种类也较少。常见的种类有粪缘刺盘菌（*Cheilymenia coprinaria*）、阿帕锥盖伞（*Conocybe apala*）、无环斑褶菇（*Anellaria sepulchralis*）、墨汁鬼伞（*Coprinopsis atramentaria*）、白黄小脆柄菇（*Psathyrella candolleana*）、细丽脆柄菇（*Psathyrella gracilis*）、绒毛鬼伞（*Lacrymaria velutina*）、粪光盖伞（*Psilocybe merdaria*）等。

调查结果表明，保护区不同植物群落中的大型真菌多样性存在一定差异。阔叶林和针阔混交林中，层次发达，土壤含水量适中，相对湿度较大，地面枯枝落叶、倒木、腐木多、土质肥沃的植物群落，大型真菌的种类较丰富；其次是针叶林；大型真菌分布较少是竹林和荒地，主要原因是地表常常裸露，群落的郁闭度较低，地面蒸发量大，土质干燥，腐殖质含量低，土质坚硬，不适合大型真菌生长。

## 3.4 大型真菌的区系分析

真菌区系多样性是生物区系多样性的重要组成部分，是真菌学领域的重要分支和研究内容。真菌分布远比动植物复杂和丰富，目前，真菌区系的调查范围和资料积累都不如动植物全面和丰富，还主要是小范围的一般性区系调查研究，有关区系地理学专著不多，资料缺乏，有待开拓。同时由于目前人们对真菌的科的概念和范围划分上没有统一的标准，而且科级的分类单位比较适合于讨论大面积的生物区系特点，所以本书仅在属的层面上做了地理成分分析。

### 3.4.1 优势科的分析

保护区大型真菌的优势科（种数≥5 种）有 11 科，其中 10 个科隶属于担子菌门，种类最多的科是鹅膏菌科，有 19 种，占全部种类的 10.38%；第二大科是伞菌科，共有 17 种，占总数的 9.29%；其次是多孔菌科和木耳科，均有 10 种以上，各占总种数的 7.65%和 6.56%。这 11 科共计 109 种，占保护区大型真菌总种数的 59.57%，但这 11 科只占总科数的 21.57%（表 3-2）。可以看出保护区大型真菌优势科明显。

**表 3-2 保护区大型真菌优势科的统计（≥5 种）**

| 科 | 种数 | 占总数的比例/% |
|---|---|---|
| 鹅膏菌科 Amanitaceae | 19 | 10.38 |
| 伞菌科 Agaricaceae | 17 | 9.29 |
| 多孔菌科 Polyporaceae | 14 | 7.65 |
| 牛肝菌科 Boletaceae | 12 | 6.56 |
| 小皮伞科 Marasmiaceae | 9 | 4.92 |
| 红菇科 Russulaceae | 8 | 4.37 |
| 脆柄菇科 Psathyrellaceae | 7 | 3.83 |
| 炭角菌科 Xylariaceae | 6 | 3.28 |
| 刺革菌科 Hymenochaetaceae | 6 | 3.28 |
| 鬼笔科 Phallaceae | 6 | 3.28 |
| 木耳科 Auriculariaceae | 5 | 2.73 |
| 合计 Total | 109 | 59.57 |

### 3.4.2 优势属的分析

保护区大型真菌共有 109 属，其中子囊菌有 11 属，担子菌有 98 属。据统计，优势属（种数≥4 种）有 6 个属，除灵芝属为泛热带分布属外，其余 5 属均为世界分布属（表 3-3）。这 6 个属共有大型真菌 44 种，占总种数的 24.05%，而这 6 个属仅占总属数的 5.50%，其中鹅膏菌属含 19 种，占种数的 10.38%，为明显的优势属；含 2～3 种的属有 31 个属，占总数属的 28.44%，含有 67 种，占总种数的 36.61%；仅含 1 种的属有 72 属，占总属数的 66.06%，占总种数的 39.34%，其中裂褶菌属（*Schizophyllum*）为单种属。

表 3-3　保护区大型真菌优势属的统计（≥4 种）

| 属 | 分布型 | 种数 | 占总数的比例/% |
|---|---|---|---|
| 鹅膏菌属 *Amanita* | D1 | 19 | 10.38 |
| 皮伞属 *Marasmius* | D1 | 6 | 3.28 |
| 红菇属 *Russula* | D1 | 6 | 3.28 |
| 炭角菌属 *Xylaria* | D1 | 5 | 2.73 |
| 木耳属 *Auriculuria* | D1 | 4 | 2.19 |
| 灵芝属 *Ganoderma* | D3 | 4 | 2.19 |
| 合计 Total | — | 44 | 24.05 |

注：D1 为世界分布属；D3 为泛热带分布属。

## 3.4.3　地理成分分析

### 1. 广布成分

指广泛分布于世界各大洲而没有特殊分布中心的属。在缙云山自然保护区 109 属中，子囊菌有炭角菌属（*Xylaria*）、虫草属（*Cordyceps*）、绚栓菌属（*Isaria*）、盘菌属（*Peziza*）等；担子菌有鹅膏菌属（*Amanita*）、皮伞属（*Marasmius*）、红菇属（*Russula*）、木耳属（*Auriculuria*）、伞菌属（*Agaricus*）、马勃属（*Lycoperdon*）、侧耳属（*Pleurotus*）、多孔菌属（*Polyporus*）、马勃菌属（*Calvatia*）、鬼伞属（*Coprinus*）、微皮伞属（*Marasmiellus*）、小脆柄菇属（*Psathyrella*）、牛肝菌属（*Boletellus*）、褶孔牛肝菌属（*Phylloporus*）、松塔牛肝菌属（*Strobilomyces*）、绒盖牛肝菌属（*Xerocomus*）、硬皮马勃属（*Scleroderma*）、胶角耳属（*Calocera*）、地星属（*Geastrum*）、集毛菌属（*Coltricia*）、木层孔菌属（*Phellinus*）、硫黄菌属（*Laetiporus*）、蜂窝孔菌属（*Hexagonia*）、栓菌属（*Trametes*）、白蛋巢菌属（*Crucibulum*）、黑蛋巢菌属（*Cyathus*）、托环柄菇属（*Macrolepiota*）、小环菇属（*Anellaria*）、锥盖伞属（*Conocybe*）、垂幕菇属（*Hypholoma*）、棒珊瑚菌属（*Clavaria*）、蜡蘑属（*Laccaria*）、靴耳属（*Crepidotas*）、小菇属（*Mycena*）、幕盖菇属（*Panellus*）、亚侧耳属（*Hohenbuehelia*）、蜜环菌属（*Armillaria*）、裂褶菌属（*Schizophyllum*）、裸伞属（*Gymnopilus*）、沿丝伞属（*Naematoloma*）、裸盖伞属（*Psilocybe*）、塔氏菌属（*Tapinella*）、晶蘑属（*Lepista*）、黑耳属（*Exidia*）、焰耳属（*Phlogiotis*）、假齿耳属（*Pseudohydnum*）、南方牛肝菌属（*Austroboletus*）、疣柄牛肝菌属（*Leccinum*）、桩菇属（*Paxillus*）、蛇革菌属（*Serpula*）、鸡油菌属（*Cantharellus*）、伏革菌属（*Corticium*）、枝瑚菌属（*Ramaria*）、杯孔菌属（*Cycloporus*）、鬼笔属（*Phallus*）、耳匙菌属（*Auriscalpium*）、齿菌属（*Hydnum*）、韧革菌属（*Stereum*）、趋木菌属（*Xylobolus*）、银耳属（*Tremella*）、黑孔菌属（*Nigroporus*）、密孔菌属（*Pycnoporus*）、硬孔菌属（*Rigidoporus*）、齿耳属（*Steccherinum*）、拟韧革菌属（*Stereopsis*）、齿毛属（*Cerrena*）、齿脉菌属（*Lopharia*）、微孔菌属（*Microporus*）、干酪菌属（*Tyromyces*）、革菌属（*Thelephora*）等；共计 84 属，占总属数的 77.06%。

### 2. 泛热带成分

泛热带成分指分布于东、西两半球热带或可达亚热带至温带，但分布中心仍在热带的属。此成分在缙云山自然保护区内有 16 属，占 14.68%。包括：蚁巢伞属（*Termitomyces*）、灵芝属（*Ganodermas*）、白鬼伞属（*Leucocoprinus*）、小奥德蘑属（*Oudemansiella*）、散尾鬼笔属（*Lysurus*）、近毛菌属（*Trichaptum*）、红褶伞属（*Rhodophyllus*）、湿盖伞属（*Hygrocybe*）、钟片菌属（*Campanella*）、滴泪珠伞属（*Lacrymaria*）、刺革菌属（*Hymenochaete*）、尾花菌属（*Anthurus*）、笼头菌属（*Clathrus*）、竹荪菌属（*Dictyophora*）、锐孔菌属（*Oxyporus*）、桂花耳属（*Guepinia*）。

### 3. 北温带成分

北温带成分指广泛分布于北半球（欧亚大陆及北美）温带地区的属，个别种类可以到达南温带，但其分布中心仍在北温带的属。此成分在缙云山自然保护区内有 9 属，占 8.26%。包括：蜡伞属（*Hygrophorus*）、瘤孢牛肝菌属（*Tylopilus*）、乳牛肝菌属（*Suillus*）、乳菇属（*Lactarius*）、马鞍菌属（*Helvella*）、羊肚菌属（*Morchella*）、丝盖伞属（*Inocybe*）、火焰菇属（*Flammulina*）、烟管菌属（*Bjerkandera*）。

从以上分析可以看出，除广布成分外，缙云山大型真菌泛热带成分属较北温带成分多，这与缙云山自然保护区地处亚热带地区相一致，但二者之间差异性不大，也显示出缙云山自然保护区大型真菌的分布具备从亚热带向北温带过渡的区系特征。

大型真菌区系的地理成分主要是按照属或种的分布类型来划分的，但由于目前对各属、种的现代分布区未必很清楚，所以地理成分分析的准确性只能说是相对的。以上分析仅是作者根据现有文献资料进行的初步分析和研究的结果，难免有谬误。但随着有关研究的不断开展和研究资料的积累，缙云山自然保护区大型真菌区系研究将得到不断的修正和深化。

## 3.5　资 源 评 价

### 3.5.1　食用菌

调查结果表明，缙云山可食用的大型真菌有 70 种。其中白蘑科、牛肝菌科、鬼伞科、红菇科、蘑菇科、木耳科为优势科，常见的种类有蜜环菌、毛柄金钱菌（金针菇）、褶孔牛肝菌、黏盖牛肝菌、松乳菇、白乳菇、林地蘑菇、短裙竹荪、木耳、毛木耳、小鸡油菌等。同时，保护区分布有金针菇、松乳菇、小鸡油菌、短裙竹荪等多种美味的食用菌，说明保护区内的食用菌的食用品质和经济价值较高。

调查中也发现，人们对食用菌资源还存在认识上的不足，鳞柄小奥德蘑、硫磺菌等一些物种类因颜色艳丽或外形独特，常给人以毒菌的感觉，一般没人采食。由此可见，人们对食用菌的认知度不高在一定程度上影响到食用菌的开发和利用。

### 3.5.2　药用菌

缙云山药用真菌丰富，共 53 种。常见的种类有云芝、灵芝、树舌灵芝、裂褶菌、头状秃马勃、网纹马勃、辐毛鬼伞、硫磺菌、朱红栓菌等。其中，灵芝、树舌灵芝、裂褶菌、云芝等不少种类有抗癌活性。此外，有部分为食药兼用的，如松塔牛肝菌、白黄侧耳、红蜡蘑、宽鳞大孔菌等。

### 3.5.3　毒菌

我国已知有毒的真菌 193 种，缙云山有 25 种，占调查总种数的 13.66%，主要是鹅膏菌类，包括毛柄白毒伞、土红粉盖鹅膏、豹斑毒鹅膏等 11 种；此外，毒菌还有臭黄菇、毒红菇、变黑蜡伞等。这些毒菌含有鹅膏毒素、毒蝇碱、毒肽等物质，对人体伤害大，误食死亡率高。所以，在大力开发野生食、药用真菌的同时，应多向群众普及识别毒菌、预防毒菌中毒及毒菌中毒自救的知识，保障食菌安全。但同时，毒菌作为大型真菌资源的一部分，具有很好的开发价值，如毒蝇碱、毒肽等毒素可用于生物防治以及鹅膏类真菌在肿瘤治疗中发挥重要作用，因此，加强对毒菌的调查研究对防治毒菌中毒、开展生物防治及医学应用研究等都具有十分重要的意义。

### 3.5.4　外生菌根菌

缙云山有不少大型真菌与松、栎属植物或其他高等植物发生菌根关系，其菌物的菌丝与植物根形成了菌根联合体，菌根联合体在森林生态系统中，对植物种的适应性、种间关系以及林分生产力的提高等具有特别重要的意义。此次调查中共发现外生菌根菌 41 种，占调查种类总数的 22.40%，主要见于红菇科、牛肝菌科、鹅膏菌科、硬皮马勃科等。其中，乳菇属与松属树木形成不规则状的菌根；红菇属与松、栎属形成菌根关系；牛肝菌属与松属树木形成羽状分枝菌根关系；块鳞鹅膏菌与马尾松形成菌根；格纹鹅膏与马尾松、栓皮栎、白栎等树种形成外生菌根。

### 3.5.5　木腐菌

缙云山的木腐菌 59 种，占调查种类总数的 32.24%，多见于多孔菌科和灵芝科。常见种类有云芝栓孔菌、桑多孔菌、一色齿毛菌、褐紫囊孔菌、褐扇小孔菌、紫褐黑孔菌、贝状木层孔菌、鲜红密孔菌、南方树舌、树舌灵芝、裂褶菌、硫磺伏革菌、耳匙菌、奇异脊革菌等。

## 3.6　保护价值及建议

大型真菌资源的一个重要作用在于能够维护森林生态系统的平衡，使得整个生态系统得以维持和延续；一些大型真菌作为植物的外生菌根菌，对营林、护林有着潜在的作用；一些营腐生生活的大型真菌对某些有机体的分解作用也是其他生物不可替代的。同时，大型真菌作为一类重要的林副产品，具有较高的食用价值和药用价值，对人类的生产、生活有着不可或缺的意义。

保护区大型真菌资源丰富，有多种具有经济价值的大型真菌资源，它们在食、药用及营林等方面有着较大的应用潜力。对于缙云山自然保护区丰富的大型真菌资源，可以合理地、可持续地开发利用，达到大型真菌资源可持续利用和森林生态系统的平衡，使得整个生态系统得以维持和延续。在合理开发利用中，可以把培育食用菌、开发药用菌与旅游业相结合，能有效地推动保护区的经济发展；另外，也要加强对毒菌的识别、预防毒菌中毒及毒菌中毒自救等相关科普知识的宣传，减少毒菌中毒事件的发生。

# 第4章　苔藓植物多样性

## 4.1　调 查 方 法

（1）标本采集。在缙云山自然保护区的不同海拔和生境类型中采集苔藓植物标本，并设立调查样地。在样地内每隔5～6m设置30cm×30cm的样方，记录样方内苔藓植物的盖度、林冠郁闭度、土层厚度、湿度和人为干扰度。按比例采集样方内所有的苔藓植物，置于采集袋。

（2）标本鉴定。首先在干燥条件下，使用解剖镜观察植物体、叶片着生和分枝情况，湿润后再在解剖镜下观察叶片伸展情况并进行解剖，剖离茎叶和苞叶，对特征典型的标本做茎和叶的横切；观察孢子体外部特征，并进行解剖，制成临时装片，在Olympus光学显微镜下对各项特征进行观察、测量、记录，通过绘图仪进行绘图。

## 4.2　苔藓植物的种类组成

通过实地采集的800号标本鉴定分析，结合原有的资料，统计出缙云山有苔藓植物55科112属244种，其中藓类植物34科84属200种，苔类植物21科28属44种。具体名录详见附表3。

## 4.3　苔藓植物区系分析

### 4.3.1　科的统计分析

根据各科包含的物种数，可将缙云山苔藓植物的科划分为四个等级（表4-1）：优势科（≥10种的科）、多种科（含5～9个种的科）、少种科（含2～4个种的科）和寡种科（只含1个种的科）。其中优势科包括丛藓科Pottiaceae（含28种）、真藓科Bryaceae（含22种）、曲尾藓科Dicranaceae（含19种）、青藓科Brachytheciaceae（含18种）、灰藓科Hypnaceae（含15种）、锦藓科Senatophyllaceae（含12种）、凤尾藓科Fissidentaceae（含10种）和羽藓科Thuidiaceae（含10种）8个科，共134种；多种科包括金发藓科Polytrichaceae（含8种）、提灯藓科Mniaceae（含7种）、绢藓科Entodontaceae（含7种）、葫芦藓科Funariaceae（含5种）、齿萼苔科Lophocoleaceae（含5种）5个科，共32种；少种科包括棉藓科Plagiotheciaceae（含4种）、白发藓科Leucobryaceae（含4种）、泥炭藓科Sphagnaceae（含3种）、珠藓科Bartramiaceae（含3种）、叶苔科Jungermanniaceae（含3种）、带叶苔科Pallawiciniaceae（含3种）、牛毛藓科Ditrichaceae（含2种）、钱苔科Ricciaceae（含4种）、多室苔科Aytoniaceae（含4种）、蛇苔科Conocephalaceae（含2种）等20个科，共56种；寡种科包括花叶藓科Calymperaceae、卷柏藓科Racopilaceae、鳞藓科Thcliaceae、短颈藓科Diphysciaceae、指叶苔科Lepidoziaceae、小叶苔科Fossombroniaceae、魏氏苔科Wiesnerellaceae等22个科，共22种。可见，缙云山苔藓植物少种科和寡种科共有42科78种，占科总数的76.4%，比例远大于优势科和多种科，反映了缙云山苔藓植物物种组成丰富多样的特点，与本区适宜苔藓植物生长的气候特点一致，也体现了缙云山苔藓植物生长上的原始性和地理环境的独特性。

从优势科的数量统计看，缙云山苔藓植物的优势科有8个，占科的比例为14.5%，占种总数的百分比为54.9%，其中真藓科和灰藓科广布于世界各地，曲尾藓科、丛藓科和青藓科均分布于温湿地带，凤尾藓科、羽藓科和锦藓科分布于热带、亚热带地带，反映出缙云山苔藓植物科的特征具有热带性质，同时兼有温带成分的特点，这与当地的地理环境和气候条件相一致。

表 4-1　保护区苔藓植物科的统计

| 科的等级 | 科数 | 占科的百分比/% | 种数/种 | 占总种数的百分比/% |
|---|---|---|---|---|
| 优势科（≥10 种） | 8 | 14.5 | 134 | 54.9 |
| 多种科（含 5～9 种） | 5 | 9.1 | 32 | 13.0 |
| 少种科（含 2～4 种） | 20 | 36.4 | 56 | 23.0 |
| 寡种科（只含 1 种） | 22 | 40.0 | 22 | 9.1 |

### 4.3.2　属的统计分析

根据各属包含的物种数，可将缙云山苔藓植物的属划分为四个等级（表 4-2）：优势属（≥10 种）、多种属（含 5～9 种）、少种属（含 2～4 种）和寡种属（只含 1 个种）。其中优势属包括真藓属 *Bryum*（含 14 种）、曲柄藓属 *Campylopus*（含 10 种）、青藓属 *Brachythecium*（含 14 种）、凤尾藓属 *Fissidens*（含 10 种）4 个属，共 48 种；多种属包括灰藓属 *Hypnum*（含 5 种）、扭口藓属 *Barbula*（含 6 种）、绢藓属 *Entodon*（含 6 种）、小石藓属 *Weisia*（含 5 种）、丝瓜藓属 *Pohlia*（含 5 种）、匍灯藓属 *Plagiomnium*（含 5 种）、羽藓属 *Thuidium*（含 5 种）7 个属，共 37 种；少种属包括白发藓属 *Leucobryum*（含 4 种）、美喙藓属 *Eurhynchium*（含 3 种）、小金发藓属 *Pogonatum*（含 4 种）、异萼苔属 *Heteroscyphus*（含 4 种）、毛锦藓属 *Pylaisiadelpha*（含 2 种）、拟鳞叶藓属 *Pseudotaxiphyllum*（含 2 种）、蛇苔属 *Conocephalum*（含 2 种）等 39 个属，共 97 种；寡种属包括长蒴藓属 *Trematodon*、网藓属 *Syrrhopodon*、疣灯藓属 *Trachycystis*、卷柏藓属 *Racopilum*、美灰藓属 *Eurohypnum*、绿片苔属 *Aneura*、小叶苔属 *Fossombronia*、石地钱属 *Teboulia* 等 62 个属，共 62 种。

如表 4-2 所示，缙云山苔藓植物优势属仅占本区总属数的 3.6%，总种数的 19.7%，比例较小；寡种属和少种属比例最大，分别占本区苔藓植物总属数的 55.3%和 34.8%，占总种数的 25.4%和 39.8%，反映了缙云山苔藓植物丰富多样的特点。

表 4-2　缙云山苔藓植物属的统计

| 属的等级 | 属数 | 占属的百分比/% | 种数/种 | 占总种数的百分比/% |
|---|---|---|---|---|
| 优势属（≥10 种） | 4 | 3.6 | 48 | 19.7 |
| 多种属（含 5～9 种） | 7 | 6.3 | 37 | 15.1 |
| 少种属（含 2～4 种） | 39 | 34.8 | 97 | 39.8 |
| 寡种属（只含 1 种） | 62 | 55.3 | 62 | 25.4 |

### 4.3.3　地理成分分析

借鉴《中国自然地理》（植物地理）（上册）对中国种子植物属的分布区类型的划分，缙云山苔藓植物有 13 个区系成分（表 4-3）。

表 4-3　保护区苔藓植物区系组成表

| 区系成分 | 种数/种 | 占总种数的百分比/% |
|---|---|---|
| 世界成分 | 25 | — |
| 泛热带成分 | 16 | 7.31 |
| 热带亚洲至热带美洲间断成分 | 6 | 2.74 |
| 旧世界热带成分 | 4 | 1.83 |
| 热带亚洲至热带大洋洲成分 | 5 | 2.28 |
| 热带亚洲至热带非洲成分 | 2 | 0.91 |
| 热带亚洲成分 | 49 | 22.37 |
| 北温带成分 | 63 | 28.77 |

续表

| 区系成分 | 种数/种 | 占总种数的百分比/% |
| --- | --- | --- |
| 东亚至北美洲间断成分 | 4 | 1.83 |
| 旧世界温带成分 | 3 | 1.37 |
| 温带亚洲成分 | 4 | 1.83 |
| 东亚成分 | 40 | 18.26 |
| 中国特有成分 | 23 | 10.50 |
| 合计 | 244 | 100 |

### 1. 世界成分

世界分布成分在缙云山有25种，常见的种类有泥炭藓 *Sphagnum palustre*、真藓 *Bryum argenteum*、金发藓 *Polytrichum commune*.var.*commue*、石地钱 *Teboulia hemisphaerica*、地钱 *Marchantia polymorpha* 等，因其分布广泛，不能反映缙云山苔藓植物的区系特点，在下列区系成分的统计和分析中扣除不计。

### 2. 泛热带成分

泛热带成分在缙云山的苔藓植物种类有毛状真藓 *Bryum apiculatum*、大羽藓 *Thuidium cymbifolium*、平叉苔 *Metzgeria conjugata* 等16种，占本区苔藓植物总种数的7.31%。

### 3. 热带亚洲至热带美洲间断成分

热带亚洲至热带美洲间断分布成分在缙云山苔藓植物分布中种类较少，只有合睫藓 *Symblepharis vaginata* 和鳞叶藓 *Taxiphyllum taxirameum* 等6种，仅占本区苔藓植物总种数的2.74%。

### 4. 旧世界热带成分

旧世界热带成分在缙云山的比例较少，只有小石藓 *Weisia controversa* var. *controversa*、钝叶匐灯藓 *Plagiomnium rostrat*、四齿异萼苔 *Heteroscyphus argutus* 等4种，占本区苔藓植物总种数的1.83%。

### 5. 热带亚洲至热带大洋洲成分

热带亚洲至热带大洋洲分布成分在缙云山只有蔓藓 *Meteorium polytrichum*、拟双色真藓 *Bryum pachytheca* 等5种，占本区苔藓植物总种数的2.28%。

### 6. 热带亚洲至热带非洲成分

热带亚洲至热带非洲分布成分在缙云山的种数与热带亚洲至热带大洋洲的种数相似，只有暖地大叶藓 *Thodobryum Giganteum* 和橙色锦藓 *Sematophyllum phoeniceum* 2种，仅占本区苔藓植物总种数的0.91%。

### 7. 热带亚洲成分

热带亚洲成分在缙云山的分布种数最多，有49种，占本区苔藓植物总种数的22.37%，常见的种类有长蒴藓 *Trematodon longicollis*、疏网曲柄藓 *Campylopus laxitextus*、拟石灰藓 *Hydrogonium pseudo-ehrenbergii*、弯叶刺枝藓 *Wijkia deflexifolia*、刺边小金发藓 *Pogonatum cirratum* subsp. *cirratum*、南亚异萼苔 *Heteroscyphus Zollinger*i 和南溪苔 *Makinoa Crispate* 等。

### 8. 北温带成分

北温带成分在缙云山的分布有63种，其种数较多，与热带亚洲分布成分的种数相近，占本区苔藓植物总种数的 28.77%，常见的种类有牛毛藓 *Ditrichum heteromallu*、变形小曲尾藓 *Dicranella varia*、丛藓 *Pottia truncate*、疣灯藓 *Trachycystis mricophylla*、狭叶小羽藓 *Haplocladium angustifolium*、黄灰藓 *Hypnum pallescens*、芽胞裂萼苔 *Chiloscyphus minor*、假带叶苔 *Hattorianthus erimnous* 和角苔 *Anthoceros punctatus* 等。

### 9. 东亚至北美洲间断成分

北温带成分在缙云山的分布种数较少，只有黑扭口藓 *Barbula nigrescens*、疣齿丝瓜藓 *Pohlia flexuosa* 和扁平棉藓 *Plagiothecium neckeroideum* 等 4 种，仅占本区苔藓植物总种数的 1.83%。

### 10. 旧世界温带成分

旧世界温带成分在缙云山的苔藓植物有 3 种，占本区苔藓植物总种数的 1.37%，常见种有卵叶紫萼藓 *Grimmia ovalis*、红蒴立碗藓 *Physcomitrium eruystomum*、梨蒴立碗藓 *Physcomitrium pyriforme* 等。

### 11. 温带亚洲成分

温带亚洲成分在缙云山有小凤尾藓 *Fissidens bryoides* var. *bryoides*、卷叶凤尾藓 *Fissidens cristatus*、绢藓 *Entodon cladorrhizans* 和大灰藓 *Hypnum plumaeforme* 4 种，占本区苔藓植物总种数的 1.83%。

### 12. 东亚成分

东亚成分在缙云山的苔藓植物种类较多，仅次于热带亚洲成分和北温带成分，共 40 种，占本区苔藓植物总种数的 18.26%，如拟大叶真藓 *Bryum salakense*、多褶青藓 *Brachythecium Buchananii*、赤茎小锦藓 *Brotherella erythrocaulis*、薄壁仙鹤藓 *Atrichum subserratum*、侧托花萼苔 *Asterella mussuriensis* 等。

### 13. 中国特有成分

中国特有成分在缙云山的种类占有相当大的比例，有 23 种，占本区苔藓植物总种数的 10.50%，常见的种类有砂生短月藓 *Brachymenium muricola*、狄氏石灰藓 *Hydrogonium consanguineum*、东亚小叶苔 *Foaaombronia levieri*、疏叶叶苔 *Jungermannia laxifolia*、匐枝长喙藓 *Rhynchostegium serpenticaule* 和小反纽藓 *Timmiella diminuta* 等。

## 4.4　苔藓植物多样性评价

（1）缙云山苔藓植物物种丰富，有苔藓植物 55 科 112 属 244 种，其中藓类植物 34 科 84 属 200 种，苔类植物 21 科 28 属 44 种。

（2）从科属数量统计看，缙云山苔藓植物寡种科和少种科的比例远大于优势科和多种科，寡种属和少种属的比例也大于优势属和多种属；从科属的种类数量统计看，缙云山苔藓植物优势科所含种类远多于其他级别科的种类，少种属所含种类比例稍高，显示了缙云山苔藓植物具有物种丰富性的特点和独立的系统进化环境，反映了缙云山具有适宜苔藓植物生长的气候特征和独特的地质地貌特点。

（3）缙云山苔藓植物科的特征具有热带性质，同时兼有温带成分的特点，与当地的地理环境和气候条件相一致。

（4）缙云山苔藓植物区系成分有 13 种，其中世界分布成分 25 种；热带成分 82 种，占本区苔藓植物总种数的 37.44%；温带成分 74 种，占本区苔藓植物总种数的 33.79%；东亚成分 40 种，占本区苔藓植物总种数的 18.26%；中国特有成分有 23 种，占本区苔藓植物总种数的 10.50%。反映了缙云山苔藓植物区系成分复杂，具有显著的热带特征，同时兼有一定比例的温带成分和东亚成分。

# 第5章 维管植物多样性

## 5.1 调查方法

不同季节结合不同调查方法对此保护区范围内的维管植物进行调查和统计。对古树、珍稀濒危和保护植物进行重点调查，记录古树名木的树高、胸径、冠幅、生境条件、生长状况及其群落状况、伴生植物等。

调查的方法包括样方法、样带法、全查法和快速评估法。对物种丰富、分布范围相对集中、面积较大的地段采用样方法。对物种不丰富、分布范围相对分散、种群数量较多的区域采用样带法，即调查者按一定路线行走，调查记录路线左右一定范围内出现的物种，路线宽度可确定也可不确定。对物种稀少、分布面积小、种群数量较小的区域宜采用全查法，即直接调查统计调查区内物种的全部个体，实测其面积，真实地反映资源的客观情况。为了使所得数据更加完善，采取快速评估的方法对周围居民进行访谈，收集区域原有的调查资料，记录保护区内的各种生境，根据植物的伴生特性和区域分布的特点丰富野外调查直接获得的数据。对于不能直接识别的物种，可采集标本带入实验室进行鉴定。

## 5.2 维管植物的种类组成

根据实地调查记录、标本采集鉴定及资料查阅，共统计出缙云山自然保护区有维管植物204科890属1774种。其中蕨类植物37科72属152种，裸子植物9科23属45种，被子植物158科795属1577种。缙云山维管植物种类与重庆市的对比如表5-1所示，蕨类植物分别占重庆总科数的86.05%，总属数的66.06%，总种数的39.07%；裸子植物分别占重庆总科数的90.00%，总属数的69.70%，总种数的55.56%；被子植物分别占重庆总科数的90.29%，总属数的60.69%，总种数的30.12%。

以植物的形态、外貌和生活方式将植物区分为乔木、灌木、藤本和草本植物等，这一原则系统可以明显地反映在不同生活环境中植物的形态外貌及其在生态系统中的功能。在这1774种维管植物中，草本植物最多，有968种，占总数的54.57%；藤本107种，占总种数的6.03%；灌木342种，占总数的19.64%；乔木357种，占总数的20.12%（表5-2）。

**表5-1 保护区与重庆维管植物科属种对比**

| 类群 | 缙云山 | | | 重庆（占重庆科属种比例/%） | | |
|---|---|---|---|---|---|---|
| | 科 | 属 | 种 | 科 | 属 | 种 |
| 蕨类植物 | 37 | 72 | 152 | 43（86.05） | 109（66.06） | 389（39.07） |
| 裸子植物 | 9 | 23 | 45 | 10（90.00） | 33（69.70） | 81（55.56） |
| 被子植物 | 158 | 795 | 1577 | 175（90.29） | 1310（60.69） | 5236（30.12） |
| 总计 | 204 | 890 | 1774 | 228（89.47） | 1452（61.29） | 5706（31.09） |

**表5-2 保护区维管植物生活型统计**

| 生活型 | 乔木 | 灌木 | 藤本 | 草本 | 合计 |
|---|---|---|---|---|---|
| 物种数 | 357 | 342 | 107 | 968 | 1774 |
| 所占比例/% | 20.12 | 19.28 | 6.03 | 54.57 | 100 |

# 5.3 蕨类植物的区系分析

## 5.3.1 科的区系分析

在保护区内 37 科 72 属 152 种蕨类植物中，大科为金星蕨科（Thelypteridaceae）（10 属 20 种）、水龙骨科（Polypodiaceae）（8 属 13 种）、蹄盖蕨科（Athriaceae）（5 属 15 种）和鳞毛蕨科（Dryopteridaceae）（4 属 22 种），这 4 科属占保护区总属数的 37.50%，总种类的 46.05%，这 4 科构成了本地区蕨类植物区系的主体。

按秦仁昌、吴兆红的划分原则，保护区科的分布区类型可划分为 6 个分布型。

世界分布科是指在世界范围内普遍分布的科，这些科的存在显示了该区与世界其他地区区系的广泛联系。本区内世界分布共 16 科，包括陵齿蕨科、蹄盖蕨科、金星蕨科、水龙骨科、铁角蕨科（Aspleniacea）和鳞毛蕨科等（表 5-3），以及典型的水生蕨类植物科满江红科（Azollaceae）、苹科（Marsileaceae）、槐叶苹科（Salviniaceae）。其中石松科是蕨类植物中最为古老的类群之一，水龙骨科在现代蕨类植物中是最为进化的类群之一，在系统发育史上代表了最后演化出来的一个分支。

**表 5-3 保护区蕨类植物科序数排列统计**

| 科名 | 属数 | 种数 | 占总属/% | 占总种/% | 主要分布区类型 |
|---|---|---|---|---|---|
| 金星蕨科 Thelypteridaceae | 10 | 20 | 13.89 | 13.16 | 热带—亚热带分布 |
| 水龙骨科 Polypodiaceae | 8 | 13 | 11.11 | 8.55 | 全球广布 |
| 蹄盖蕨科 Athyriaceae | 5 | 15 | 6.94 | 9.87 | 热带—亚热带分布 |
| 鳞毛蕨科 Dryopteridaceae | 4 | 22 | 5.55 | 14.47 | 热带—亚热带分布 |
| 膜蕨科 Hymenophyllaceae | 4 | 5 | 5.55 | 3.29 | 热带分布 |
| 姬蕨科 Dennstaedtiaceae | 4 | 5 | 5.55 | 3.29 | 泛热带分布 |
| 中国蕨科 Sinopteridaceae | 2 | 3 | 2.78 | 1.97 | 世界分布 |
| 里白科 Gleicheniaceae | 2 | 3 | 2.78 | 1.97 | 热带—亚热带分布 |
| 三叉蕨科 Aspidiaceae | 2 | 2 | 2.78 | 1.32 | 热带—亚热带分布 |
| 陵齿蕨科 Lindsaeaceae | 2 | 2 | 2.78 | 1.32 | 全球广布 |
| 石松科 Lycopodiaceae | 2 | 2 | 2.78 | 1.32 | 热带—亚热带分布 |
| 铁角蕨科 Aspleniaceae | 1 | 9 | 1.39 | 5.92 | 全球广布 |
| 卷柏科 Selaginellaceae | 1 | 8 | 1.39 | 5.26 | 全球广布 |
| 凤尾蕨科 Pteridaceae | 1 | 7 | 1.39 | 4.61 | 热带—亚热带分布 |
| 铁线蕨科 Adiantaceae | 1 | 5 | 1.39 | 3.29 | 热带—亚热带分布 |
| 木贼科 Equisetaceae | 1 | 3 | 1.39 | 1.97 | 全球广布 |
| 桫椤科 Cyatheaceae | 1 | 3 | 1.39 | 1.97 | 泛热带分布 |
| 瘤足蕨科 Plagiogyriaceae | 1 | 3 | 1.39 | 1.97 | 全球广布 |
| 乌毛蕨科 Blechnaceae | 1 | 2 | 1.39 | 1.32 | 全球分布 |
| 紫萁科 Osmundaceae | 1 | 2 | 1.39 | 1.32 | 热带—亚热带分布 |
| 蕨科 Pteridiaceae | 1 | 2 | 1.39 | 1.32 | 温带—亚热带分布 |
| 石杉科 Huperziaceae | 1 | 1 | 1.39 | 0.66 | 热带—亚热带分布 |
| 裸子蕨科 Hemionitidaceae | 1 | 1 | 1.39 | 0.66 | 泛热带分布 |
| 阴地蕨科 Botrychiaceae | 1 | 1 | 1.39 | 0.66 | 温带 |
| 瓶尔小草科 Ophioglossaceae | 1 | 1 | 1.39 | 0.66 | 世界分布 |
| 书带蕨科 Vittariaceae | 1 | 1 | 1.39 | 0.66 | 热带—亚热带分布 |
| 槲蕨科 Drynariaceae | 1 | 1 | 1.39 | 0.66 | 泛热带分布 |
| 满江红科 Azollaceae | 1 | 1 | 1.39 | 0.66 | 全球分布 |

续表

| 科名 | 属数 | 种数 | 占总属/% | 占总种/% | 主要分布区类型 |
|---|---|---|---|---|---|
| 实蕨科 Bolbitidaceae | 1 | 1 | 1.39 | 0.66 | 世界热带分布 |
| 海金沙科 Lygodiaceae | 1 | 1 | 1.39 | 0.66 | 热带—亚热带分布 |
| 蚌壳蕨科 Dicksoniaceae | 1 | 1 | 1.39 | 0.66 | 世界热带及南半球温带分布 |
| 肿足蕨科 Hypodematiaceae | 1 | 1 | 1.39 | 0.66 | 亚热带亚洲及非洲 |
| 肾蕨科 Nephrolepidaceae | 1 | 1 | 1.39 | 0.66 | 热带分布 |
| 松叶蕨科 Psilotaceae | 1 | 1 | 1.39 | 0.66 | 热带及亚热带分布 |
| 观音莲座科 Angiopteridaceae | 1 | 1 | 1.39 | 0.66 | 亚洲亚热带及热带分布 |
| 苹科 Marsileaceae | 1 | 1 | 1.39 | 0.66 | 全球广布 |
| 槐叶苹科 Salvinaceae | 1 | 1 | 1.39 | 0.66 | 全球广布 |

保护区内分布的热带科共计 18 科，占 70.27%。其中以泛热带分布最多，有 14 科，如膜蕨科（Hymenophyllaceae）、凤尾蕨科（Pteridaceae）、海金沙科（Lygodiaceae）、姬蕨科（Dennstaedtiaceae）、里白科（Gleicheniaceae）、松叶蕨科（Psilotaceae）等；旧世界热带分布有观音莲座科（Angiopteridaceae）1 科；热带亚洲至热带非洲分布仅有肿足蕨科（Hypodematiaceae）1 科；热带亚洲和热带美洲分布也仅有 1 科，即瘤足蕨科（Plagiogyriaceae）；热带亚洲至热带大洋洲分布也只有槲蕨科（Drynariaceae）1 科。这说明缙云山自然保护区的蕨类植物区系具有一定的热带亲缘关系。

保护区属于温带分布的仅有 3 科，占 5.41%，即木贼科（Equisetaceae）、紫萁科（Osmundaceae）、阴地蕨科（Botrychiaceae），均较典型，所含属不多，我国均产。

## 5.3.2　属的区系分析

从植物地理学的观点来看，在研究各级分类群的地理分布时以属作单位来讨论是比较合适的。因为对于属来说不仅分类学特征相对稳定，占有的分布区域也比较稳定，并且同属种类既有共同的起源，又因为地理环境的变化而发生分异，具有比较明显的地区差异性，所以属比科更能反映植物区系系统发育过程中的物种演化关系和地理学特征。

根据陆树刚关于中国蕨类植物的区系成分划分，可以把保护区内 72 个属划分为 10 个分布区类型（图 5-1）。

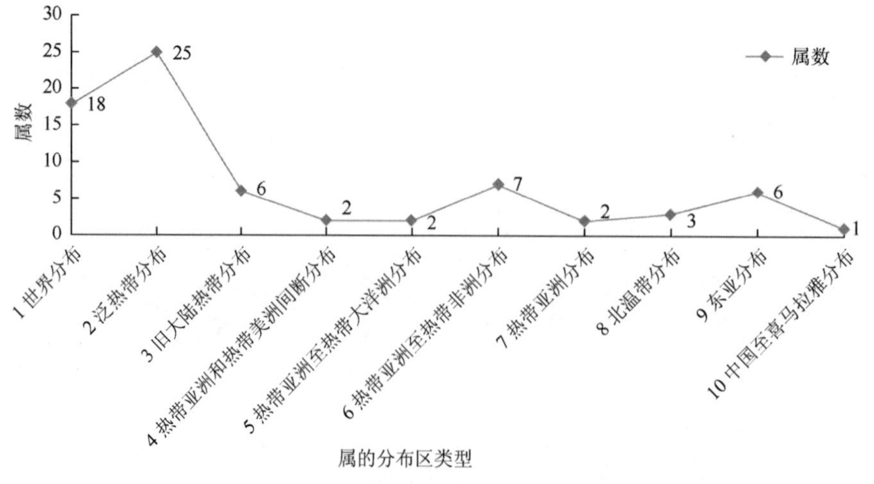


图 5-1　保护区蕨类植物属的区系类型图

### 1. 世界分布

保护区内蕨类植物中有世界分布属 18 属，包括石杉属（*Huperzia*）、蕨属（*Pteridium*）、粉背蕨属（*Aleuritopteris*）、铁线蕨属（*Adiantum*）、蹄盖蕨属（*Athyrium*）、铁角蕨属（*Asplenium*）、狗脊蕨属

（*Woodwardia*）、鳞毛蕨属（*Dryopteris*）、耳蕨属（*Polystichum*）、石韦属（*Pyrrosia*）、苹属（*Marsilea*）、槐叶苹属（*Salvinia*）和满江红属（*Azolla*）等。

2. 热带分布

保护区内热带分布属 44 属，占绝大多数，其中以泛热带分布为主要类型，占热带分布属的 56.82%。

泛热带分布有 25 属，属于此分布区类型的有松叶蕨属（*Psilotum*）、里白属（*Hicriopteris*）、海金沙属（*Lygodium*）、凤尾蕨属（*Pteris*）、陵齿蕨属（*Lindsaea*）、短肠蕨属（*Allantodia*）、金星蕨属（*Parathelypteris*）、复叶耳蕨属（*Arachniodes*）、书带蕨属（*Vittaria*）、假毛蕨属（*Pseudocyclosorus*）和肾蕨属（*Nephrolepis*），其中有些属的起源非常古老，如凤尾蕨属可能起源于中生代三叠纪等。

旧大陆热带分布的属有 6 属：观音座莲属（*Angiopteris*）、芒萁属（*Dicranop teris*）、团扇蕨属（*Gonocormus*）、假脉蕨属（*Crepidomanes*）、鳞盖蕨属（*Microlepia*）、线蕨属（*Colysis*）。

热带亚洲和热带美洲间断分布的属仅有 2 属：金毛狗属（*Cibotium*）和双盖蕨属（*Diplazium*）。

热带亚洲至热带大洋洲分布的属有 2 属：针毛蕨属（*Macrothelypteris*）和槲蕨属（*Drynari*）。

热带亚洲至热带非洲分布的属有 7 属：肿足蕨属（*Hypodematium*）、茯蕨属（*Leptogramma*）、贯众属（*Cyrtomium*）、轴脉蕨属（*Ctenitopisis*）、瓦韦属（*Lepisorus*）、盾蕨属（*Neolepisorus*）、星蕨属（*Microsoriu*）。

热带亚洲分布的属有 2 属：安蕨属（*Anisocampiu*）、新月蕨属（*Pronephrium*）。

3. 温带分布

北温带分布属有 3 属：阴地蕨属（*Scepteridium*）、紫萁属（*Osmunda*）、卵果蕨属（*Phegopteri*）。

东亚分布的属有 6 属：假蹄盖蕨属（*Athyriopsis*）、亮毛蕨属（*Acystoperis*）、凸轴蕨属（*Metathelyperis*）、紫柄蕨属（*Pseudophegopteris*）、水龙骨属（*Polypodiodes*）和假瘤蕨属（*Phymatopteris*）。

中国至喜马拉雅分布的属仅有骨牌蕨属（*Lepidogrammitis*）。

综上所述，从属的分布区类型看，热带分布属占绝对优势，这说明该区蕨类植物比种子植物区系具有更强的热带性质。

### 5.3.3　蕨类植物的区系特征

保护区内蕨类植物区系特点存在古老的科如石松科（Lycopodiaceae）、石杉科（Huperziaceae）、卷柏科（Selaginellaceae）、木贼科、紫萁科、里白科、海金沙科等，其中卷柏科在区内广泛分布；另外，一些较进化的科如水龙骨科、铁角蕨科等在保护区内也占据明显的优势。优势科、属比较明显。各科属中的分配很不均匀，金星蕨科、鳞毛蕨科、水龙骨科、蹄盖蕨科和金星蕨科构成了本地区蕨类植物区系的主体，占其总种数将近一半（70 种），是本地区蕨类植物区系的一个重要特征。

地理区系成分以热带、亚热带占主导地位，但温带成分也居重要地位。从科、属的分析来看，本保护区蕨类植物的地理区系成分中热带、亚热带成分占明显优势，温带成分也占有很重要的地位。

## 5.4　种子植物的区系分析

由于缙云山自然保护区内有许多种子植物都是从外地引种的，若将名录中所有物种进行分析则无法反映出缙云山种子植物区系的真实情况，所以，本部分的分析是在剔除了栽培物种的基础上进行的。保护区内共有野生种子植物 148 科，591 属，1112 种。

### 5.4.1　科的区系分析

1. 科的组成分析

根据科所包含的物种的数量，可将保护区中种子植物的 148 科分为 4 个等级（表 5-4）。其中包含物种数在 30 个以上的大科有 8 科，分别为蔷薇科（Rosaceae）、蝶形花科（Leguminosae）、唇形科（Labiatae）、茜草科（Rubiaceae）、菊科（Compositae）、莎草科（Cyperaceae）、禾本科（Gramineae）及百合科（Liliaceae）。这些大科仅为保护区种子植物总科数的 5.41%，却包含了区内 37.77%的物种，具有明显的优势。其中禾本科和菊科的优势最为明显，分别包含了 101 个和 93 个物种。中等科 17 科，包含了区内 25.54%的物种。少种科数量最多，占总科数的 60.81%，但仅包含了 33.72%的物种。

**表 5-4　保护区科的等级及物种分布**

| 科的级别 | 包含科数 | 包含物种数 |
|---|---|---|
| 单种科（1） | 33 | 33 |
| 少种科（2～10） | 90 | 375 |
| 中等科（11～30） | 17 | 284 |
| 大科（>30） | 8 | 420 |

2. 科的地理成分分析

图 5-2 中数字所对应的地理分布类型分别为：1 世界分布；2 泛热带分布；3 热带亚洲和热带美洲间断分布；4 旧世界热带分布；5 热带亚洲至热带大洋洲分布；6 热带亚洲至热带非洲分布；7 热带亚洲（印度-马来西亚）分布；8 北温带分布；9 东亚和北美间断分布；10 旧世界温带分布；11 温带亚洲分布；12 地中海区，西亚至中亚分布；13 中亚分布；14 东亚分布；15 中国特有分布（图 5-3 同）。

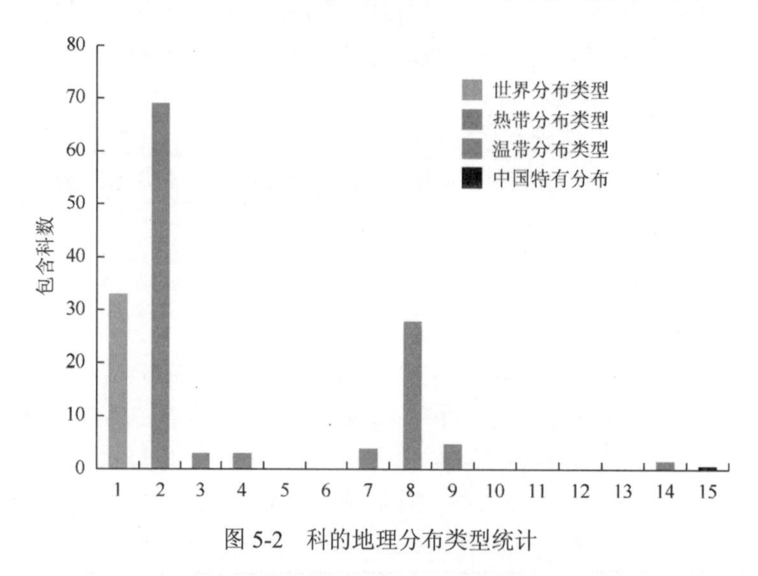


图 5-2　科的地理分布类型统计

保护区中 22.30%的科为世界广布类型，保护区中占明显优势的 8 大科中有 6 个均属于世界分布类型，包括蔷薇科、唇形科、菊科、莎草科、禾本科及百合科。区内热带分布科占总科数的 53.38%，相较于其他类型来说占有明显的优势，其中属于泛热带分布类型的科最多，包括区内的蝶形花科和茜草科两个大科。区内温带分布科占了 23.65%，并且以北温带分布类型为主，包括报春花科（Primulaceae）、大麻科（Cannabaceae）、杜鹃花科（Ericaceae）、红豆杉科（Taxaceae）、桔梗科（Campanulaceae）等。区内的特有分布类型仅有大血藤科（Sargentodoxaceae）一科。因此，从科的水平上看，保护区种子植物的热带性质明显。

## 5.4.2　属的区系分析

1. 属的组成分析

按照属内所含种数，可将本区野生种子植物 591 属分为 4 个等级（表 5-5）：单种属有 359 属 359 种，少种属（2～5 种）210 属 570 种，中等属（6～10 种）18 属 130 种，大属（>10 种）4 属 53 种。含 10 种以上的属有榕属（*Ficus*）（13 种）、蓼属（*Polygonum*）（13 种）、悬钩子属（*Rubus*）（16 种）、苔草属（*Carex*）（11 种），所包含的物种数占总物种数的 4.77%。含 6～10 个物种的属有山茶属（*Camellia*）、金丝桃属（*Hypericum*）、珍珠菜属（*Lysimachia*）、蒿属（*Artemisia*）、荚蒾属（*Viburnum*）等，占总属数的 3.05%，包含了区内 11.69%的物种。含 2～5 个物种的属包括胡椒属（*Piper*）、铁线莲属（*Clematis*）、毛茛属（*Ranunculus*）、唐松草属（*Thalictrum*）、清风藤属（*Sabia*）、紫堇属（*Corydalis*）等，占总属数的 35.53%，但其包含的物种数却占了总数的一半以上。区内单种属所占比例最大，占总属数的 60.74%，包括头蕊兰属（*Cephalanthera*）、羊耳蒜属（*Liparis*）、杜鹃兰属（*Cremastra*）、河八王属（*Narenga*）、淡竹叶属（*Lophatherum*）、芒属（*Miscanthus*）、狼尾草属（*Pennisetum*）等。因此从属的水平上看，单种属和少种属的优势更为明显。

**表 5-5 保护区属的等级划分**

| 属的等级 | 属数 | 种数 |
|---|---|---|
| 单种属（1 种） | 359 | 359 |
| 少种属（2～5 种） | 210 | 570 |
| 中等属（6～10 种） | 18 | 130 |
| 大属（>10 种） | 4 | 53 |

## 2. 属的地理成分分析

根据吴征镒关于中国种子植物属分布区类型的划分系统，缙云山野生种子植物的 591 属可划分为 15 个分布区类型（图 5-3）。其中世界分布属 69 个；热带分布属 275 个，占总属数的 46.53%；温带分布属 233 个，占总属数的 39.42%；中国特有分布属 14 个，占总属数的 2.37%。属的分布区类型表明，本区所呈现出的热带亲缘特点没有科那么突出，但仍以热带分布居多，温带分布次之，这两种分布型的数量相差不大，与中国植物区系的性质亚热带特征相一致。

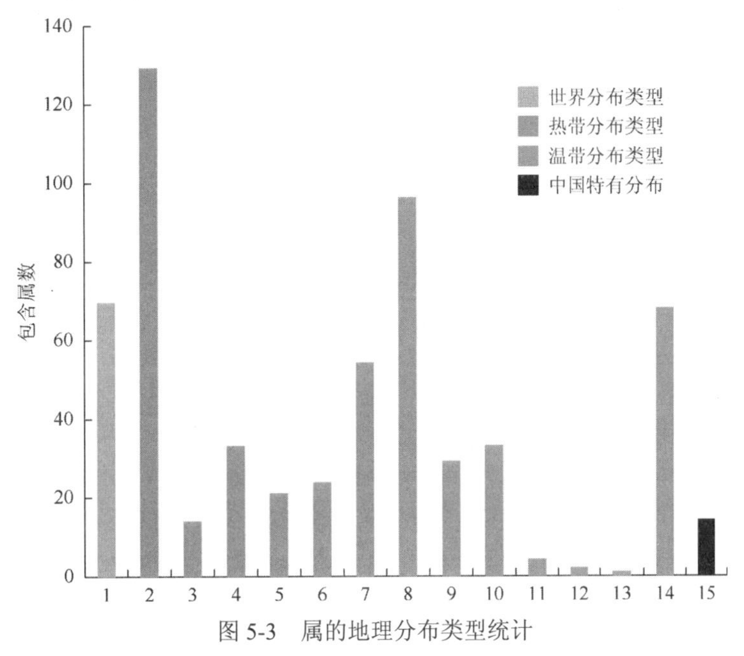


图 5-3 属的地理分布类型统计

### 1）世界分布

本分布区类型共有 69 属。该分布型的植物多为草本，少数为灌木。主要有蓼属、悬钩子属、薹草属（*Carex*）、珍珠菜属、金丝桃属、眼子菜属（*Potamogeton*）、堇菜属（*Viola*）、莎草属（*Cyperus*）、灯心草属（*Juncus*）、鬼针草属（*Bidens*）、繁缕属（*Stellaria*）等属，均为常见的草本植物；紫萍属（*Spirodella*）、浮萍属（*Lemna*）、无根萍属（*Wolffia*）植物为漂浮水面的微小草本。

### 2）热带分布

本分布区类型共有 275 属。

（1）泛热带分布及其变型有 129 属，主要有杜英属（*Elaeocarpus*）、冬青属、紫金牛属（*Ardisia*）、狗尾草属（*Setaria*）、紫珠属（*Callicarpa*）、白酒草属（*Conyza*）、千金子属（*Leptochloa*）等，这些属是缙云山亚热带常绿阔叶林乔木层和灌木层的重要组成成分。

（2）热带亚洲和热带美洲间断分布 14 属，其中楠木属（*Phoebe*）、木姜子属（*Litsea*）、柃属（*Eurya*）、苦树属（*Picrasma*）、猴欢喜属（*Sloanea*）等是常见的森林植物。

（3）旧世界热带分布及其变型 33 属，主要有楼梯草属（*Elatostema*）、栀子属（*Gardenia*）、玉叶金花属（*Mussanda*）等。

（4）热带亚洲至热带大洋洲分布 21 属，主要有樟属（*Cinnamomum*）、臭椿属（*Ailanthus*）、通泉草属（*Mazus*）等。

（5）热带亚洲至热带非洲分布及变型 24 属，主要有荩草属（*Arthraxon*）、铁仔属（*Myrsine*）、鱼眼草属（*Dichrocephala*）等。

（6）热带亚洲分布及变型 54 属，其中山茶属、润楠属（*Machilus*）、新木姜子属（*Neolitsea*）、山胡椒属（*Lindera*）等是亚热带常绿阔叶林的主要组成成分；草珊瑚属（*Sarcandra*）是缙云山针阔混交林下的优势灌木之一；蛇莓属（*Duchesnea*）的蛇莓（*D. indica*）、金发草属（*Pogonatherum*）的金发草（*P. paniceum*）和金丝草（*P. crinitum*）为缙云山常见多年生草本。

**3）温带分布**

本分布区类型共有 233 属。

（1）北温带分布及其变型 96 属，主要有荚蒾属、蒿属、蔷薇属（*Rosa*）、景天属（*Sedum*）、虎耳草属（*Saxifraga*）、杜鹃花属（*Rhododendron*）、画眉草属（*Eragrostis*）、荨麻属（*Urtica*）、野豌豆属（*Vicia*）、马桑属（*Coriaria*）等，其中松属（*Pinus*）是缙云山亚热带常绿针叶林的主要成分。

（2）东亚和北美间断分布及其变型 29 属，其中栲属（*Castanopsis*）和大头茶属（*G ordonia*）植物在本区分布广泛，是本区亚热带常绿阔叶林的重要成分；山蚂蝗属（*Desmodium*）、胡枝子属（*Lespedeza*）、柯属（*Lithocarpus*）和腹水草属（*Veronicastrum*）在区内分布也很广泛。

（3）旧世界温带分布及其变型 33 属，有女贞属（*Ligustrum*）、益母草属（*Leonurus*）、菊属（*Dendranthema*）等。

（4）温带亚洲分布 4 属，有锦鸡儿属（*Caragana*）、附地菜属（*Trigonotis*）、马兰属（*Kalimeris*）等。

（5）地中海区西亚至中亚分布及其变型 2 属，为糖芥属（*Erysimum*）和黄连木属（*Pistacia*）。

（6）中亚分布 1 属，为诸葛菜属（*Orychophragmus*）。

（7）东亚分布及其变型 68 属，以草本和灌木为主，如蒲儿根属（*Sinoseneci*）、假福王草属（*Paraprenanthes*）、秋分草属（*Rhynchospermum*）、紫苏属（*Perilla*）、半夏属（*Pinellia*）等。该分布区类型乔木属有南酸枣属（*Choerospondias*）、梭罗树属（*Reevesia*）、野鸦椿属（*Euscaphis*），在保护区内较常见。

**4）中国特有分布**

中国特有分布 14 属，有杉木属（*Cunninghamia*）、青钱柳属（*Cyclocarya*）、青檀属（*Pteroceltis*）、大血藤属（*Sargentodoxa*）、伯乐树属（*Bretschneidera*）、通脱木属（*Tetrapanax*）等。显示了本区植物的特有性，同时这些属所隶属的科，大部分在系统发育上较原始，显示了该区植物区系的古老性。

## 5.4.3　种子植物的区系特征

通过以上分析可以看出，重庆市缙云山国家级自然保护区野生种子植物的区系具有以下特征：①区系成分复杂，类型丰富，包含 148 科，591 属，1112 种，有一半以上的属在区内仅包含了一个物种。②大科的优势明显，占保护区种子植物总科数 5.41%的大科包含了区内 37.77%的物种。③具有明显的热带性质，在科水平上热带成分占了 53.38%，温带成分占了 23.65%；在属的水平上热带成分占了 46.53%，温带成分占了 39.42%，有从热带性质向温带性质过渡的特征。④有 1 个中国特有分布科和 14 个中国特有分布属，同时包含了一些较为古老的类群，具有一定的古老性和特有性。

# 第6章　植被及景观多样性

## 6.1　调 查 方 法

根据保护区地形和植被分布特点，采取样线法和典型样方调查法进行野外调查。野外调查路线主要以公路、峡谷为基础，设置水平样线，再沿山坡的阴坡、阳坡均匀布设垂直样线，样线末端抵达保护区边界，从而使得所有样线基本上均匀覆盖整个保护区。在样线设置基础上，设置典型样方进行群落调查。典型样地设置面积大小均以大于其群落最小样地面积为标准，森林群落设置为400$m^2$（20m×20m），灌丛群落样地设置为25$m^2$（5m×5m），草丛群落样地面积统一设置为4$m^2$（2m×2m）。

## 6.2　植被类型动态

### 6.2.1　植被的分区

植被分区与植物的科、属、种的地理分布也有密切关系，后者可简称为植物分区，其研究对象是以植物种为基本单位，而植被分区是以植物群落为基本单位。植物群落不能脱离植物种而存在，其中能反映自然环境特点的优势种和生态幅度小的指示植物对植被分区有重要意义。因此，植被分区和植物分区是既有联系又有区别的两个不同的研究领域。

植被分区的研究，在理论上不仅可以揭示现代植被类型的形成与一定环境条件互为因果的规律，而且在一定程度上可以反映植被在历史上的发展途径。其在生产实践上也有重要意义，对农、林、牧、副业的发展有着密切关系。同时，森林的合理开发与更新，草地资源的合理利用和建设，野生植物资源的利用与保护，经济植物的引种驯化和宜植地的选择，荒山荒地的改造等都需要植被分区提供科学依据。

按照四川植被的四级分区，重庆缙云山国家级自然保护区在植被分区上属于川东盆地及川西南山地常绿阔叶林地带（植被区）、川东盆地偏湿性常绿阔叶林亚带（植被地带）、盆边底部丘陵低山植被地区（植被地区）、川东平行岭谷植被小区（植被小区），植被分区构成如下：

I 川东盆地及川西南山地常绿阔叶林地带

　IA 川东盆地偏湿性常绿阔叶林亚带

　　$IA_3$ 盆边底部丘陵低山植被地区

　　　$IA_{3(2)}$ 川东平行岭谷植被小区

保护区内自然植被由马尾松林、柏木林、栲树林、短刺米槠林、四川山矾林、竹林等森林组成，分布在不同的地形和土壤上。以砂页岩或石灰岩上发育的山地酸性黄壤上的常绿阔叶林最为典型，栲树为优势种，混生有银木荷、四川大头茶、虎皮楠等。常绿阔叶林被破坏后，代之为马尾松林，其结构简单，乔木层优势种为马尾松，灌木层有柃木、杜鹃、铁仔等，草本植物以芒萁、芒为主。土层较厚的地区则分布以麻栎、栓皮栎、白栎为主的低山落叶阔叶林，此种群落破坏后形成栎类灌丛。竹林，如大量的人工或半自然的慈竹林，则多分布在住宅附近和沟谷地区，酸性黄壤上也有分布。

### 6.2.2　植被分类系统

重庆缙云山国家级自然保护区内植物资源非常丰富，区系复杂，植被类型较多。按照《中国植被》的植被分类原则和系统，以及野外调查、整理出的样地资料，对重庆缙云山国家级自然保护区范围内的植被类型进行划分。结果表明，重庆缙云山国家级自然保护区共计主要有9个植被型，126个群系，其中自然植被类型有8个植被型，107个群系。分类系统序号连续编排按《中国植被》编号用字，植被型用Ⅰ、Ⅱ、Ⅲ…，群系用1、2、3…，群系数字后加“.”点，统一编号。

重庆缙云山国家级自然保护区植被分类系统如下：

Ⅰ常绿阔叶林

1. 栲树林
2. 黄牛奶树林
3. 四川山矾林
4. 四川大头茶林
5. 润楠、薯豆林
6. 四川大头茶、短刺米槠林
7. 短刺米槠、薯豆林
8. 银木荷、短刺米槠林
9. 栲树、润楠、黄牛奶树林
10. 长蕊杜鹃、大果杜英林
11. 短刺米槠、大果杜英林
12. 黄杞、四川山矾林
13. 木荷、香樟林

Ⅱ落叶阔叶林

14. 枫香林
15. 枫杨林
16. 复羽叶栾树林
17. 喜树林
18. 泡桐林
19. 化香林
20. 灯台树、化香林
21. 刺桐、构树林
22. 白栎林
23. 白栎、栓皮栎林

Ⅲ暖性针叶林

24. 马尾松林
25. 杉木林
26. 马尾松、杉木林
27. 柳杉林
28. 柏木林

Ⅳ暖性针叶、阔叶混交林

29. 马尾松、四川山矾林
30. 马尾松、四川大头茶林
31. 马尾松、润楠林
32. 马尾松、栲树林
33. 马尾松、短刺米槠
34. 马尾松、广东山胡椒林
35. 马尾松、大果杜英林
36. 杉木、栲树林
37. 杉木、薯豆林
38. 杉木、四川大头茶林
39. 杉木、银木荷林
40. 杉木、黄牛奶树林

Ⅴ竹林

41. 毛竹林
42. 慈竹林
43. 麻竹林
44. 苦竹林
45. 水竹林

Ⅵ常绿阔叶灌丛

46. 杜鹃灌丛
47. 火棘灌丛
48. 金山荚蒾、火棘灌丛
49. 金山荚蒾、铁仔灌丛

Ⅶ落叶阔叶灌丛

50. 水麻灌丛
51. 盐肤木灌丛
52. 构树灌丛
53. 八角枫灌丛
54. 川莓灌丛
55. 光叶高粱泡灌丛
56. 黄荆灌丛
57. 马桑灌丛
58. 毛叶木姜子灌丛
59. 藤构灌丛
60. 小果蔷薇、川莓灌丛

Ⅷ灌草丛

61. 芒草丛
62. 丝茅草丛
63. 荩草草丛
64. 狗牙根草丛
65. 早熟禾草丛
66. 芦竹草丛
67. 蕨草丛
68. 芒萁草丛
69. 里白草丛
70. 白苞蒿草丛
71. 小白酒草草丛
72. 白花鬼针草草丛
73. 野菊草丛
74. 野胡萝卜草丛
75. 空心莲子草草丛
76. 葛藤草丛
77. 地瓜藤草丛
78. 接骨草草丛
79. 葎草草丛
80. 丛枝蓼草丛
81. 火炭母草丛
82. 水蓼、升马唐草丛

83. 糯米团草丛
84. 雾水葛草丛
85. 苎麻草丛
86. 鸭儿芹草丛
87. 藜草丛
88. 酢浆草草丛
89. 蝴蝶花草丛
90. 大叶仙茅草丛
91. 凹叶景天草丛
92. 鸭跖草草丛
93. 荨麻草丛
94. 石荠苎草丛
95. 苍耳草丛
96. 臭牡丹草丛
97. 垂穗鹅冠草草丛
98. 龙葵草丛
99. 益母草草丛
100. 野青茅草丛
101. 水蓼、空心莲子草草丛
102. 繁缕草丛
103. 一年蓬草丛
104. 马唐草丛
105. 土荆芥草丛
106. 尾穗苋草丛
107. 豨莶草丛

Ⅸ人工植被

108. 油桐林
109. 樟林
110. 花椒林
111. 板栗林
112. 柚子林
113. 柑橘林
114. 枇杷林
115. 李树林
116. 桃树林
117. 桑树林
118. 梨树林
119. 麻竹林
120. 硬头黄竹林
121. 蜡梅灌丛
122. 红花檵木灌丛
123. 大叶黄杨灌丛
124. 茶灌丛
125. 桂花林
126. 小琴丝竹林

重庆缙云山国家级自然保护区森林植被类型组成中，常绿阔叶林有13个群系，落叶阔叶林有10个群系，暖性针叶林有 5 个群系，暖性针叶、阔叶混交林有 12 个群系，竹林有 5 个群系，常绿阔叶灌丛有 4 个群系，落叶阔叶灌丛有 11 个群系，灌草丛有 47 个群系，人工栽培植被有 19 个群系。统计结果表明，保护区植被以森林植被为主，森林植被类型中，以常绿阔叶林，落叶阔叶林，暖性针叶、阔叶混交林等植被类型最为丰富；其次是暖性针叶林和竹林，暖性针叶林和竹林多数处于演替初期阶段；常绿阔叶灌丛、落叶阔叶灌丛及灌草丛植被类型则具有类型丰富、分布面积较小的特点。

## 6.3　群落物种组成动态

保护区森林群落类型较多，以阔叶林的群落类型为主，达 20 种以上，主要有栲树林，四川山矾林，四川大头茶林，枫香林，短刺米槠、薯豆林，短刺米槠、大果杜英林，润楠、薯豆林等类型。阔叶林植被中，群落分布具有类型丰富、分布面积相对较小的特点，群落乔木层物种组成最为丰富，其中常绿阔叶林主要分布于海拔较高且人为干扰较小的区域，落叶阔叶林则分布于针叶林的周边区域，分布面积同样不大。

暖性针叶、阔叶混交林同样较为丰富，群落类型在 10 种以上，以马尾松、四川山矾林，马尾松、栲树林，马尾松、四川大头茶林，马尾松、短刺米槠林，杉木、栲树林，杉木、银木荷林等为主要群落类型，该类型属于保护区针叶林向常绿阔叶林地带性植被演替的过渡植被类型。保护区针叶林植被类型较少，以马尾松林、杉木林、柏木林等纯林及马尾松、杉木林为主要群落类型，该类型具有类型少、分布面积广的特点。竹林群落类型单一，以毛竹、慈竹为主要组成类型。

灌丛群落类型较少，以水麻灌丛、盐肤木灌丛、构树灌丛、茶灌丛、川莓灌丛为主。灌草丛群落类型丰富，主要以芒草丛、丝茅草丛、荩草草丛、空心莲子草草丛、芒萁草丛、蕨草丛等占优势。

不同植被型比较，森林群落中，阔叶林群落类型和针叶、阔叶混交林群落类型较丰富，针叶林和竹林群落类型较单一。从植被的自然演替过程来看，重庆缙云山国家级自然保护区通过数十年的保护，植被恢复较好，尤其是针叶、阔叶混交林类型丰富，充分说明保护区植被从针叶林向常绿阔叶林地带性植被演替十分明显，群落物种组成也由单一向复杂转变，从而有利于保护区的生物多样性恢复与保护。

另外，不同结构层次比较，草丛群落类型最丰富，其次是森林群落类型，灌丛群落类型较单一。

## 6.4　群落多样性动态

野外调查统计结果可知，阔叶林乔木层物种丰富，多以栲树、四川山矾、黄牛奶树、四川大头茶、枫杨、枫香等为优势种。针叶、阔叶混交林乔木层物种种类较丰富，并多以杉木、马尾松、栲树、短刺米槠、四川大头茶、广东山胡椒润楠等为优势种。针叶林乔木层物种较单一，多以杉木、马尾松、柳杉、柏木等为优势种，偶见有黄牛奶树、栲树、化香、四川山矾等阔叶树种分布。竹林乔木层物种极为单一，部分为纯林，部分竹林分布有少量的毛桐、四川山矾、薯豆、马尾松等树种。人工林乔木层多数为纯林，主要有油桐林、桉树林、香樟林、柚子林、柑橘林、枇杷林、李树林、桃树林等。对于灌木层和草本层而言，阔叶林物种种类丰富，针叶林和竹林物种种类单一。

根据调查计算结果显示（表 6-1、表 6-2），缙云山自然保护区阔叶林物种多样性较高，其次是针叶、阔叶混交林，针叶林和竹林物种多样性相对较低，物种极少。说明针叶林和竹林正处于演替阶段，群落结构不够稳定。对于人工林而言，乔木层几乎为纯林，林下物种单一。灌丛物种多样性较低，有部分人工经济林，比如柑橘灌丛、茶灌丛等，灌木层均为经济物种。草丛群落物种多样性较低，但优势种明显。

**表 6-1　保护区森林群落物种多样性统计表**

| 群落类型 | 层次 | R | D | H | J | E |
|---|---|---|---|---|---|---|
| 针叶林 | 乔木层 | 0.636 | 0.517 | 0.863 | 0.838 | 0.636 |
| | 灌木层 | 0.899 | 0.713 | 1.359 | 0.946 | 1.299 |

续表

| 群落类型 | 层次 | R | D | H | J | E |
|---|---|---|---|---|---|---|
| 针叶、阔叶混交林 | 草本层 | 0.958 | 0.650 | 1.187 | 0.863 | 0.958 |
| | 乔木层 | 1.078 | 0.748 | 1.804 | 0.912 | 0.871 |
| | 灌木层 | 1.803 | 0.781 | 1.630 | 0.910 | 0.870 |
| | 草本层 | 0.434 | 0.420 | 0.611 | 0.881 | 0.860 |
| 阔叶林 | 乔木层 | 2.978 | 0.865 | 2.142 | 0.930 | 2.378 |
| | 灌木层 | 2.207 | 0.840 | 2.016 | 0.876 | 2.207 |
| | 草本层 | 1.454 | 0.747 | 1.601 | 0.823 | 1.454 |
| 竹林 | 乔木层 | 0.228 | 0.117 | 0.234 | 0.337 | 0.228 |
| | 灌木层 | 0.869 | 0.620 | 1.030 | 0.937 | 0.869 |
| | 草本层 | 0.558 | 0.471 | 0.826 | 0.752 | 0.558 |

**表 6-2　保护区灌丛、灌草丛群落物种多样性统计表**

| 群落类型 | 层次 | R | D | H | J | E |
|---|---|---|---|---|---|---|
| 灌丛 | 灌木层 | 0.346 | 0.278 | 0.451 | 0.650 | 0.676 |
| | 草本层 | 0.511 | 0.620 | 1.030 | 0.937 | 0.906 |
| 草丛 | 草本层 | 0.948 | 0.553 | 1.113 | 0.643 | 0.623 |

# 6.5　景观类型

## 6.5.1　景观类型组成

景观是指由大小不等和相互作用的镶块（群落或生态系统）以一定形式构成的整体的生态学研究单位。景观生态学是研究一定地理单元内、一定时间阶段的生态系统类群的格局、特点、综合资源状况、相互间物与流交流等自然规律，以及人为干预下的演替趋势，揭示其总体效应对人类社会的现实与潜在影响的学科。

缙云山国家级自然保护区域内，景观生态体系由多种组分组成，这些组分可以是不同的生态系统，也可以是生境，对保护区各种景观类型按照景观要素组成级别划分，分成 2 级类别分别统计，统计结果见表 6-3 和表 6-4，其中交通建筑用地、水域等包含于其他景观类型之中，没有单独列出。

**表 6-3　保护区景观类型统计表**

| 景观类型 | | 面积/hm$^2$ | 所占比例/% |
|---|---|---|---|
| 1 级景观 | 2 级景观 | | |
| 森林景观 | 常绿阔叶林景观 | 1354.35 | 19.10 |
| | 落叶阔叶林景观 | 1321.80 | 18.64 |
| | 暖性针叶林景观 | 264.73 | 3.73 |
| | 暖性针叶、阔叶混交林景观 | 888.15 | 12.52 |
| | 竹林景观 | 669.46 | 9.44 |
| 灌丛景观 | 常绿阔叶灌丛景观 | 1079.62 | 15.22 |
| | 落叶阔叶灌丛景观 | 186.29 | 2.63 |
| 灌草丛景观 | 灌草丛景观 | 224.53 | 3.17 |
| 栽培植被景观 | 栽培植被景观 | 631.13 | 8.90 |
| 其他类型景观 | 其他类型景观 | 471.49 | 6.65 |
| — | — | 7091.55 | 100.00 |

统计结果显示，缙云山国家级自然保护区内景观类型以森林景观类型分布面积最大，达到 4498.49hm$^2$，占保护区总面积的 63.43%，其 2 级景观类型组成中，以常绿阔叶林景观、落叶阔叶林景观和暖性针叶林、阔叶混交林景观组成最大，分别占保护区总面积的 19.10%、18.64%和 12.52%，也是保护区优势景观类型。其次是灌丛景观，总面积也达到 1265.91hm$^2$，占保护区总面积的 17.85%，以常绿阔叶灌丛景观为主。保护区内的栽培植被景观也有一定面积的分布，总面积为 631.13hm$^2$，以经济林、果园和农耕地为主，其他类型景观中分布较多的为建筑和交通等建设用地景观类型。

### 6.5.2　景观格局特征

自然保护区内各种类型景观生态系统分布格局特征指数如表 6-4 所示，景观多样性计算结果显示，保护区景观香农多样性指数为 1.0849，均匀度指数为 0.7826。各类拼块中以常绿阔叶林，落叶阔叶林，暖性针叶林，暖性针叶、阔叶混交林和竹林等为主的森林景观生态系统和常绿阔叶灌丛、落叶阔叶灌丛等灌丛景观生态系统，均属于环境资源拼块，在本区分布范围较广，连通程度较高，是对本区环境质量有动态控制功能的拼块；灌草丛景观，属于人类活动造成的干扰拼块，分布在阳坡半阳坡、阴坡半阴坡的交通道路两侧和居民点附近，受干扰程度较高；栽培植被景观、其他类型景观中，如农田生态系统属于引进拼块中的种植拼块，随人类干扰呈明显季节周期性。

这些景观类型之间有着既相辅相成又相互制约的特点。以常绿阔叶林，落叶阔叶林，暖性针叶、阔叶混交林等为主的森林生态系统、灌丛生态系统和灌草丛生态系统，决定了河流生态系统的状况，也决定了种植拼块和聚居地质量的好坏。本区域生态环境质量的主要控制性组分是森林生态系统和灌丛生态系统的环境资源拼块，所以环境资源拼块自然生产能力和稳定状况的维护是本区生态环境质量控制的判定因素，面积为 5988.93hm$^2$，占保护区总面积的 84.45%。

**表 6-4　保护区景观类型格局指数表**

| 景观类型 | 类型面积/hm$^2$ | 斑块数量 | 斑块密度 | 最大斑块指数 | 平均斑块面积 | 分维数 |
|---|---|---|---|---|---|---|
| 森林景观 | 4498.49 | 224 | 0.00032 | 13.0828 | 20.0825 | 1.0562 |
| 灌丛景观 | 1265.91 | 501 | 0.00071 | 1.6336 | 2.5268 | 1.0689 |
| 灌草丛景观 | 224.53 | 228 | 0.00032 | 0.0880 | 0.9848 | 1.0699 |
| 栽培植被景观 | 631.13 | 114 | 0.00016 | 1.0149 | 5.5362 | 1.0521 |
| 其他类型景观 | 471.49 | 265 | 0.00037 | 0.7136 | 1.7792 | 1.0271 |
| 香农多样性指数 | | | 1.0849 | | | |
| 香农均匀度指数 | | | 0.7826 | | | |

从各类型的景观格局指数来看（表 6-4），最大斑块指数（LPI）代表类型中最大斑块对景观的影响，森林景观的最大斑块指数相对最高，其次是灌丛景观，其最大景观斑块对整个保护区景观的影响最大；平均斑块面积森林景观的平均斑块面积也最大；分维数表示了斑块的形状，保护区不同景观类型的景观分维数差异不大，其中灌丛景观、灌草丛景观等的分维数相对较高，其斑块形状也更复杂，而其他类型景观则相对较低。

## 6.6　景观优势度及生态环境质量

### 6.6.1　景观优势度

缙云山国家级自然保护区属于景观生态等级自然体系，它是由森林生态系统、灌丛生态系统、灌草丛生态系统、栽培植被生态系统及其他生态系统等有规律地相间组成的。景观生态体系的质量现状是由区域内自然环境、各种生物以及人类社会之间复杂的相互作用来决定的。保护区内以自然环境为主，同时带有人类长期干扰的痕迹。

对景观模地的判断采用传统生态学中计算植被重要值的方法，决定某一拼块在景观中的优势，也叫优势度值。优势度值由 3 种参数计算而出，即密度（*Rd*）、频率（*Rf*）和景观比例（*Lp*）。这三个参数对模地判定中的前两个标准有较好的反映，第三个标准的表达不够明确，但依据景观中模地的判定步骤，当前两个标准的判定比较明确时，可以认为其中相对面积大，连通程度高的拼块类型，即为我们寻找的具有生境质量调控能力的模地。

优势度值计算的数学表达式如下：

密度　*Rd*=拼块 *i* 的数目/拼块总数×100%

频率　*Rf*=拼块 *i* 出现的样方数/总样方数×100%

景观比例　*Lp*=拼块 *i* 的面积/样地总面积×100%

优势度值　*Do*=[(*Rd*+*Rf*)/2+*Lp*]/2×100%

利用 ArcGIS 软件，对缙云山国家级自然保护区各类拼块的优势度值进行了计算，景观类型拼块优势度值见表 6-5，景观分布情况见附图 5。

**表 6-5　保护区景观类型拼块优势度统计**

单位：%

| 景观类型拼块 | *Rd* | *Rf* | *Lp* | *Do* |
|---|---|---|---|---|
| 森林景观 | 16.82 | 34.06 | 63.43 | 44.44 |
| 灌丛景观 | 37.61 | 36.67 | 17.85 | 27.50 |
| 灌草丛景观 | 17.12 | 16.09 | 3.17 | 9.88 |
| 栽培植被景观 | 8.56 | 7.39 | 8.90 | 8.44 |
| 其他类型景观 | 19.89 | 5.80 | 6.65 | 9.75 |

表 6-5 的数据显示，保护区内各类拼块的优势度值中，森林的 *Do* 值最高，达到 44.44%，景观比例值 *Lp* 为 63.43%，出现的频率 *Rf* 为 34.06%；其次是灌丛景观，*Do* 值为 27.50%，景观比例值 *Lp* 为 17.85%，出现的频率 *Rf* 为 36.67%；灌草丛景观、栽培植被景观和其他类型景观的景观优势度相对较低，*Do* 值均低于 10%，说明森林和灌丛景观明显要好于其他拼块类型。由于森林、灌丛资源是该区域生态环境质量的控制性组分，所以该区域生态环境质量良好，具有较强的阻抗能力和受到干扰以后的恢复能力。而对生境质量干扰较大的类型如农用地及建筑用地等优势度较低，说明人类的干扰相对较小，尚未达到使生境衰退的地步。

景观生态环境质量评价除应分析其生产能力和恢复能力外，还应对其阻抗能力进行评价分析。尽管本区受到人类一定程度干扰，但受干扰的面积远小于未受干扰的面积，因此保护区内的异质性变化小，故其阻抗稳定性仍然显著。

综上所述，缙云山国家级自然保护区景观生态体系具有较强的受到破坏以后的恢复能力，对内外干扰的阻抗能力较强。因此，该区域的生态完整性基本符合该自然体系应具有的能力级别，属于良好等级。

### 6.6.2　景观生态环境质量

对缙云山国家级自然保护区景观生态环境质量的评价主要根据现场的调查资料，同时按照森林景观、灌丛和灌草丛景观、栽培及其他景观的不同类型景观进行分开评价，结果如表 6-6 所示，森林景观、灌丛及灌草丛景观的 EQ 值要明显高于栽培及其他类型景观，均达到 I 级水平，EQ 值分别为 87.5 和 82.5；栽培及其他类型景观的 EQ 值为 45.0，属III级水平并接近II级生态级别。在单项指标中，森林景观、灌丛及灌草丛景观的土地生态适宜性、植被覆盖度、抗退化能力和恢复能力均高于栽培及其他类型景观。

**表 6-6　保护区景观生态环境质量统计**

| 生态景观 | $A_1$ | $A_2$ | $A_3$ | $A_4$ | EQ 值 | 生态级别 |
|---|---|---|---|---|---|---|
| 森林景观 | 90 | 100 | 100 | 60 | 87.5 | I |
| 灌丛及灌草丛景观 | 80 | 90 | 60 | 100 | 82.5 | I |
| 栽培及其他类型景观 | 60 | 40 | 40 | 40 | 45.0 | III |

对保护区内的景观生态环境质量的统计结果表明，缙云山国家级自然保护区的森林景观、灌丛及灌草丛景观相对较好，植被覆盖率较高，但是土地的抗干扰能力、生态恢复能力方面没有达到最强，栽培及其他类型景观生态环境质量一般，因此在进行保护区生态环境建设时，应该注重搞好保护区的生态环境保护工作，防止生态环境质量退化。

# 第 7 章　珍稀濒危及保护植物

## 7.1　珍稀濒危植物

为了更加准确地反映保护区维管植物的珍稀濒危状况，本章分别参照了《中国植物红皮书》，IUCN-2014年收录数据及《中国生物多样性红色名录——高等植物卷》三种资料对保护区的珍稀濒危植物进行统计。其中，《中国植物红皮书》中收录的物种均为生存受威胁的种类，并根据物种受威胁程度的不同分为了濒危、稀有、渐危三个等级，虽然文献时间距今较长，但仍有较高的参考价值。IUCN 及《中国生物多样性红色名录——高等植物卷》均采用了 IUCN 的评估系统，将评估物种分为了 9 个等级，其中，生存受威胁的等级包括了极危（CR）、濒危（EN）和易危（VU），三者覆盖的范围有所差异。各物种的濒危等级详见附表 4。

缙云山种子植物在三种资料中的收录情况如表 7-1 所示，受威胁的种类在三个资料中分别有 35 种、26 种及 60 种，将三者并集得到保护区中珍稀濒危植物总名录，共包含了 83 种，其中 72.29%的物种均为引种栽培，这得益于保护区“重庆市植物园”的牌子，反映出保护区管理局在珍稀濒危植物的迁地保护上做的工作。

**表 7-1　保护区珍稀濒危植物物种数据统计表**

| 类别 | 红皮书 2003 | IUCN-2014 | 物种红色名录 2013 |
|---|---|---|---|
| 蕨类 | 2 | 6 | 119 |
| 裸子 | 6 | 36 | 26 |
| 被子 | 26 | 125 | 788 |
| 总计 | 35 | 166 | 933 |
| 受威胁的种类 | 35 | 26 | 60 |

### 1. 中国植物红皮书收录种类

保护区内分布的濒危物种有 7 种，包括荷叶铁线蕨（*Adiantum reniforme*）、攀枝花苏铁（*Cycas panzhihuaensis*）、峨眉含笑（*Michelia wilsonii*）、天竺桂（*Cinnamomum japonicun*）、长果秤锤树（*Sinojackia dolichocarpa*）、秤锤树（*Sinojackia xylocarpa*）及梓叶槭（*Acer catalpifolium*），均为保护区引种栽培的植物。

保护区内分布有稀有种 12 种，其中青檀（*Pteroceltis tatarinowii*）、伯乐树（*Tsoongia axillariflora*）及香果树（*Emmenopterys henryi*）3 种为当地土著植物，其余均为引种栽培，包括金钱松（*Pseudolarix amabilis*）、水杉（*Metasequoia glyptostroboides*）、杜仲（*Eucommia ulmoides*）、香果树、连香树（*Cercidiphyllum japonicum*）、金花茶（*Camellia chrysantha*）及光叶珙桐（*Davidia involucrata* var. *vilmoriniana*）等。

保护区有渐危种 16 种，其中仅桢楠（*Phoebe zhennan*）和桫椤（*Alsophila spinulosa*）为当地土著植物，其余均为引种栽培，如木瓜红（*Rehderodendron macrocarpum*）、白辛树（*Pterostyrax psilophyllus*）、华榛（*Corylus chinensis*）、大叶木莲（*Manglietia megaphylla*）、八角莲（*Dysosma versipelle*）、胡桃（*Juglans regia*）及红豆树（*Ormosia hosiei*）等。

### 2. IUCN 收录种类

保护区内分布有 IUCN（2014）收录的植物物种 167 种，其等级分布如图 7-1 所示。其中 CR（极危）物种

1 种，为四川苏铁（*Cycas szechuanensis*）。濒危（EN）物种 10 种，包括银杏、水杉、南方红豆杉（*Taxus chinensis*.var. *mairei*）、华榛、湖北凤仙花（*Impatiens pritzelii*）等，其中仅湖北凤仙花为当地土著植物，其余均为引种栽培。易危（VU）物种 15 种，如银杉（*Cathaya argyrophylla*）、福建柏（*Fokienia hodginsii*）、桢楠、瘿椒树（*Tapiscia sinensis*）等，土著植物包括桢楠和楤木（*Aralia chinensis*）两种，但网页信息显示楤木的评估资料来源于 2004 年，且需要更新，而在 2013 年的红色名录中，该物种的濒危等级为无危。区内近危（NT）物种 12 种，如鹅掌楸（*Liriodendron chinense*）、连香树、木瓜红等。该名录收录的无危（LC）物种在该区有 116 种。

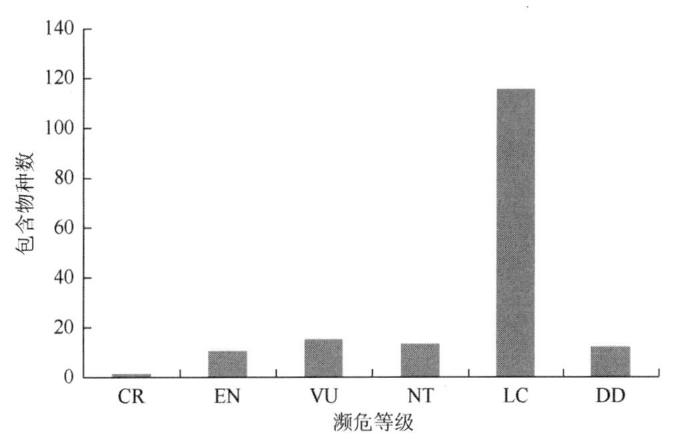


图 7-1　保护区植物在 IUCN 中的收录情况

### 3. 生物多样性红色名录收录

保护区分布有中国生物多样性红色名录收录 933 种，其等级分布如图 7-2 所示。极危种 CR 有 6 种，如四川苏铁、苏铁（*Cycas revoluta*）、牡丹（*Paeonia suffruticosa*）、栀子皮（*Itoa orientalis*）、荷叶铁线蕨及银杏（*Ginkgo biloba*），均为保护区引种栽培。濒危（EN）物种 22 种，其中土著植物包括蛇足石杉（*Huperzia serrata*）、缙云卫矛（*Euonymus chloranthoides*）、北碚榕（*Ficus beipeiensis*）、润楠（*Machilus pingii*）、青牛胆（*Tinospora sagittata*）、裸芸香（*Psilopeganum sinense*）和白及（*Bletilla striata*）7 种，其余如夜香木兰、大叶木莲、夏蜡梅（*Calycanthus chinensis*）等均为引种栽培。易危（VU）物种 32 种，其中土著植物有 10 种，包括南方红豆杉、银木（*Cinnamomum platyphyllum*）、凹脉新木姜子（*Neolitsea impressa*）、铁马鞭（*Lespedeza pilosa*）、湖北凤仙花、棒头南星（*Arisaema clavatum*）及华重楼（*Paris polyphylla* var. *chinensis*）等，引种的 22 种，包括红豆杉、峨眉含笑、天竺桂、浙江楠、黄连、八角莲、杜仲、胡桃等。该名录收录的无危（LC）物种在该区有 825 种。

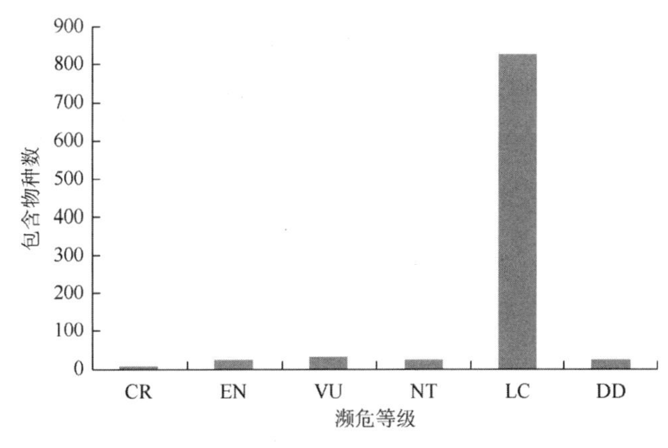


图 7-2　保护区植物在生物多样性红色名录中的收录情况

## 7.2　国家重点保护野生植物

### 1. 种类

根据国务院 1999 年批准的《国家重点保护野生植物名录（第一批）》，统计出缙云山国家级自然保护区内共分布国家重点野生保护植物 10 种（不含引种栽培类型），分属于 6 科 8 属，其中国家Ⅰ级保护植物 2 种，南方红豆杉、伯乐树。国家Ⅱ级保护植物 8 种，金毛狗（*Cibotium barometz*）、齿叶黑桫椤（*Alsophila denticulata*）、华南黑桫椤（*Gymnosphaera metteniana*）、桫椤、金荞麦（*Fagopyrum dibotrys*）、樟（*Cinnamomum camphora*）、润楠、桢楠（表 7-2）。

**表 7-2 保护区国家级重点野生保护植物一览表**

| 编号 | 科名 | 种名 | 保护级别 |
| --- | --- | --- | --- |
| 1 | 蚌壳蕨科 Dicksoniaceae | 金毛狗 *Cibotium barometz*（L.）J. Sm. | Ⅱ |
| 2 | | 齿叶黑桫椤 *Alsophila denticulata* Baker | Ⅱ |
| 3 | 桫椤科 Cyatheaceae | 华南黑桫椤 *Alsophila metteniana* Hance | Ⅱ |
| 4 | | 桫椤 *Alsophila spinulosa*（Wall. ex Hook.）R. M. Tryon | Ⅱ |
| 5 | 红豆杉科 Taxaceae | 南方红豆杉 *Taxus chinensis*（Pilger.）Rehd.var. *mairei*（Lemée & H. Léveillé）L. K. Fu | Ⅰ |
| 6 | 蓼科 Polygonaceae | 金荞麦 *Fagopyrum dibotrys*（D. Don）Hara | Ⅱ |
| 7 | | 樟 *Cinnamomum camphora*（L.）presl | Ⅱ |
| 8 | 樟科 Lauraceae | 润楠 *Machilus nanmu*（Oliv.）Hemsl. | Ⅱ |
| 9 | | 桢楠 *Phoebe zhennan* S. Lee | Ⅱ |
| 10 | 伯乐树科 Bretschneideraceae | 伯乐树 *Bretschneidera sinensis* Hemsl. | Ⅰ |

## 2. 生长现状

### 1）金毛狗（*Cibotium barometz*）

在保护区中约有 10 个种群，主要分布于保护区的板子沟、绍龙观、泡沫沟、健身梯等地的山沟或林下荫处的酸性土壤上。主要伴生植物有镰羽复叶耳蕨、狗脊（*Woodwardia aponica*）、芒萁、里白（*Hicriopteris glauca*）、山姜（*Alpinia japonica*）、荩草（*Arthraxon hispidus*）、雾水葛（*Pouzolzia zeylanica*）、竹叶草（*Oplismenus compositus*）、杜茎山、四川山矾等，除分布于健身梯处的种群受人为干扰较大外，其余分布区生长状况良好。

### 2）齿叶黑桫椤（*Alsophila denticulata*）

在保护区内见于缙云寺旁。主要伴生植物有狗脊、接骨草（*Sambucus chinensis*）、楼梯草（*Elatostema involucratum*）、糯米团（*Gonostegia hirta*）、虎杖（*Reynoutria japonica*）、冷水花（*Pilea notata*）、常春藤（*Hedera nepalensis* var. *sinensis*）、酢浆草（*Oxalis corniculata*）、鸭儿芹（*Cryptotaenia japonica*）、棕叶狗尾草（*Setaria palmifolia*）、茶（*Camellia sinensis*）、岗柃（*Eurya groffii*）、金佛山荚蒾（*Viburnum chinshanense*）、油桐（*Vernicia fordii*）、大果杜英（*Elaeocarpus fleuryi*）、马比木（*Nothapodytes pittosporoides*）等，长势一般。

### 3）华南黑桫椤（*Alsophila metteniana*）

在保护区内，华南黑桫椤分布于泡沫沟、绍龙观、缙云寺、青木关等地海拔为 350～600m 的低山常绿阔叶林下、溪旁或沟谷中，共 14 个种群。主要伴生植物有红盖鳞毛蕨、狗脊、楼梯草、糯米团、冷水花、酢浆草、棕叶狗尾草、茶、岗柃、油桐、大果杜英、马比木等，长势一般。

### 4）桫椤（*Alsophila spinulosa*）

有 3 个种群，分布于绍龙观及周围沟边的阴湿环境中。主要伴生植物有红盖鳞毛蕨、狗脊、楼梯草、糯米团、虎杖、冷水花、小叶柊等，长势较好。

### 5）南方红豆杉（*Taxus chinensis* var. *mairei*）

在保护区内主要分布于泡沫沟、石华寺、珍稀植物园入口、绍龙观等地海拔为 650～850m 的山谷、溪边、缓坡、林下腐殖质丰富的酸性土壤中，共 15 株，平均胸径 40cm，株高 13m，冠幅 8m×8m。主要伴生植物有狗脊、里白、山姜、雾水葛、竹叶草、菝葜、毛竹、异叶榕（*Ficus heteromorpha*）、近轮叶木姜子（*Litsea elongate* var. *subverticillata*）、黄常山（*Dichroa febrifuga*）、茜树（*Aidia cochinchinensis*）、四川山矾、金珠柳（*Maesa montana*）、黄牛奶树、四川大头茶等。

**6）金荞麦（*Fagopyrum dibotrys*）**

分布于运河煤矿附近及泡沫沟，成片生长，长势良好。

**7）樟（*Cinnamomum camphora*）**

在保护区内分布很多，其中栽培的数量也不少，还有一些为古树。主要伴生植物有变豆菜、鱼腥草、红花酢浆草（*Oxalis corymbosa*）、缙云卫矛、榉、紫麻、禾串树（*Bridelia insulana*）、毛竹、枫香等。

**8）润楠（*Machilus pingii*）**

在保护区内分布较多，主要见于泡沫沟、健身梯、珍稀植物园、缙云寺、青木关、青龙寨等地。主要伴生植物有蝴蝶花（*Iris japonica*）、菝葜、凹叶景天（*Sedum emarginatum*）、山姜、光叶高粱泡（*Rubus lambertianus* var. *glaber*）、竹叶草、慈竹、杜鹃、日本珊瑚树（*Viburnum odoratissimum* var. *awabuki*）、茜树、四川山矾、金珠柳、樟等，长势良好。

**9）桢楠（*Phoebe zhennan*）**

在保护区分布于缙云寺、石华寺等地海拔 600～800m 的林中。主要伴生植物有沿阶草（*Ophiopogon bodinieri*）、蝴蝶花、慈竹、大叶仙茅（*Curculigo capitulata*）、小叶女贞（*Ligustrum quihoui*）、四川山矾、润楠等，长势较好。

**10）伯乐树（*Bretschneidera sinensis*）**

伯乐树喜光，耐寒，对土壤适应性强，耐干旱、瘠薄，怕涝。生性喜阴，常长在阔叶林下，生长速度缓慢。其在保护区分布于绍龙观、缙云宾馆、缙云寺等地，多生长于路边。主要伴生植物有狗脊、接骨草、蝴蝶花、紫堇（*Corydalis edulis*）、腹水草（*Veronicastrum stenostachyum*）、棕叶狗尾草、杜鹃（*Rhododendron simsii*）、茜树、鸡爪槭（*Acer palmatum*）、四川山矾、复羽叶栾树（*Koelreuteria bipinnata*）等。

## 7.3　重庆市重点保护野生植物

### 1. 种类

根据重庆市政府 2015 年公布的《重庆市重点保护野生植物名录（第一批）》，统计出缙云山国家级自然保护区内共分布重庆市重点保护野生植物 5 种（不含引种栽培类型），分属于 5 科 5 属，分别为阔叶樟（*Cinnamomum platyphyllum*）、青檀、北碚榕、缙云卫矛、缙云黄芩（*Scutellaria tsinyunensi*），见表 7-3。

**表 7-3　保护区国家级重点野生保护植物一览表**

| 编号 | 科名 | 种名 |
|---|---|---|
| 1 | 樟科 Lauraceae | 阔叶樟 *Cinnamomum platyphyllum*（Diels）C. K. Allen |
| 2 | 榆科 Ulmaceae | 青檀 *Pteroceltis tatarinowii* Maxim. |
| 3 | 桑科 Moraceae | 北碚榕 *Ficus beipeiensis* S. S. Chang |
| 4 | 卫矛科 Celastraceae | 缙云卫矛 *Euonymus chloranthoides* Yang |
| 5 | 唇形科 Labiatae | 缙云黄芩 *Scutellaria tsinyunensis* C. Y. Wu & S. |

### 2. 生长现状

**1）阔叶樟（*Cinnamomum platyphyllum*）**

主要分布于铁门坎沟林中，杉木园，绍隆寺有栽培。伴生种主要为茜树、润楠、光叶山矾、蝴蝶花、山姜等。

**2）青檀（*Pteroceltis tatarinowii*）**

主要分布于北温泉，生于海拔 250m 的石灰岩山地。主要伴生植物为四川山矾、光叶高粱泡、金珠柳、竹叶草、棕叶狗尾草、三叶青风藤，长势良好。

**3）北碚榕（*Ficus beipeiensis*）**

产于北温泉石灰岩壁上和后山竹林中，为缙云山特有树种。伴生植物主要为樟、异叶榕、禾串树、菱叶冠毛榕（*Ficus gasparriniana* var. *laceratifolia*）、慈竹、天蓝变豆菜（*Sanicula coerulescens*）、凹叶景天、贯众等。

**4）缙云卫矛 *Euonymus chloranthoides***

主要分布于北温泉一带山坡路边荫处，长势较好，伴生植物主要为盐肤木（*Rhus chinensis*）、慈竹、铁仔（*Myrsine africana*）、蜈蚣蕨（*Pteris vittata*）、贯众、异叶榕、旱芹（*Apium graveolens*）等，长势较好。

**5）缙云黄芩 *Scutellaria tsinyunensis***

主要分布在洛阳桥、青龙寨、北温泉等地，共有 9 个种群。伴生植物主要为黄牛奶树、金珠柳、慈竹、尖距紫堇、多序楼梯草、蝴蝶草、菝葜等。

## 7.4　保 护 建 议

保护区内的国家重点保护野生植物资源中除金毛狗、华南黑桫椤、润楠的分布范围较广，种群数量较大外，其余保护植物在自然环境下的生长繁衍多少受到一定程度的威胁。保护区管理局对部分保护植物进行了挂牌，如南方红豆杉、樟、伯乐树等。这起到了很好的科普宣传效果，但可能由于对法制宣传的力度不够，挂牌反而招致了对某些保护植物的人为破坏，如石华寺和复兴寺分布的红豆杉。保护区管理局还采取了人工繁育的方式补充某些物种的种群数量，如伯乐树。保护区引种了许多的珍稀濒危物种，主要分布在珍稀濒危植物园、缙云寺附近及绍龙观附近，起到了很好的迁地保护效果。但某些引种植物的个体较少、长势较差，应予以重视，如鹅掌楸、光叶珙桐、木瓜红和白辛树等。保护区内还分布有蛇足石杉、湖北凤仙花、棒头南星、白及等草本的濒危类群，但总体上看，保护区对木本植物保护的重视程度高于对草本植物的保护。为此编者对保护区保护工作的开展提出以下建议。

（1）开展对国家野生保护植物的保护生物学研究。建立野生保护植物的档案，定期观测记载其生物学特征、生态学特性、群落特征及其变化规律等，掌握其生长状况，探索其受威胁因素，以便采取相应的保护措施。

（2）增加科研投入，提高管理水平，进行引种驯化，对珍稀濒危植物扩大迁地保护规模，培育植株，加强对珍稀植物园和绍龙观植物园的管理和维护。

（3）加强宣传教育，提高公众对珍稀濒危和保护植物的保护意识，提高全社会保护珍稀濒危植物的自觉性。

# 第8章　古 树 名 木

依据《全国古树名木普查建档技术规定》，古树名木范畴：在人类历史过程中保存下来的年代久远或具有重要科研、历史、文化价值的树木。古树指树龄在 100 年以上的树木。经调查，保护区发现古树 68 株。本次调查根据古树名木相关研究文献，主要调查树木生长速度和特点，以胸径作为标准调查统计。

## 8.1　种 类 数 量

保护区内现有古树 22 种，共 68 株，隶属 18 科 22 属。以被子植物为主，共有 14 科 18 属 18 种；裸子植物有 4 科 4 属 4 种，见表 8-1。

**表 8-1　保护区分布的古树一览表**

| 序号 | 科名 | 种名 | 株数/株 |
| --- | --- | --- | --- |
| 1 | 松科 | 马尾松（*Pinus massoniana* Lamb.） | 5 |
| 2 | 柏科 | 柏木（*Cupressus funebris* Endl.） | 11 |
| 3 | 银杏科 | 银杏（*Ginkgo biloba* L.） | 4 |
| 4 | 红豆杉科 | 南方红豆杉［*Taxus chinensis*（Pilger.）Rehd.var. *mairei*（Lemée & H. Léveillé）L. K. Fu］ | 5 |
| 5 | 壳斗科 | 乌冈栎（*Quercus phillyraeoides* A. Gray） | 4 |
| 6 | 壳斗科 | 栲（*Castanopsis fargesii* Franch.） | 1 |
| 7 | 樟科 | 桢楠（*Phoebe zhennan* S. Lee） | 2 |
| 8 | 樟科 | 香樟［*Cinnamomum camphora*（L.）presl］ | 5 |
| 9 | 樟科 | 润楠（*Machilus pingii* Cheng ex Yang） | 3 |
| 10 | 山茶科 | 四川大头茶（*Gordonia acuminata* Chang） | 1 |
| 11 | 金缕梅科 | 枫香（*Liquidambar formosana* Hance） | 3 |
| 12 | 含羞草科 | 山合欢［*Albizia kalkora*（Roxb.）Prain］ | 1 |
| 13 | 云实科 | 皂荚（*Gleditsia sinensis* Lam.） | 2 |
| 14 | 无患子科 | 无患子（*Sapindus mukorossi* Gaertn.） | 1 |
| 15 | 伯乐树科 | 伯乐树（*Bretschneidera sinensis* Hemsl.） | 1 |
| 16 | 卫矛科 | 披针叶卫矛［*Euonymus hamiltonianus* f. *lanceifolius*（Loes）C. Y. Cheng］ | 1 |
| 17 | 杜英科 | 薄果猴欢喜（*Sloanea leptocarpa* Diels） | 1 |
| 18 | 杜英科 | 日本杜英（*Elaeocarpus japonicus* Sieb. et Zucc.） | 2 |
| 19 | 木犀科 | 木犀［*Osmanthus fragrans*（Thunb.）Lour.］ | 12 |
| 20 | 山茱萸科 | 缙云四照花［*Dendrobenthamia ferruginea* var. *Dendrobenthamia ferruginea* var. *jinyunensis*（Fang et W.K.Hu）Fanget W.K.Hu］ | 1 |
| 21 | 苦木科 | 苦木［*Picrasma quassioides Ailanthus altissima*（Mill.）Swingle］ | 1 |
| 22 | 木兰科 | 四川含笑（*Michelia mediocris* Dandy *szechuanica*） | 1 |

## 8.2　古树分布及生境现状

（1）马尾松（*Pinus massoniana*）5 株，平均胸径 72.3cm，平均株高 28.2m。分布于狮子峰、小餐厅、范家沟、大湾等地，长势良好。其伴生种主要为红盖鳞毛蕨、近轮叶木姜子、四川山矾、四川大头茶、蝴蝶花等。

（2）柏木（*Cupressus funebris*）共 11 株，最大一株胸径为 72cm，株高 18m；最小一株胸径 40cm，株高 8m。分布于缙云寺和八角井道路旁。

（3）银杏（*Ginkgo biloba*）共 4 株，平均胸径 97.6cm，平均株高 15.5m，平均冠幅 12m×12m。分布于缙云寺、石华寺和绍龙观庭院，最大的树龄约 460 年，最小的树龄约 200 年。4 株银杏均被挂牌保护，其伴生种主要为蝴蝶花。

（4）南方红豆杉（*Taxus chinensis* var. *mairei*）共 5 株，占总数的 12.5%，分布于保护区复兴寺和石华寺旁。位于复兴寺的 2 株南方红豆杉为缙云山胸径最大的古树，树龄在 500 年左右，其胸径达 127cm，冠幅达 25m×25cm，高度达 26m。5 株南方红豆杉长势良好，平均胸径 86cm，株高 20m，冠幅 17m×17m。其周边环境以林地为主，主要有近轮叶木姜子、四川山矾、桉（*Eucalyptus robusta*）、卫矛（*Euonymus alatus*）、狗脊（*Woodwardia japonica*）、西南悬钩子（*Rubus assamensis*）、金珠柳、冷水花（*Pilea notata*）、堇菜（*Viola verecunda*）、紫背金盘（*Ajuga nipponensis*）、白酒草（*Conyza japonica*）、蝴蝶花等。

（5）乌冈栎（*Quercus phillyraeoides*）为常绿灌木或小乔木，本种因生长的环境不同，生在山顶、山脊和人为干扰较频繁地方的，常生长成灌木状，叶短小，长 2～5cm；生长在环境条件较好地方的，常生长成乔木，叶长 5～8cm，果实也较大。在保护区生长于佛光岩和狮子峰崖壁上，生长环境恶劣，共 4 株，平均胸径 12.5cm，株高 4m，冠幅 5m×5m。长势较为良好。其周边生境主要以林地为主，主要有马尾松、四川山矾、小叶栲、鼠刺（*Itea chinensis*）、四川大头茶、杜英（*Elaeocarpus decipiens*）、茜树、菝葜等。

（6）栲（*Castanopsis fargesii*）1 株，胸径 82cm，株高 21m，冠幅 15m×15m。分布于复兴寺路边，长势良好。周边生境以林地为主，主要分布树种有马尾松、四川山矾、四川大头茶。

（7）桢楠共 2 株，平均胸径 47cm，株高 20m，冠幅 12m×10m。分布于缙云寺路边，长势良好，周边生境以慈竹林为主。

（8）香樟（*Cinnamomum camphora*）共 5 株，平均胸径 79cm，株高 15.6m，冠幅 12m×12m。分布于狮子峰、缙云村和北温泉，长势较好。其周边生境以农田和林地为主，位于缙云村（转龙寺区域）的 2 株分布于农家屋后，屋后为耕地和乡村道路，长势良好。分布于北温泉三花石附近的 1 株位于林中，坡度较大，其与禾串树、毛竹、枫香等乔木混生，林下有缙云卫矛、榉、紫麻、变豆菜、鱼腥草、红花酢浆草等分布。

（9）润楠（*Machilus pingii*）共 3 株，平均胸径 79cm，株高 20m，冠幅 12m×12m。分布于复兴寺附近林中，长势良好。其伴生种主要为近轮叶木姜子、朴树（*Celtis sinensis*）、香樟、茜树、棕榈（*Trachycarpus fortunei*）、苦竹、蕨（*Pteridium aquilinum* var. *latiusculum*）、斜方复叶耳蕨（*Arachniode srhomboidea*）、臭草（*Melica scabrosa*）、冷水花、棕叶狗尾草、山姜、菝葜。

（10）四川大头茶 1 株，胸径 59cm，株高 18m，冠幅 12m×13m。分布于缙云寺路边，长势良好。

（11）枫香（*Liquidambar formosana*）共 3 株，平均胸径 79.1cm，平均株高 23m，平均冠幅 12m×13m。分布于缙云寺路边、绍龙观庭院及海螺垭口，长势良好。

（12）山合欢（*Albizia kalkora*）1 株，胸径 92cm，株高 25m，冠幅 15m×17m。分布于绍龙观林中，长势良好，其伴生种主要为皂荚（*Gleditsia sinensis*）、薄果猴欢喜、香樟、慈竹、山莓（*Rubus corchorifolius*）、接骨草、紫苏（*Perilla frutescens*）。

（13）皂荚（*Gleditsia sinensis*）共 2 株，平均胸径 79cm，株高 18m，冠幅 16m×12m。分布于石华寺和绍龙观林中，长势良好。其伴生种主要为山合欢、慈竹、香樟、紫堇（*Corydalis edulis*）、虎杖。

（14）无患子（*Sapindus mukorossi*）1 株，树龄约 200 年，胸径 81cm，株高 16m，冠幅 11m×9m。分布于缙云寺庭院，长势良好。

（15）伯乐树（*Bretschneidera sinensis*）1 株，胸径 35cm，株高 19m，胸径 10m×12m。分布于缙云寺庭院，长势良好。

（16）披针叶卫矛（毛脉西南卫矛）（*Euonymus hamiltonianus* f. *lanceifolius*）1 株，胸径 70cm，株高 13m，冠幅 7m×8m。分布于缙云寺庭院，长势良好。

（17）薄果猴欢喜（*Sloanea leptocarpa*）1 株，胸径 62cm，株高 12m，冠幅 8m×8m。分布于缙云寺庭院，长势良好。

（18）日本杜英（*Elaeocarpus japonicus*）共 2 株，平均胸径 83cm，株高 20m，冠幅 9m×9m。分布于

泡沫沟林中小道旁，长势良好。其伴生种主要为朴树、短刺米槠、盐肤木、四川山矾、黄牛奶树、红盖鳞毛蕨、狗脊、银叶菝葜（*Smilax cocculoides*）。

（19）木犀（*Osmanthus fragrans*）最大的位于石华寺，树龄约350年，其胸径为76.4cm，树高21m，冠幅14m×15m。共12株，平均胸径45cm，平均株高14m，平均冠幅11m×12m。分布于石华寺、缙云寺、绍龙观，长势良好，无伴生种。

（20）缙云四照花（*Dendrobenthamia ferruginea* var. *jinyunensis*）1株，位于八角井附近，树龄约150年，树高22m，胸径35cm，冠幅6m×7m，长势良好。

（21）苦木（*Picrasma quassioides*）1株，位于洛阳桥附近，树龄约150年，树高19m，胸径52.6cm，冠幅9m×10m，长势良好。

（22）四川含笑（*Michelia szechuanica*）1株，位于洛阳桥附近，树龄约300年，树高29m，胸径60cm，冠幅12m×14m，长势好。伴生物种有四川山矾、黄牛奶树、斜方复叶耳蕨、茜树等。

## 8.3　资源评价与保护对策

**1）古树的资源评价**

保护区内的古树大部分位于寺庙和道观庭院内，如银杏、柏木、枫香、伯乐树、木犀等；马尾松、山合欢、栲、香樟、南方红豆杉、桢楠、润楠等分布于林中；而乌冈栎生长于悬崖边。多数珍稀古树多分布于游客活动区。

保护区内分布的古树68株，区内的古树枝繁叶茂、综合长势良好。以银杏和南方红豆杉胸径最大，位于绍龙观内的银杏，主干部分遭受雷击，位于复兴寺的南方红豆杉遭到剥皮，均应加强管护。

**2）古树的保护对策**

根据古树在保护区分布的特点，对分布于旅游景点的古树应定期巡查，建立隔离护栏，定期进行施肥、修剪，对长势不良的古树采取复壮措施，确保其正常生长。对于分布于林中的古树，应定期记录其生长状况，并对自然受损、病虫害加以治理，使古树名木的养护管理制度化、规范化。

加强宣传教育，提高游客对名木古树的认识。利用多种宣传形式，营造爱护古树的浓厚氛围，提高人们对古树保护的意识。

# 第9章　缙云山模式标本植物

## 9.1　模式标本植物统计

保护区内分布有35种模式标本植物（表9-1）。由于分类的修订和不同学者观点的差异，其中一些种类的分类处理有所改变。如在*Flora of China*中，山茶科植物的分类处理发生了很大变化，重庆山茶已并入瘤果茶（*Camellia tuberculata*），缙云山茶已并入疏齿大厂茶（*Camellia tachangensis* var. *remotiserrata*），细萼连蕊茶调整为柃叶连蕊茶（*Camellia euryoides*）的变种毛蕊柃叶连蕊茶，陕西短柱茶已并入小叶短柱茶（*Camellia grijsii* var. *shensiensis*）。除此之外，镰羽复叶耳蕨和凸角复叶耳蕨已并入中华复叶耳蕨（*Arachniodes chinensis*），多花堇菜已并入长萼堇菜（*Viola inconspicua*），缙云四照花成了香港四照花的一个亚种黑毛四照花（*Cornus hongkongensis* subsp. *melanotricha*），四川檀梨（*Pyrularia inermis*）并入了檀梨（*Pyrularia edulis*），北碚槭并入了亮叶枫（*Acer lucidum*），缙云紫金牛并入了罗伞树（*Ardisia quinquegona*）。虽然这些植物的分类地位由于研究者的观点差异已经发生了变化，但其性状特征并未改变，仍具有重要的研究价值。

2014年发表的新物种缙云秋海棠（*Begonia jinyunensis*），其模式标本采自缙云山，目前还未发现其他分布地。

**表9-1　缙云山模式标本植物统计**

| 序号 | 种名 |
|---|---|
| 1 | 狭基毛蕨 *Cyclosorus cuneatus* |
| 2 | 假渐尖毛蕨 *Cyclosorus subacuminatus* |
| 3 | 缙云溪边蕨 *Stegnogramma diplazioides* |
| 4 | 镰羽复叶耳蕨 *Arachniodes falcata* |
| 5 | 凸角复叶耳蕨 *Arachniodes cornopteris* |
| 6 | 近轮叶木姜子 *Litsea elongata* var.*subverticillata* |
| 7 | 凹脉新木姜子 *Neolitsea impressa* |
| 8 | 北碚榕 *Ficus beipeiensis* |
| 9 | 重庆山茶 *Camellia chungkingensis* |
| 10 | 缙云山茶 *Camellia jinyunshanica* |
| 11 | 四川毛蕊茶 *Camellia lawii* |
| 12 | 陕西短柱茶 *Camellia shensiensis* |
| 13 | 细萼连蕊茶 *Camellia tsofui* |
| 14 | 多花堇菜 *Viola pseudo-monbeigii* |
| 15 | 绒毛红果树 *Stranvaesia tomentosa* |
| 16 | 缙云瑞香 *Daphne jinyunensis* |
| 17 | 毛柱瑞香 *Daphne jinyunensis* var. *ptilostyla* |
| 18 | 四川蒲桃 *Syzygium szechuanense* |
| 19 | 长叶珊瑚 *Aucuba himalaica* var. *dolichophylla* |
| 20 | 缙云四照花 *Dendrobenthamia ferruginea* var. *jinyunensis* |
| 21 | 四川檀梨 *Pyrularia inermis* |
| 22 | 缙云卫矛 *Euonymus chloranthoides* |
| 23 | 缙云冬青 *Ilex jinyunensis* |

续表

| 序号 | 种名 |
|---|---|
| 24 | 缙云槭 *Acer wangchii* subsp. *tsmyunense* |
| 25 | 北碚槭 *Acer pehpeiense* |
| 26 | 北碚紫金牛 *Ardisia beibeinensis* |
| 27 | 缙云紫金牛 *Ardisia jinyunensis* |
| 28 | 缙云紫珠 *Callicarpa giraldii* var. *chinyunensis* |
| 29 | 缙云黄芩 *Scutellaria tsinyunensis* |
| 30 | 柳叶红茎黄芩 *Scutellaria yunnanensis* var.*salicifolia* |
| 31 | 四川小野芝麻 *Galeobdolon szechuanense* |
| 32 | 缙云秋海棠 *Begonia jinyunensis* |
| 33 | 粽叶草 *Aspidistra oblanceifolia* |
| 34 | 丛生蜘蛛抱蛋 *Aspidistra caespitosa* |
| 35 | 三角叶假福王草 *Paraprenanthes hastata* |

## 9.2　模式标本植物的生长现状调查

本次调查到的 23 种模式植物，其分布和生境描述如下：

（1）假渐尖毛蕨（*Cyclosorus subacuminatus*）是金星蕨科（Thelypteridaceae）毛蕨属（*Cyclosorus*）植物，分布于缙云寺一带（地理坐标 N29°50′19.39″；E106°23′30.54″）。

（2）镰羽复叶耳蕨是鳞毛蕨科（Dryopteridaceae）复叶耳蕨属（*Arachniodes*）植物，广泛分布于保护区林缘地带。

（3）近轮叶木姜子（*Litsea elongata*）是樟科（Lauraceae）木姜子属（*Litsea*）植物，小乔木，分布于复兴寺附近（地理坐标 N29°49′23.62″；E106°22′04.11″），海螺洞林中（地理坐标 N29°50′21.22″；E106°23′22.82″）及缙云寺附近（地理坐标 N29°50′19.39″；E106°23′30.54″），其主要伴生种为四川山矾、菱叶冠毛榕、寒莓（*Rubus buergeri*）、接骨草、绞股蓝、冷水花（*Pilea notata*）、大蝎子草（*Girardinia diversifolia*）、蝴蝶花、红盖鳞毛蕨。

（4）北碚榕（*Ficus beipeiensis*）是桑科（Moraceae）榕属（*Ficus*）植物，为高大乔木，分布于北温泉后山林中（地理坐标 N29°49′55″；E106°25′49″），其主要伴生种为毛竹、杜英（*Elaeocarpusdecipiensc*）、毛桐（*Mallotus barbatus*）、异叶榕、水麻（*Debregeasia orientalis*）、雾水葛、骤尖楼梯草（*Elatostema cuspidatum*）、糯米团（*Gonostegia hirta*）、绞股蓝、冷水花、斜方复叶耳蕨、毛蕨（*Cyclosorus interruptus*）。

（5）重庆山茶（*Camellia chungkingensis*）是山茶科（Theaceae）山茶属（*Camellia*）植物，为小乔木或者灌木，调查发现的主要为灌木，分布于青龙寨附近（地理坐标 N29°50′30.22″；E106°22′55.33″）。其主要伴生种为杉木、大果杜英、川山矾等高大乔木，林下灌木、草本层种类少和数量少，主要为复叶耳蕨、渐尖毛蕨、乌蕨一类。

（6）四川蒲桃（*Syzygium szechuanense*）是桃金娘科（Myrtaceae）蒲桃属（*Syzygium Gaertn.*）植物，为小乔木，分布于绍龙观（地理坐标 N29°50′54.00″；E106°24′23.14″）和泡沫沟（地理坐标 N29°50′33.44″；E106°22′15.09″）一带，其主要伴生种为檵木（*Loropetalum chinense*）、算盘子（*Glochidion puberum*）、黄荆（*Vitex negundo*）、白木通（*Akebia trifoliata*）、西南悬钩子（*Rubus assamensis*）、尾形复叶耳蕨（*Arachniodes australis*）。

（7）长叶珊瑚（*Aucuba himalaica* var. *dolichophylla*）是山茱萸科（Cornaceae）桃叶珊瑚属（*Aucuba*）植物，为灌木或小乔木，在缙云山大门（地理坐标 N29°50′23.87″；E106°23′35.90″）、海螺洞（地理坐标 N29°50′21.22″；E106°23′22.64″）和复兴寺（地理坐标 N29°49′23.62″；E106°22′04.11″）一带均有分布，其主要伴生种为四川山矾、四川大头茶、檵木、常春藤、石海椒（*Reinwardtia indica*）、渐尖楼梯草（*Elatostema acuminatum*）、蝴蝶花、冷水花、红盖鳞毛蕨、狗脊（*Aucuba himalaica*）。

（8）缙云四照花（*Dendrobenthamia ferruginea* var. *jinyunensis*）是山茱萸科（Cornaceae）四照花属（*Dendrobenthamia*）植物，为灌木或小乔木，在绍龙观（地理坐标 N29°50′54.00″；E106°24′23.14″）和缙云宾馆（地理坐标 N29°50′18.26″；E106°23′29.31″）一带均有分布，其伴生种为枫香树（*Liquidambar formosana*）、四川山矾、杉木、日本珊瑚树、水麻、小蜡（*Ligustrum sinense*）、接骨草、假福王草（*Paraprenanthes sororia*）、蝴蝶花、乌蕨（*Stenoloma chusanum*）。

（9）缙云冬青（*Ilex jinyunensis*）是冬青科冬青属植物，为常绿乔木，分布于三角花园（地理坐标 N29°50′00″；E106°23′05″），其主要伴生种为南天竹（*Nandina domestica*）、三脉紫菀（*Aster ageratoides*）、接骨草、绞股蓝、蝴蝶花、冷水花、过路黄（*Lysimachia christinae*）、打碗花（*Calystegia hederacea*）、葎草（*Humulus scandens*）。

（10）缙云槭（*Acer wangchii*）是槭树科（Aceraceae）槭属（*Acer*）植物，为高大乔木，分布于缙云山大门（地理坐标 N29°50′22.98″；E106°23′33.00″），其主要伴生种为杜英、桂花（*Osmanthus fragrans*）、接骨草、紫堇（*Corydalis edulis*）、火炭母（*Polygonum chinense*）、山莓、野菊（*Dendranthema indicum*）、喜旱莲子草（*Alternanthera philoxeroides*）、蝴蝶花。

（11）北碚槭（*Acer pehpeiense*）是槭树科（Aceraceae）槭属（*Acer*）植物，为高大乔木，分布于缙云寺（地理坐标 N29°50′20.42″；E106°23′31.64″）、狮子峰（地理坐标 N29°50′27.22″；E106°23′28.34″）一带，其主要伴生种为杜英、木樨、接骨草、紫堇、火炭母、山莓、野菊、喜旱莲子草。

（12）四川毛蕊茶（*Camellia lawii*）是山茶科（Theaceae）山茶属（*Camellia*）植物，分布于北温泉后山（地理坐标 N29°49′55″；E106°25′49″）以及海螺洞（地理坐标 N29°50′21.22″；E106°23′22.64″）一带，其主要伴生种有红果树（*Stranvaesia davidiana*）、白木通、薯莨（*Dioscorea cirrhosa*）、蝴蝶花、竹叶草、绞股蓝、红花酢浆草。

（13）陕西短柱茶（*Camellia shensiensis*）是山茶科（Theaceae）山茶属（*Camellia*）植物，分布于缙云宾馆一带（地理坐标 N29°50′18″E106°23′25″），其主要伴生种为高羊茅（*Festuca elata*）、早熟禾（*Poa annua*）、半夏（*Pinellia ternata*）、婆婆纳（*Veronica didyma*）、红花酢浆草、碎米荠（*Cardamine hirsuta*）、车前草（*Plantago depressa*）、凤尾蕨（*Pteris cretica*）。

（14）细萼连蕊茶（*Camellia tsofui*）是山茶科（Theaceae）山茶属（*Camellia*）植物，广泛分布于保护区，其主要伴生种为四川山矾、苦竹（*Pleioblastus amarus*）、西南菝葜（*Smilax bockii*）、三脉紫菀、落地梅（*Lysimachia paridiformis*）、棕叶狗尾草、浆果苔草（*Carex baccans*）、蝴蝶花、狗脊、斜方复叶耳蕨。

（15）绒毛红果树是蔷薇科（Rosaceae）红果树属（*Stranvaesia*）植物，广泛分布于保护区，其主要伴生种为白栎（*Quercus fabri*）、杉木、黄牛奶树、檵木、铁仔、细萼连蕊茶、革叶猕猴桃（*Actinidia rubricaulis*）、山姜、西南菝葜、尾形复叶耳蕨、狗脊。

（16）缙云卫矛（*Euonymus chloranthiodes*）是卫矛科（Celastraceae）卫矛属（*Euonymus*）植物，主要分布于泡沫沟（地理坐标 N29°50′33.44″；E106°22′15.09″）和北温泉后山一带（地理坐标 N29°51′58.00″；E106°24′58.09″），其主要伴生种为大叶桂樱（*Laurocerasus zippeliana*）、慈竹、金珠柳、雾水葛、西南悬钩子（*Rubus assamensis*）、山姜、落地梅、尖叶清风藤（*Sabia swinhoei*）、三脉紫菀、蝴蝶花、绞股蓝、斜方复叶耳蕨。

（17）缙云紫珠（*Callicarpa giraldii* var. *chinyunensis*）是马鞭草科（Verbenaceae）紫珠属（*Callicarpa*）植物，分布于金果园（地理坐标 N29°51′39″，E106°23′37″）和绍龙观（地理坐标 N29°51′02″；E106°24′30″）一带，其主要伴生种为毛桐（*Mallotus barbatus*）、白毛新木姜子（*Neolitsea aurata*）、金山荚蒾（*Viburnum chinshanense*）、革叶猕猴桃、山莓、接骨草、棕叶狗尾草、芒（*Miscanthus sinensis*）、楼梯草、酢浆草、鼠麴草（*Gnaphalium affine*）、里白。

（18）缙云黄芩（*Scutellaria tsinyunensis*）是唇形科（Labiatae）黄芩属（*Scutellaria*）植物，分布于北温泉后山（地理坐标 N29°51′58.00″；E106°24′58.09″）、园艺场（地理坐标 N29°51′28.00″；E106°23′27.50″）、绍龙观（地理坐标 N29°51′02.40″；E106°24′30.40″）、洛阳桥（地理坐标 N29°50′31.10″；E106°23′53.60″）、青龙寨（地理坐标 N29°50′30.90″；E106°22′27.70″）等地，其主要伴生种为慈竹、杉木、异叶榕、西南悬钩子、山莓、山姜、蝴蝶花、落地梅、边缘鳞盖蕨、里白、紫萁（*Osmunda japonica*）。

（19）柳叶红茎黄芩（*Scutellaria yunnanensis* var.*salicifolia*）是唇形科（Labiatae）黄芩属（*Scutellaria*）

植物，分布于泡沫沟（地理坐标 N29°50′30.60″；E106°21′52.80″）、运河村（地理坐标 N29°50′39.60″；E106°21′51.60″）、板子沟（地理坐标 N29°51′15.00″；E106°22′33.60″）等地，其主要伴生种为紫麻（*Oreocnide frutescens*）、多序楼梯草（*Elatostema macintyrei*）、山姜、金钱蒲（*Acorus gramineus*）、蒲儿根（*Sinosenecio oldhamianus*）、接骨草、野菊、淡竹叶、绞股蓝、火炭母、香花崖豆藤。

（20）多花堇菜（长萼堇菜）（*Viola pseudo-monbeigii*）是堇菜科（Violaceae）堇菜属（*Viola*）草本植物，在保护区分布较为广泛，主要生于海拔 300～500m 的田间地埂上或路旁草地。

（21）缙云秋海棠（*Begonia jinyunensis*）是秋海棠科（Begoniaceae）秋海棠属（*Begonia*）草本植物，分布于缙云寺（地理坐标 N29°50′18.91″；E106°23′30.09″）、绍龙观（地理坐标 N29°51′02.40″；E106°24′30.40″）等地，常生于阴湿处，伴生物种包括缙云黄芩、金毛狗、慈竹、毛竹、纤细半蒴苣苔、茜树等。

（22）缙云紫金牛（*Ardisia jinyunensis*）是紫金牛科（Myrsinaceae）紫金牛属（*Ardisia*）草本植物，分布于泡沫沟（地理坐标 N29°50′30.60″；E106°21′52.80″）、北温泉后山（地理坐标 N29°51′58.00″；E106°24′58.09″）等地。伴生物种包括水麻、柳叶红茎黄芩、金钱蒲、峨眉姜花（*Hedychium omeiensis*）、纤细半蒴苣苔等。

（23）三角叶假福王草（*Paraprenanthes hastata*）是菊科（Compositae）假福王草属（*Paraprenanthes*）草本，分布于洛阳桥（地理坐标 N29°50′31.10″；E106°23′53.60″）等地，伴生物种为水麻、竹叶草、鱼眼草（*Dichrocephala auriculata*）等。

另外，本次野外调查未观察到如狭基毛蕨（*Cyclosorus cuneatus*）、缙云溪边蕨（*Stegnogramma diplazioides*）、凸角复叶耳蕨（*Arachniodes cornopteris*）、凹脉新木姜子、缙云山茶（*Camellia jinyunshanica*）等物种，其数据来源于参考文献。

## 9.3　评价及建议

本次调查中，所观察到的模式标本植物大部分种类的生长状况均良好。其中细萼连蕊茶、绒毛红果树、四川蒲桃等天然群落广泛分布于保护区内，是林下灌木层的优势种之一；柳叶红茎黄芩一般在阴湿的沟谷地带，在保护区内的分布区域较为局限，但种群数量和大小较为稳定；缙云卫矛种群数量和大小有所壮大；由于缙云黄芩通常分布于路边，破坏较为严重，缙云黄芩与 2008 年的调查数据相比，种群数目有所下降，株数也明显减少；缙云槭、缙云冬青、缙云紫珠、缙云紫金牛等在保护区内零星分布，缙云紫金牛数量目前极度下降，主要原因是其药用和观赏价值较高，被人为开采利用破坏严重，应加强就地保护。

建议保护区加强对这些模式标本植物的管理，虽然它们中的大多数并非保护植物，也没有重要的经济价值，但它们却体现了缙云山种质资源的特色，具有重要的研究价值。这些植物中也有一些种群数量极少，亟待保护的种类，如黄芩。对于此类物种应开展保护和培育工作，通过人工培育，增加其种群数量和个体数量，加大宣传力度，打击盗采盗挖现象。

# 第10章 入侵植物

外来入侵植物是指通过有意或无意的人类活动被引入到自然分布区外，在自然分布区外的自然、半自然生态系统或生境中建立种群，并对引入地的生物多样性造成威胁，影响或破坏的植物。

## 10.1 入侵植物的科属种统计

经实地考察，依据《中国外来入侵物种编目》《生物入侵：管理篇》《中国外来入侵生物》及“中国外来入侵植物信息系统数据库”，统计出保护区内共有入侵植物23科、46属、56种。其中，17种为栽培种。56种入侵植物中，菊科种类最多，有14属、16种，这与菊科植物种类多、数量大、物种较为进化的特性有关。入侵植物占该区种子植物总科数的13.77%（23/167），属数的5.62%（46/818），总种数的3.45%（56/1622）。这些入侵植物主要分布于保护区边界、实验区和缓冲区内生态较为脆弱的道路旁边、屋舍附近、田埂边、荒地、弃耕地、山坡灌丛等，具体见表10-1。

## 10.2 入侵物种的来源及生活习性分析

植物外来种的入侵途径可以通过人为有意地引入，即农作物、牧草、花卉等，而后逸生为外来有害植物。

对保护区外来入侵植物种原产地进行分析发现，来源于美洲的种类最多，有39种，占总外来种数的69.64%，并且多数原产于美洲热带地区。保护区地处亚热带地区，良好的水热条件为这些植物的入侵提供了良好的条件。

保护区56种外来入侵植物中，草本51种（占91.07%），藤本1种，灌木2种，乔木2种。其中草本和藤本植物的危害较大，如喜旱莲子草（*Alternanthera philoxeroides*）、棕叶狗尾草（*Setaria palmifolia*）、小蓬草（*Conyza canadensi*）、落葵薯（*Anredera cordifolia*）等。相对于灌木与乔木种类来说，草本植物因为种子小更容易传播，而且生命周期短，结实率高，对环境的适应性更强，易形成单一种群。藤本植物落葵薯，则通过攀援茎部的生长扩大范围，并且分枝多而密，将其他种类覆盖致死，形成“蚕食”状态，危害性极强。

## 10.3 入侵物种的经济性与危害性分析

外来入侵植物虽然从客观上增加了保护区内的物种数目，丰富了生态系统，有一些正面的影响，但从长远考虑，它的正面影响远远小于其负面影响，因为这些外来植物的入侵实际上降低了群落的物种多样性。主要原因是：①外来种影响了生态系统的环境因子，破坏了生态系统功能，进而降低了物种多样性；②外来种直接与普通种接触，破坏了普通种的生态生理过程，逐渐使普通种丧失甚至消失，也可以说这些外来植物的入侵很可能会扼杀更多的本地物种；③影响人类健康，有些植物的花粉是人类变态反应症的主要病原之一。

对保护区56种外来入侵物种的经济性进行分析发现，有45种具有药用价值，13种具有食用价值，20种具有观赏价值，9种具有饲用价值。引入栽培的20种，主要分布于缙云寺、绍龙观和农家庭院的花坛、菜地，其数量较少，在野外基本未发现，其危害性几乎可以忽略。但对于其引种，一定要严格控制，以防其散入野生环境危害其他生物和周围的生态环境。逸为野生的43个物种，多数都呈杂草状态分布于保护区内，影响农作物产量，危害人畜健康，危及生物多样性及破坏生态环境等。

目前保护区内分布较为广泛、数量较多的入侵物种有8个，它们是喜旱莲子草、棕叶狗尾草、喀西茄（*Solanum aculeatissimum*）、小蓬草、红花酢浆草（*Oxalis corymbosa*）、垂序商陆（*Phytolacca americana*）、阿拉伯婆婆纳（*Veronica persica*）、落葵薯。其中，分布最为广泛、入侵程度最强、数量最多的物种为喜旱莲子草和棕叶狗尾草，其中棕叶狗尾草在核心区还有零星分布。对保护区入侵植物的危害性进行分析发现，喜旱莲子草、小蓬草、落葵薯及棕叶狗尾草4个物种对保护区动植物和生态环境的危害最为严重。喜旱莲子草生境类型多样，对入侵地区不同生境条件具高度适应性，其还有很强的克隆繁殖和克隆生长特性，很快即可覆盖入侵地草本层，危害性极强；落葵薯生长快，而且缺乏病虫害的制约，其枝叶可覆盖小乔木、灌木和草本植物，危害极强；小蓬草和棕叶狗尾草生长于荒地、田边及路旁，发生量大，危害重，是区域性的恶性杂草，也是路边、宅旁及荒地发生数量大的杂草之一。

总的来看，入侵植物主要分布于保护区边界、实验区及缓冲区生态系统脆弱的路旁、耕地、弃耕地、荒地、宅旁、灌丛、草丛及人为干扰较为严重的地区，在保护较好的生境中分布较少。在保护区核心区内有棕叶狗尾草、小蓬草、喀西茄等零星分布，但它们仅分布于防火小道旁，为人为行动带入，由于核心区内生态系统更为稳定，入侵植物不易侵入，因此还未表现出明显的危害性，但还是应该注意防范。

### 1. 加强管理和预防工作

保护区管理部门加强对外来人员的管理，加强检查与检疫，防止外来入侵植物通过黏附随防护林员、游客、考察人员和其他外来人员等进入自然保护区。

### 2. 严格控制对外来植物的引种驯化

自然保护区引进外来植物时，包括引进珍稀保护植物、园林绿化观赏植物、经济植物等，必须在充分了解被引进外来植物的生物学和生态学特性基础上稳妥开展，对于有入侵倾向的外来物种，必须拒之门外。

### 3. 有效控制现有外来入侵植物

对于已传入并造成危害的入侵种，应迅速采取控制措施，其中包括生物、化学、物理、机械、替代等防除技术；对于还处在时滞期的、没有造成危害的潜在入侵植物，要适时监控，尽早去除。

### 4. 加强宣传教育

防止外来植物入侵，需要全社会共同努力，应充分调动群众的积极性，提高全区的防范意识，使保护区的每一位居民和游客都参与到防治外来植物入侵行动中，不要随意把区外的植物引进区内来栽培。

**表10-1 保护区入侵植物名录**

| 中文名 | 拉丁名 | 习性 | 多度 | 用途 | 危害性 | 防治 | 数据来源 |
|---|---|---|---|---|---|---|---|
| 小叶冷水花 | *Pilea microphylla*（L.）Liebm. | 1年生草本 | + | 药用 | + | 化学控制 | 实见 |
| 土荆芥 | *Chenopodium ambrosioides* Linn. | 1年生或多年生草本 | ++ | 药用 | + | 化学防治、加强检疫及利用研究 | 实见 |
| 喜旱莲子草 | *Alternanthera philoxeroides*（Mart.）Griseb. | 多年生草本 | ++++ | 饲用、药用 | ++++ | 生物防治、化学防除 | 实见 |
| 尾穗苋 | *Amaranthus caudatus* L. | 1年生草本 | + | 食用 | + | 控制引种、化学控制 | 植物志记录为栽培 |
| 绿穗苋 | *Amaranthus hybridus* L. | 1年生草本 | + | 食用 | + | 控制引种、化学控制 | 有记录 |
| 苋 | *Amaranthus tricolor.* | 1年生草本 | + | 食用 | + | 蔬菜、饲料利用 | 植物志记录为栽培 |
| 刺苋 | *Amaranthus spinosus* | 1年生草本 | + | 食用、饲用、药用 | + | 化学控制、结果前清除 | 实见 |
| 皱果苋 | *Amaranthus viridis* L. | 1年生草本 | + | 杂草 | + | 化学防治、结果前拔出 | 有记录 |
| 紫茉莉 | *Mirabilis jalapa* L. | 1年生草本 | + | 观赏、药用 | | 限制引种 | 植物志记录为栽培 |
| 垂序商陆 | *Phytolacca americana* L. | 多年生草本 | +++ | 药用 | + | 严禁引种、结果前挖除 | 实见 |
| 土人参 | *Talinum paniculatum*（Jacq.）Gaertn. | 多年生草本 | + | 观赏、食用、药用 | + | 严格引种管理 | 实见 |

续表

| 中文名 | 拉丁名 | 习性 | 多度 | 用途 | 危害性 | 防治 | 数据来源 |
|---|---|---|---|---|---|---|---|
| 落葵薯 | *Anredera cordifolia*（Tenore）Steenis | 多年生草质缠绕藤本 | +++ | 药用、观赏 | ++++ | 机械拔除 | 实见 |
| 臭荠 | *Coronopus didymus*（L.）J. E. Smith | 1年生或2年生草本 | ++ | 杂草 | ++ | 精选种子、化学防除 | 实见 |
| 含羞草 | *Mimosa pudica* L. | 多年生草本 | + | 观赏 | | 控制引种 | 植物志记录为栽培 |
| 刺槐 | *Robinia pseudoacacia* L. | 落叶乔木 | + | 观赏、蜜源 | + | 控制引种至保护区 | 实见 |
| 红车轴草 | *Trifolium pratense* L. | 多年生草本 | + | 蜜源、药用 | + | 化学防治、严格引种 | 植物志记录为栽培 |
| 白车轴草 | *Trifolium repens* L. | 多年生草本 | + | 药用、饲用 | + | 化学防治、控制引种 | 有记录 |
| 野老鹳草 | *Geranium carolinianum* L. | 一年生草本 | ++ | 药用 | ++ | 化学防治、花期前拔除 | 实见 |
| 红花酢浆草 | *Oxalis corymbosa* DC. | 多年生草本 | +++ | 观赏、药用 | ++ | 限制绿化、化学防除 | 实见栽培或逸为野生 |
| 飞扬草 | *Euphorbia hirta* L. | 1年生草本 | + | 药用 | + | 化学防除 | 有记录 |
| 蓖麻 | *Ricinus communis* L. | 1年生草本 | + | 药用、油脂作物 | + | 严禁引种、化学防除 | 实见 |
| 桉 | *Eucalyptus robusta* Smith. | 常绿乔木 | + | 工业、食用、药用、观赏 | + | 严禁引种 | 实见 |
| 月见草 | *Oenothera biennis* L. | 2～3年生草本植物 | + | 观赏、饲用、药用 | | 控制引种、化学防除 | 植物志记录为栽培 |
| 细叶旱芹 | *Apium leptophyllum*（Pers.）F. Muell. | 1年生草本 | ++ | 杂草 | ++ | 精选种子、化学防除 | 实见 |
| 野胡萝卜 | *Daucus carota* L. | 2年生草本 | ++ | 药用 | ++ | 加强田间管理、化学防除 | 实见 |
| 圆叶牵牛 | *Pharbitis purpurea*（L.）Voigt | 1年生攀援草本 | + | 观赏、药用 | + | 控制引种在空旷生境 | 有记录 |
| 假连翘 | *Duranta repens* L. | 灌木 | + | 观赏、药用 | · | 控制 | 实见 |
| 马缨丹 | *Lantana camara* L. | 灌木 | + | 观赏 | | 严禁引种，综合利用机械、化学和生物防治 | 植物志记录为栽培 |
| 曼陀罗 | *Datura stramonium* L. | 1年生草本 | + | 药用 | + | 化学防除 | 植物志记录为栽培 |
| 假酸浆 | *Nicandra physaloides*（L.）Gaertn. | 1年生草本 | + | 药用、观赏 | + | 物理机械、化学防除 | 有记录 |
| 喀西茄 | *Solanum khasianum C. B. Clarke* | 草本至亚灌木 | ++++ | 药用 | +++ | 物理机械、化学防除 | 实见 |
| 牛茄子 | *Solanum surattence* Burm.f | 多年生草本或亚灌木 | ++ | 药用、观赏 | ++ | 控制引种、化学防治 | 实见 |
| 直立婆婆纳 | *Veronica arvensis* L. | 1、2年生草本 | ++ | 药用 | ++ | 精选种子、化学防除 | 实见 |
| 婆婆纳 | *Veronica didyma* Tenore | 一年生或越年生草本 | + | 药用 | ++ | 化学防治 | 实见 |
| 阿拉伯婆婆纳 | *Veronica persica* Poir. | 1、2年生草本 | +++ | 药用 | ++ | 密植作物、化学防治 | 实见 |
| 藿香蓟（胜红蓟） | *Ageratum conyzoides* L. | 1年生草本 | ++ | 观赏、药用 | ++ | 精选种子、化学防治 | 实见 |
| 钻形紫菀 | *Aster subulatus* Michx. | 1年生草本 | + | 食用 | + | 加强检疫、精选种子化学防除 | 实见 |
| 鬼针草 | *Bidens pilosa* L. | 1年生草本 | ++ | 药用 | ++ | 花期之前人工铲除、化学防除 | 实见 |
| 茼蒿 | *Chrysanthemum coronarium* L. | 1年生草本 | + | 食用、药用、观赏 | | 控制引种 | 实见 |
| 香丝草 | *Conyza bonariensis*(L.)Cronq. | 1年生草本 | ++ | 药用 | +++ | 加强检疫、化学防除 | 实见 |
| 小蓬草 | *Conyza canadensi*（L.）Cronq. | 1年生草本 | ++++ | 药用 | ++++ | 加强检疫、化学防除 | 实见 |
| 线叶金鸡菊 | *Coreopsis lanceolata* L. | 多年生草本 | + | 观赏、药用 | | 控制引种、防止扩散 | 有记录 |
| 野茼蒿 | *Crassocephalum crepidioides* Benth. | 1年生草本 | ++ | 药用、食用、饲用 | ++ | 结果以前拔除 | 实见 |
| 鳢肠 | *Eclipta prostrata*（L.）L. | 1年生草本 | ++ | 药用 | | 结果以前拔除 | 实见 |

续表

| 中文名 | 拉丁名 | 习性 | 多度 | 用途 | 危害性 | 防治 | 数据来源 |
|---|---|---|---|---|---|---|---|
| 一年蓬 | *Erigeron annuus*（L.）Pers. | 1年生或2年生草本 | ++ | 药用 | ++ | 加强检疫、化学防除 | 实见 |
| 辣子草 | *Galinsoga parviflora* Cav. | 1年生草本 | ++ | 药用 | ++ | 加强检疫、化学防除 | 实见 |
| 菊芋 | *Helianthus tuberosus* L.* | 多年生草本 | + | 观赏、食用、药用 | + | 控制引种、加强利用 | 实见 |
| 滨菊 | *Leucanthemum vulgare* Lam. * | 2年生或多年生草本 | + | 观赏 | | 控制引种、严格管理 | 植物志记录为栽培 |
| 水飞蓟 | *Silybum marianum*（L.）Gaertn. | 1年生或2年生草本 | + | 药用 | + | 控制引种 | 有记录 |
| 孔雀草 | *Tagetes patula* L.* | 1年生草本 | + | 观赏、工业 | | 控制引种 | 植物志记录为栽培 |
| 万寿菊 | *Tagetes erecta* L.* | 1年生草本 | + | 药用 | | 控制引种 | 植物志记录为栽培 |
| 稗 | *Echinochloa crusgalli*（L.）Beauv. | 1年生草本 | + | 药用 | + | 生物、化学、物理防治 | 有记录 |
| 牛筋草 | *Eleusine indica*（L.）Gaertn. | 1年生草本 | + | 药用 | + | 化学控制 | 实见 |
| 多花黑麦草 | *Lolium multiflorum* Lamk. | 1年生草本 | + | 牧草 | + | 控制引种 | 有记录 |
| 棕叶狗尾草 | *Setaria palmifolia*（Koen.）Stapf | 多年生草本 | ++++ | 药用、饲用 | ++++ | 控制引种 | 实见 |
| 凤眼莲（水葫芦） | *Eichhornia crassipes*（Mart.）Solms | 多年生草本 | + | 饲用 | ++ | 控制引种 | 有记录 |

注：*为栽培，+代表危害性。

# 第 11 章　特色资源植物及保护植物研究

## 11.1　金毛狗（*Cibotium barometz*）

金毛狗属于蚌壳蕨科（Dicksoniaceae）金毛狗属，为大型多年生草本植物，国家Ⅱ级保护对象，具较高药用价值，分布较广泛，主要分布于南部和西南热带及亚热带地区，由于环境压力和人为破坏，其分布范围和种群数量正在逐渐缩小。金毛狗分布于重庆的多个区县，缙云山是其重要的分布地之一。多年来本研究组以缙云山金毛狗种群为主要研究对象，对其生存环境、遗传分化、生长繁殖等多方面进行了研究，以期为其保护工作的开展提供一定依据。

### 11.1.1　种群及群落特征

对北碚缙云山、合川、涪陵、永川、铜梁等地的 7 个金毛狗种群进行年龄结构分析，发现 7 个种群均为稳定增长型。金毛狗的一级幼苗大都发现在林窗及林缘等光照较强的地方，林内则较少，金毛狗所在群落大都郁闭度较高，种群受人为干扰也较明显。

对北碚缙云山、涪陵、江津、永川、铜梁等地的 22 个样地的金毛狗群落进行研究发现，金毛狗群落通常位于东北及西北坡向的水沟边，土壤为酸性，土壤含水量和郁闭度较高，各群落间物种多样性相似度较高，主要伴生物种为镰羽复叶耳蕨、狗脊、芒萁、里白、大叶排草、荩草和山姜。环境因子主成分分析显示，土壤含水量、含氮量、含钾量和类型、海拔、郁闭度、坡向及坡度可以大致反映影响金毛狗群落的环境因子。DCCA 分析显示土壤含水量和海拔对金毛狗群落的影响较为显著。

### 11.1.2　形态分化及遗传多样性

以北碚缙云山、永川阴山等地的 7 个种群为研究对象，对其 43 项形态指标进行了分析，结果表明大多数形态特征在个体及种群水平表现出显著差异，营养器官变异大，繁殖器官则变异较小，相对稳定。其形态特征在种群水平上未表现出明显的分化，而在大种群内的小种群上、不同地理种源上却表现出一定的分化。

使用 ISSR 和 SRAP 对北碚缙云山、贵州赤水、四川长宁的 7 个种群进行遗传多样性研究，结果表明金毛狗野生种群的遗传多样性较为丰富，PPB 均大于 80.00%，种群间出现了较大的遗传分化，但种群亲缘关系与其地理来源的相关性不显著。

### 11.1.3　孢子萌发及配子体发育

使用金毛狗原生境土壤、Knop’s 液体培养基、Knop’s 固体培养基及 MS 培养基均能使金毛狗孢子成功萌发。金毛狗的扩大培养最好使用原生境土壤，若观察研究则最好使用培养基。

金毛狗孢子萌发表现为书带蕨型或桫椤型。多数配子体发育无明显的丝状体阶段，而直接进入片状体阶段，这种发育方式在高密度的培养条件下更占优势。在不同培养基中，金毛狗配子体表现出较大的差异性和多样性。发育后期，原叶体趋向发育成对称的心脏形，如图 11-1 所示。

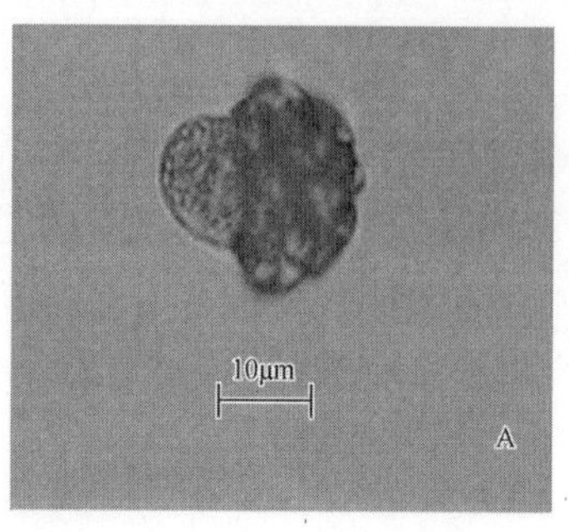

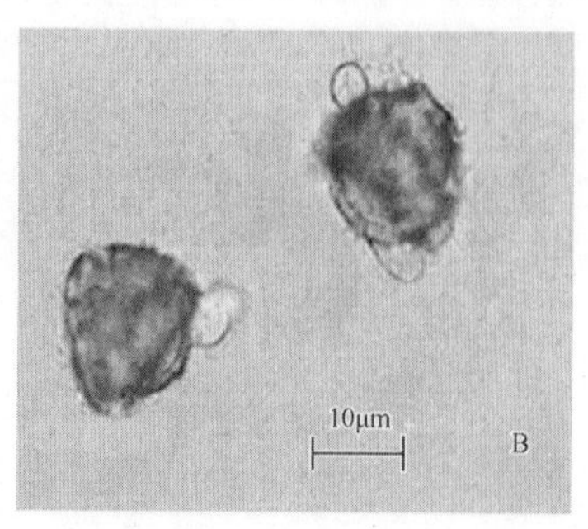

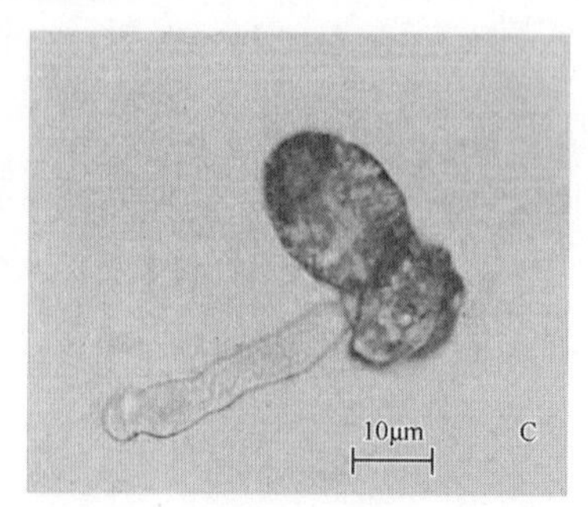

图 11-1　金毛狗的配子体发育过程图

A 孢子萌发；B 初生假根自三裂缝处伸出；C 示初生假根与丝状体极轴垂直；D 丝状体；E 双列丝状体；F 丝状体基部产生分枝；G 早期片状体，箭头示楔形细胞；H 片状体顶端出现凹陷；I 不经过丝状体的早期片状体；J 片状体顶端出现凹陷（液体培养基）；K 幼原叶体，箭头示分生组织；L 幼原叶体（分生组织位于一侧）；M 成熟原叶体；N 老原叶体；O 假根；P 精子器；Q 颈卵器

## 11.1.4　伴生植物对孢子萌发的化感作用

通过对四川蜀南竹海、贵州赤水桫椤保护区与重庆缙云山、大足、江津等地金毛狗集中分布区群落调查，得出镰羽复叶耳蕨、山姜等为金毛狗的优势伴生种。于缙云山采集镰羽复叶耳蕨和山姜植株，提取母液，用光学显微镜定期观察其对孢子萌发、配子体发育过程以及性别分化的影响。研究发现两种伴生植物

对金毛狗孢子萌发均有延后作用，其萌发率随浓度的升高而降低；萌发早期假根伸长受到明显的抑制；在配子体阶段性发育中，原叶体细胞变黄最后导致死亡；配子体的整个发育阶段延后。金毛狗孢子萌发以及配子体阶段延后，一方面不利于受精作用，另一方面这种延后可能使生长发育错过最佳时机，从而不利于金毛狗种群中新个体的产生，以及种群的扩大。在金毛狗生态环境中，植物间以及微生物等的相互作用又加大了这种化感作用，生态位竞争更为激烈。因此，在金毛狗较为集中地带，可以人为地干扰伴生种密度，以减小对金毛狗孢子萌发与配子体发育的化感作用，提高金毛狗的优势度。

## 11.2　缙云黄芩（*Scutellaria tsinyunensis*）

缙云黄芩隶属于唇形科黄芩属（*Scutellaria*）。为多年生草本，根状茎匍匐，节上生纤维状根；茎直立，四棱形，常呈暗紫色；叶对生，圆形至卵圆形，先端急尖，基部浅心形，坚纸质，叶柄近无或极短；花对生，总状花序；苞片狭披针形，早落；冠檐 2 唇形，上唇盔状，下唇三角状卵圆形；雄蕊 4，二强；子房光滑，4 裂；果实为四分小坚果；花期 4～5 月，果期 5～7 月。其染色体 26 条，为二倍体，核型公式为：2n=2x=26=24m+2sm，为“1B”型（图 11-2）。

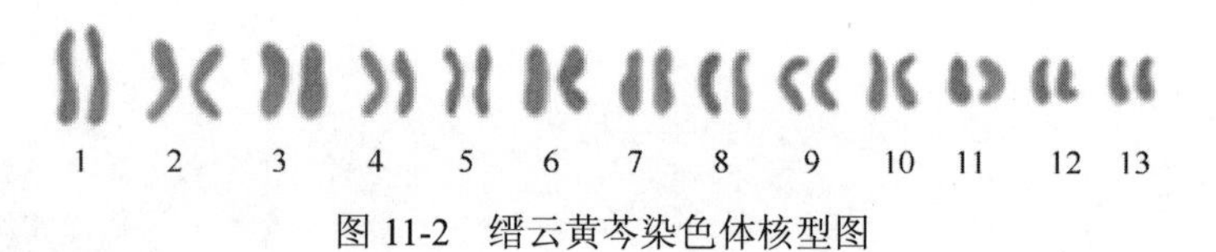


图 11-2　缙云黄芩染色体核型图

该物种的野生种群仅分布于重庆缙云山海拔 280～790m 的零散区域，呈“岛屿”状分布，分布区面积仅为 1.5km$^2$，并在进一步缩小。根据 IUCN 红色名录等级和标准（Version 3.1），缙云黄芩已处于极危状态。

### 11.2.1　野外种群生存现状

缙云黄芩仅分布于缙云山，现存 9 个种群（表 11-1 和图 11-3），分别位于北温泉、白云竹海、高观音、洛阳桥、青龙寨、石华寺、绍龙观、狮子峰和园艺场。其中种群面积最大的为洛阳桥，种群面积为 55.8m²，而狮子峰和石华寺的种群面积较小，随时面临着灭绝的危险。

**表 11-1　缙云黄芩的生境资料**

| 种群名称 | 海拔/m | 坡度/(°) | 坡向/(°) | 经纬度 | 种群面积/m² | 株数 | 群落类型 |
|---|---|---|---|---|---|---|---|
| 北温泉 | 289.5 | 47 | 37 | N 29°51′36″　E 106°24′36″ | 23.3 | 962 | 常绿阔叶林 |
| 白云竹海 | 835 | 33 | 10 | N 29°49′55″　E 106°23′6″ | 10.2 | 830 | 常绿阔叶林 |
| 高观音 | 779 | 38 | 30 | N 29°50′14″　E 106°22′38″ | 4.2 | 176 | 常绿阔叶林 |
| 洛阳桥 | 719.8 | 20 | 78 | N 29°50′19″　E 106°23′32″ | 55.8 | 3969 | 常绿阔叶林 |
| 青龙寨 | 732.6 | 28 | 18 | N 29°50′19″　E 106°22′45″ | 9.9 | 413 | 针阔混交林 |
| 石华寺 | 737.8 | 22.5 | 31 | N 29°50′18″　E 106°22′56″ | 1.6 | 168 | 针阔混交林 |
| 绍龙观 | 505.6 | 26 | 350 | N 29°51′1″　E 106°24′18″ | 11.3 | 510 | 常绿阔叶林 |
| 狮子峰 | 784.5 | 30 | 149 | N 29°50′26″　E 106°23′27″ | 0.1 | 20 | 针阔混交林 |
| 园艺场 | 487.7 | 35 | 250 | N 29°51′16″　E 106°23′17″ | 33.3 | 1083 | 针阔混交林 |

附注 1：坡向数据是以朝东为起点（即为 0°），顺时针旋转的角度表示，采取每 45°为一个区间的划分等级制的方法，东南坡为 22.5°～67.5°，南坡为 67.5°～112.5°，西南坡为 112.5°～167.5°，西坡为 167.5°～202.5°，西北坡为 202.5°～247.5°，北坡为 247.5°～292.5°，东北坡为 292.5°～337.5°，东坡为 337.5°～22.5°，显然数字越大，表示越向阳，越干热。2：缙云黄芩的株数是以分株记数的。

### 11.2.2　群落特征及生态位

缙云黄芩群落物种多样，约有维管植物 80 种，主要伴生物种包括红盖鳞毛蕨、落地梅、边缘鳞盖蕨、蝴蝶花、淡竹叶、骤尖楼梯草、竹叶草、红雾水葛等。群落物种多样性随着海拔的升高有下降的趋势。

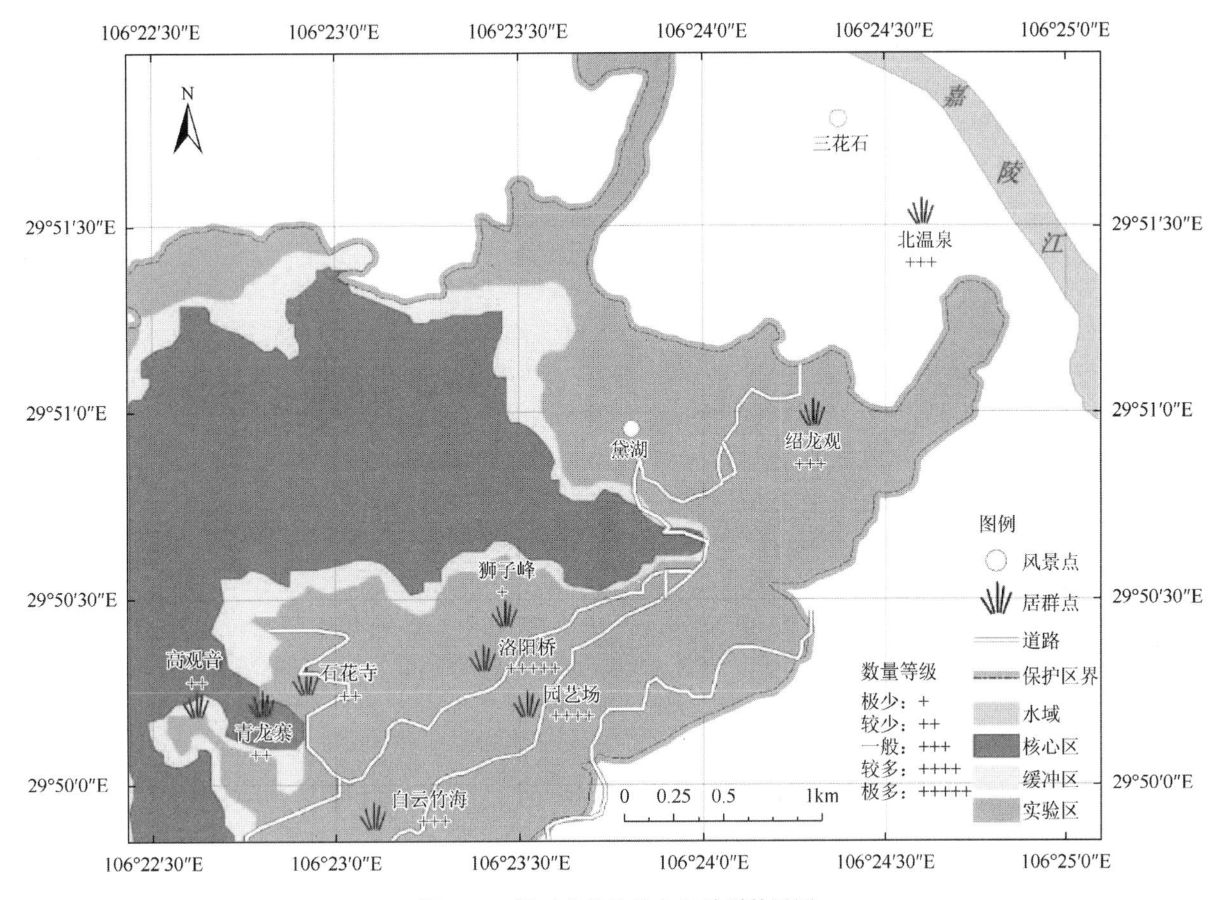


图 11-3　缙云黄芩的分布和种群数量图

缙云黄芩在群落中的生态位宽度最大，其对环境资源的利用能力较强，生态适应幅度较大。但缙云黄芩与具有相同或相似环境要求的物种间生态位重叠也较大，它们对环境资源利用的相似度较高，物种之间存在较激烈的竞争，这可能是导致其分布区狭窄、逐渐濒危的因素之一。

## 11.2.3　形态分化及遗传背景

对缙云山不同生境下缙云黄芩的 36 项形态特征进行研究发现，缙云黄芩形态特征在同一种群内部及不同种群间都有一定程度的分化，有 77.8%的性状表现出种群之间的显著差异。聚类分析和主成分分析显示，缙云黄芩的形态特征在整体水平上表现出分化的无序性，这些分化不能清楚地区分不同种群。

在遗传多样性方面采用了聚丙烯酰胺凝胶垂直平板电泳检测了缙云黄芩 7 个种群的 70 个个体的 5 种等位酶变异式样，聚类分析结果显示缙云黄芩不同种群之间发生了明显的遗传分化。使用 ISSR 对其种群间遗传多样性进行研究，结果表明缙云黄芩种群间的遗传相似系数平均为 0.914，种群间具有一定的遗传变异，但分化程度不高。以上研究结果提示在保护工作中应重视对缙云黄芩不同种群的保护。

基于 nrDNA ITS 序列和 cpDNA（psbA-trnH、trnL-F）序列，分析了缙云黄芩群体的遗传多样性、遗传结构及系统地位。基于 ITS 序列分析，缙云黄芩含有 9 种单倍型，单倍型网络图呈现辐射状，Hap1 单倍型位于中心，为最原始的单倍型，揭示缙云黄芩是由少数个体或者群落扩张后形成的，在扩张过程中保留了原始单倍型。缙云黄芩群落间遗传多样性（$P_i$=0.00275）均大于群落内遗传多样性，且在极小群落中发现遗传多样性为 0 的现象。缙云黄芩以无性克隆为主的繁殖方式、生态地位、奠基者效应、瓶颈效应等均可能作用于这种现象的发生。对缙云黄芩进行中性检验，结果显示缙云黄芩群落的 Tajima's D 值为−0.30113、Fu's Fs 值为−1.325，均为负值，且在 $P>0.10$ 水平上不显著，表明缙云黄芩在进化的过程中遵循中性进化模式，在历史进化中经历过扩张现象。

AMOVA 分析显示，缙云黄芩群落间遗传变异为 59.78%，而 40.22%存在于种群内个体间，Fst=0.59777，说明缙云黄芩群落间存在较大的遗传分化，群落间变异是缙云黄芩变异的主要来源。缙云黄芩群落间总的基因流 Nm=0.43，Nm＜1，说明缙云黄芩群落间基因流较小，不能自由地进行基因交流，不足以抵挡遗传漂变作用，进而导致群落间遗传分化的增高。UPGMA 聚类结果显示不同缙云黄芩群落间个体相互交织在一起，没有构成明显的单独地理分布单元。DNAsp 软件分析结果显示 Nst＞Gst，$P$＞0.001，同样表明各群落间无谱系地理结构。

### 11.2.4 繁殖特性

缙云黄芩在野外以营养繁殖为主。研究显示，缙云黄芩能进行有性生殖，但其花粉活力和柱头可授性较低，花期天气多变、昆虫访花少、种群小而异株花粉来源少等导致了花粉限制，降低了其植株的结实率。从花蕾到结实，有 77.9%的花蕾损失，有 87.59%的胚珠损失，产生的果实中结籽率仅为 48%左右。另外，缙云黄芩种子的萌发率极低。这表明缙云黄芩的有性生殖力低，居群扩大困难，难以占据新的生境。人工辅助繁殖是对缙云黄芩进行保育的重要措施。

### 11.2.5 扦插技术研究

在春季进行扦插，采用正交试验发现，激素类型、浓度、处理时间 3 个因素对缙云黄芩扦插生根不同指标影响大小排序各不相同，9 个处理对缙云黄芩扦插的 6 个生根指标影响均达到极显著差异。在本次正交试验中，最佳组合为：200mg/LIBA 处理插穗 2h。在基质试验中，生根效果最佳的处理为蒸馏水；其次为蛭石∶珍珠岩=1∶1 处理，其在平均根长、最长根长和生根指数上效果较好，河沙处理在生根率方面较好。春季扦插，二年生枝条生根效果优于当年生枝条。

在秋季进行扦插，半木质化程度的枝条是扦插的最佳选择，其生根效果最好，硬枝次之，软枝最弱。不同浓度的 NAA、IBA 和 ABT2 对缙云黄芩插穗生根有不同的促进作用，100mg/L 的 NAA 处理生根率和生根指数最高，生根效果最好，其不定根在 27.67 天出现，平均根数有 41.67 条，平均根长为 1.32cm，最长根长为 6.93cm，生根率为 93.33%，生根指数最高。200mg/L 与 400mg/LIBA 处理和 200mg/L 与 300mg/L ABT2 处理其生根效果也较好。（图 11-4）

图 11-4　缙云黄芩插穗扦插过程

A 插穗处理；B 插穗扦插；C 插穗生长；D 插穗生根情况

## 11.3 缙云卫矛（*Euonymus chloranthoides*）

缙云卫矛隶属于卫矛科（Celastracea）、卫矛属（*Euonymus*），现仅在海拔 300～400m 的重庆北碚区缙云山、鸡公山，渝北区统景镇，万盛区黑山谷等地有种群分布。分布面积小，个体数量也有限，呈彼此隔离的岛状分布。

### 11.3.1 种群及群落特征

缙云卫矛种群中幼苗数量较丰富，可以有效地进行物种更新，年龄结构基本上呈钟形，属于稳定型种群。种群的死亡率在9龄以前不高，之后死亡率开始升高，到12～13龄时基本达到其最大生理寿命。

缙云卫矛的伴生物种较为丰富，有300余种，以慈竹、毛桐、红雾水葛、冷水花、楼梯草等为主。采用方差比率法、$X^2$检验法、无中心指数等方法对缙云卫矛的3个群落进行了群落物种间关联性分析，发现3个群落内的物种总体关联均表现为不显著的负相关性，整体上群落处于不稳定状态。种对间关联性表明缙云卫矛与慈竹之间显示出较强的正关联性。

### 11.3.2 形态分化和遗传多样性

对缙云卫矛7个种群91个个体的24项形态学数据进行了分析，聚类结果显示不同种群的植物个体常常无序地聚为一类，说明了缙云卫矛形态分化在种群间并不明显，这也从侧面反映了缙云卫矛对微环境的适应能力较弱。

对缙云卫矛3个种群的酯酶、超氧化物歧化酶及细胞色素氧化酶进行同工酶变异分析，结果显示种群内的个体遗传分化小，而种群间的个体则恰恰相反。使用ISSR对缙云山4个缙云卫矛种群进行遗传多样性分析所得到的结果与之类似。ISSR分析结果显示59.38%的遗传变异存在于种群内，40.62%的遗传变异存在于种群间，种群间表现出较高水平的遗传分化。这可能与居群的长期隔离，以及花粉、种子的扩散能力相关。

### 11.3.3 繁殖特性

以有性生殖为主。花期7～10月，花序为聚伞花序，两性花，紫红色，无香味。雄蕊有退化现象，花丝极短，花粉散粉期雄蕊始终高于柱头。花盘肉质，蜜腺位于雄蕊周围略有突起，呈半透明状。雄蕊先熟，花粉活力高且持续时间长。开花1～7h柱头不具可授性；10～12h少量柱头表现出可授性；1天后花丝向外倒伏，散粉至末期，柱头可授性增强；2天后花丝完全倒伏，散粉完毕，柱头可授性最强，此后逐渐减弱。缙云卫矛不存在无融合生殖的现象，自然条件下结实率低（13.51%），自交亲和，人工辅助授粉可大大提高结实率（78.95%）。

生境破碎化对缙云卫矛的生殖具有明显影响。生境破碎后形成的小种群的坐果率比大种群低，种群中结出的种子萌发率也更低。

## 11.4 北碚榕（*Ficus beipeiensis*）

北碚榕隶属于桑科（Moraceae）榕属。野生种群仅分布于重庆市北碚区北温泉附近。生于海拔300～500m石灰岩陡壁上或岩下较阴湿的地方，现仅有5株，能正常进行有性生殖过程，并能产生具活力的种子。重庆市江北花卉园及北碚公园有栽培，但均为雌株，无雄株。

### 11.4.1 花序结构及发育

雄花序在生长周期上可分为雌前期、雌花期、间花期、雄花期和花后期；雌花序可分为雌前期、雌花期、间花期和花后期。在不同时期，雄花、瘿花和雌花的形态特征不一样，这与其传粉者的行为密切相关。雄花183.29±31.39（SD）朵，仅具两枚雄蕊，具花梗，花药2裂，花被片4，基部合生，呈倒卵形，黄色，基部有残留雌蕊的花柱；瘿花4323.37±118.69（SD）朵，有花梗或无花梗，花柱大约与子房等长，花柱顶生，柱头呈喇叭状，子房倒卵形，白色，花被片3～4，基部联合，呈卵形或倒卵形，紧紧包裹子房，呈淡红色或粉色；雌花1541.45±191.68朵（SD），花被片4，倒卵状披针形，红色，有梗或无梗，柱头排列紧密呈棒状，白色，花柱被毛，花柱侧生，子房球形（图11-5和图11-6）。

图 11-5　北碚榕雄花序的发育

A 雌花前期；B 雌花期；C 间花期；D 雄花期

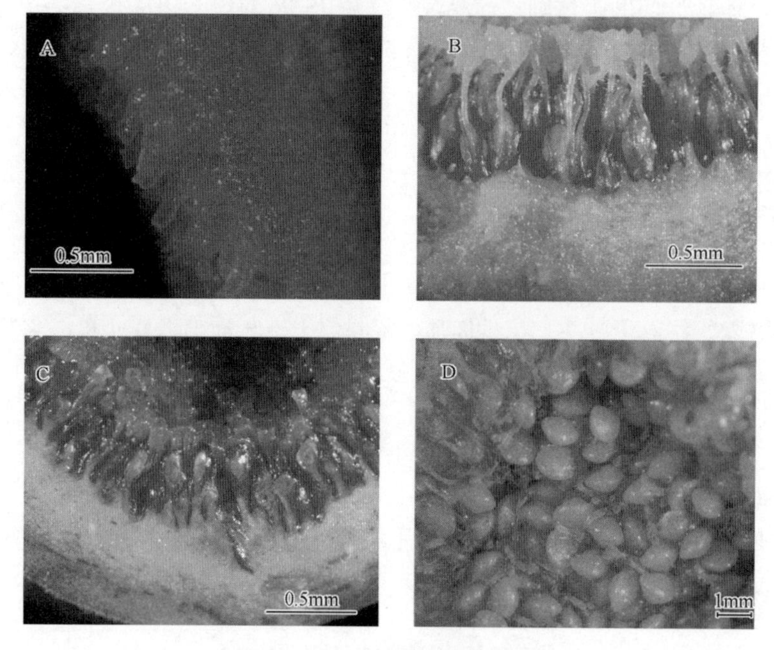


图 11-6　北碚榕雌花序的发育

A 雌花前期；B 雌花期；C 间花期；D 花后期

雄花在发育过程中出现一个两性花时期（雌花期—雄花期），持续时间长，其雌蕊在形态上类似于瘿花；即处在间花期时的雄花具有 1～4 枚雄蕊，基部有一枚雌蕊，其中雌蕊结构完整有柱头、花柱、子房，子房中有胚珠。当雄花序进入雄花期后，此时的雄花发育完全，雌蕊在雄花发育的过程中逐渐退化，最终只剩残留的柱头。两性花比例约为 86.9%，其中两性花至少有 1 枚雄蕊。

隐头花序生长是一个连续的过程，在每年的 8～9 月，雌花序的数量将达到高峰，为全年最高（数量 4700 左右），此时大部分花序（80.2%）处于雌花期，等待传粉小蜂进入，授粉成功的花序内部将会有果实产生，形成果实的榕果会继续挂在枝条上，而没有授粉成功的榕果将会凋落。雄花序的数量在 7～8 月达到高峰（数量 130 左右），部分花序（45.2%）处于雄花期，此时，雄花发育成熟，传粉小蜂羽完成交配后爬出，寻找新的花序进行产卵，在寻找的过程中，部分传粉小蜂会进入到处于雌花期的雌花序中，为北碚榕完成传粉。雄花序数量在高峰期后急剧下降。总体而言，北碚榕花序数量一年只存在一次高峰，时间在 7～9 月，此时节也是传粉小蜂活动相对频繁的季节，在其他月份数量则较少（图 11-7）。

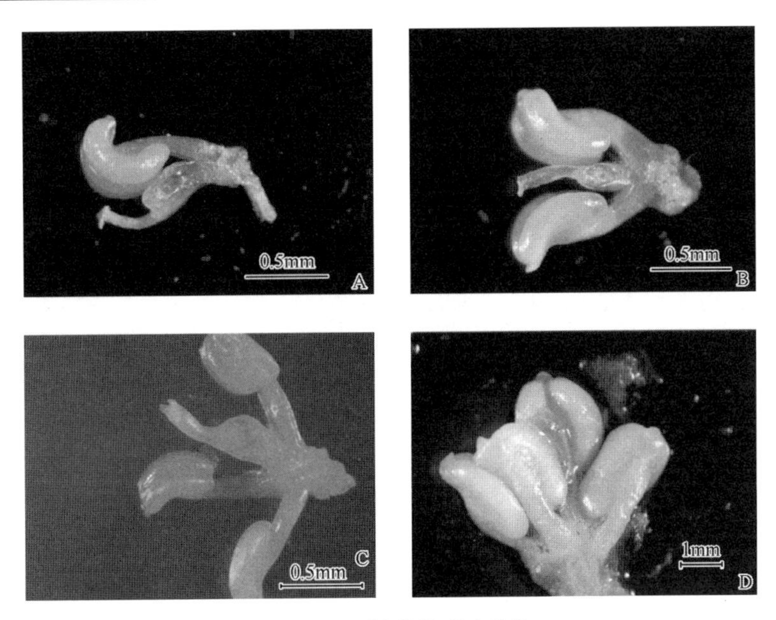


图 11-7　两性花的形态结构

A～D 分别为具 1～4 枚雄蕊的两性花

## 11.4.2　传粉特性

北碚榕与其传粉小蜂表现出很高相适应性。雄花分布在位于苞片口附近，在传粉小蜂进出花序的唯一通道处着生大量的雄花，传粉小蜂要通过雄花群才能到达通往外界的出口，保证了每一只飞出雄花序的传粉小蜂身上都会粘上花粉，极大程度上增加了北碚榕异株传粉的成功率。瘿花形成虫瘿后，花梗逐渐伸长，可达 1.2～1.8mm，将虫瘿推向雄花附近，促使羽化成熟的传粉小蜂钻出虫瘿后就能触碰到雄花。

雌花和瘿花在形态和功能上的分化，瘿花的花柱长短于雌性传粉小蜂产卵器的长度，而且柱头呈喇叭状，这样有利于传粉小蜂的产卵繁殖效率，雌花的花柱长度长于传粉小蜂的产卵器长度，柱头呈棒状，花柱被毛，并且柱头排列在同一平面，形成联合花柱，有利于接受花粉完成授精，增加北碚榕传粉效率。

雄花序内部雄花发育的时期与传粉小蜂的羽化成熟时期保持一致，雄花晚熟，同时避免自花传粉。

## 11.4.3　种子繁育技术

北碚榕种子种皮坚硬，吸水性差，没有经过酸蚀处理的北碚榕种子不能萌发，这可能是北碚榕不能在自然条件下依靠种子繁殖的重要原因。但利用浓硫酸强烈的腐蚀性这一特性，经过浓硫酸酸蚀处理后，种子发芽率随处理时间的延长先上升后下降，酸蚀 5min 获得最高发芽率（52.00%）。要获得较高的萌发率，最好将种子浸种 4～8h，置于 25～30℃条件下，以河沙作为培养基质，全天光照。若用 50～500mg/L 赤霉素溶液浸种 4h，可得到更好的发芽率。

幼苗培养以营养土为最佳，效果优于田土及蛭石。在生长过程中适当施以 0.5%尿素作为叶面肥。

## 11.4.4　扦插繁殖技术

从北碚北温泉采集北碚榕 1 年生嫩枝，经处理后作为插条，通过研究它的不同插穗处理方式（激素种类、处理浓度、处理时间、插穗长度、基质种类），得出北培榕扦插繁殖技术最佳的生根处理方式。插穗的最优长度为 10cm，用 1000mg/L 的 IBA 溶液处理 15s 生根率可达 96.7%。总体来看，IBA 处理插穗的效果比 NAA 要好，根系较发达；扦插基质以珍珠岩∶腐殖土为 2∶1 最好。得出扦插成活的关键在于生根，生根的难易程度除了和植物本身特性有关，还与处理插穗的激素种类、浓度、时间等因素有关，插穗的长度和扦插的季节对插穗生根也有很大影响。另外，枝条的粗细对插穗生根也有很大影响。插穗的直径在 0.7cm 左右的插穗易生根；插穗过粗，分生能力弱，不利于生根；插穗细则枝条积累养分少，亦不利于生根。

### 11.4.5 组织培养技术

以野生北碚榕茎尖为外植体，通过丛芽诱导、不定芽继代增殖、不定芽生根与试管苗移栽建立离体快繁体系，结果表明，茎尖在 MS+1.5mg/L-16-BA+0.05mg/L NAA 培养基中培养 30d，丛芽诱导率达 100%，繁殖系数达 9.2；不定芽在此培养基中继代培养，1～6 代平均繁殖系数达 7.0，丛芽长势良好；不定芽在 1/2MS 培养基中，30d 生根率达 100%，根系发达，试管苗生长健壮。105 株试管苗移栽到土壤营养钵中，30d 存活 102 株，成活率达 97.14%。1 个茎尖外植体在半年内可繁殖试管苗 10 万株，为其工厂化育苗和园林应用奠定基础（图 11-8）。

图 11-8　北碚榕的组织培养过程（由汤绍虎教授提供）

A 刚接种的茎尖；B 培养 30d 后的茎尖；C 茎尖培养 30d 后形成的丛芽；D 生根后的不定芽；E 移栽到营养钵 30d 的试管苗；F 试管苗在田间生长半年后的幼苗。

## 11.5 柃木属（*Eurya*）植物

柃木属植物是缙云山林下极为常见的下木，在缙云山分布有细枝柃、钝叶柃、岗柃及细齿叶柃 4 个物种。其中细枝柃、岗柃于 11 月开花，钝叶柃、细齿叶柃于 2 月开花，为蜂群的越冬提供了良好的蜜源。

### 11.5.1 缙云山钝叶柃及细枝柃的性别变异现象

据以往资料记载，柃木属植物均为雌雄异株。本研究小组在对缙云山柃木属植物进行长期观察的过程中，发现钝叶柃、细枝柃存在雌雄同花现象，且在植株水平上显示出了一系列从雌雄同花到雌雄异株之间的过渡特征（图 11-9，图 11-10）。

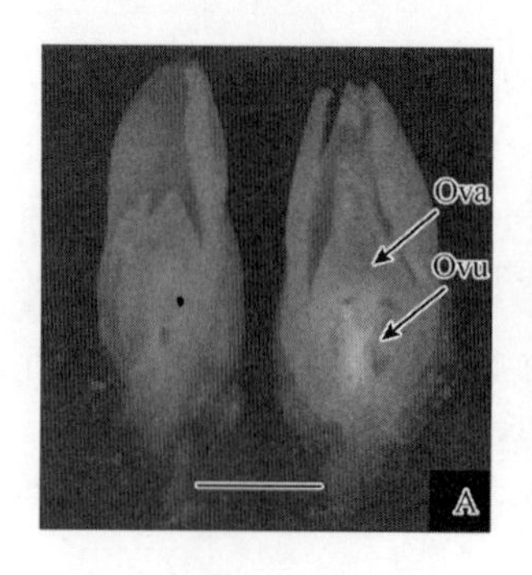


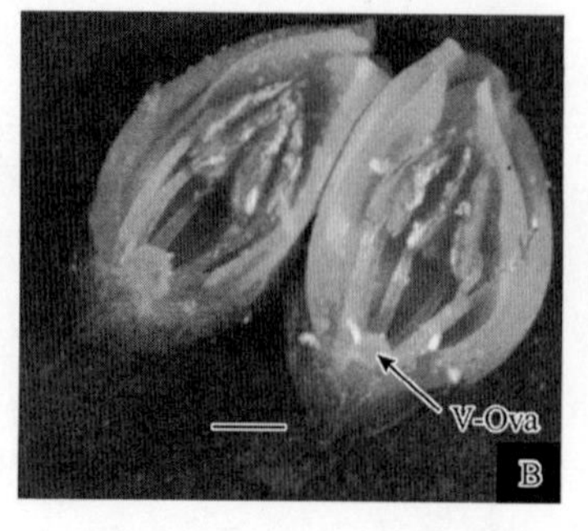


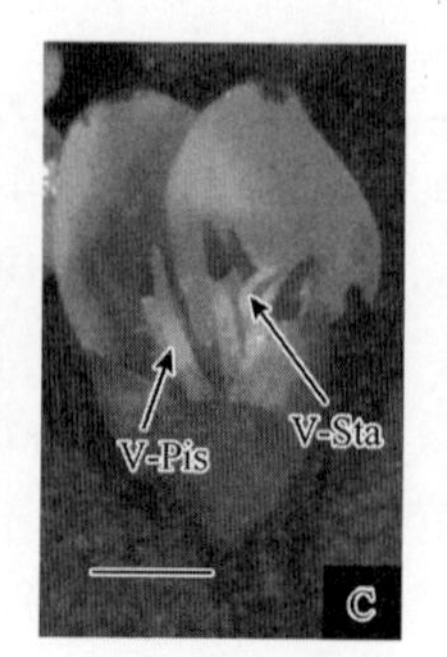


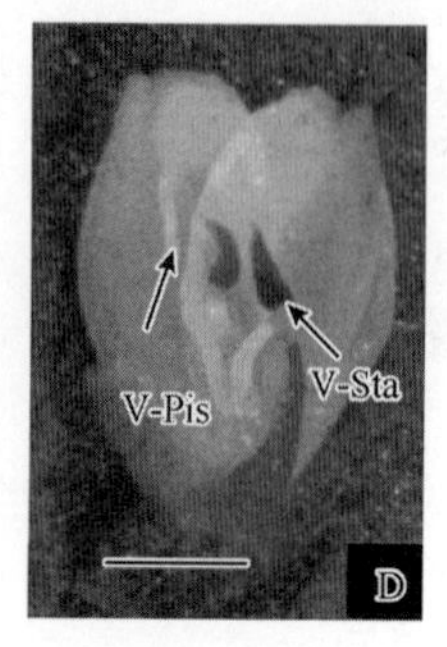

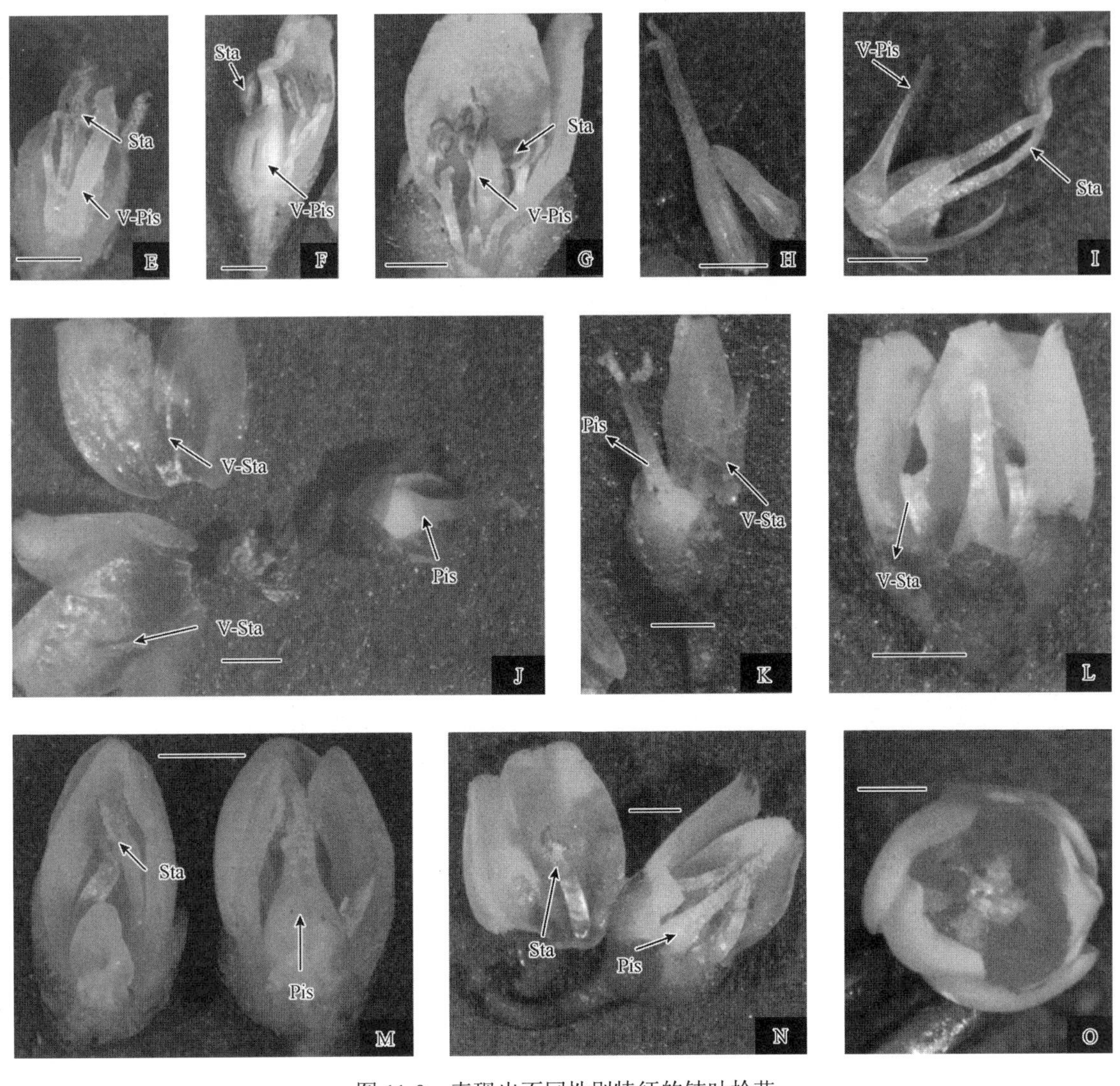


图 11-9　表现出不同性别特征的钝叶柃花

A 雌花；B 雄花；C～D 不育花；E～I 具退化雌蕊的雄花；J～L 具退化雄蕊的雌花；M～O 两性花。Ovu：胚珠；Ova：子房；V-Ova：退化子房；V-Pis：退化雌蕊；V-Sta：退化雄蕊；Pis：雌蕊；Sta：雄蕊。标尺=1mm

图 11-10　表现出不同性别特征的细枝柃花

A 雌花；B 雄花；C～K 各种形态的性别变异花

这种性别变异可能是环境引起的遗传因素和内源激素相互调控的结果。李运婷等以钝叶柃雌株、雄株和两性株花发育过程中关键时期的叶片为材料，采用高效液相色谱法对生长素（IAA）、赤霉素（$GA_3$）、玉米素核苷（ZR）和脱落酸（ABA）的含量进行测定和比值比较，并分析其动态变化规律。结果表明：在钝叶柃 3 种性别植株花发育过程中，$GA_3$ 和 ZR 含量增加有利于雄花和两性花的发育，高水平 IAA 有明显的促雌效应，ABA 对性别分化的影响还不确定。在激素平衡中，ABA/ZR、IAA/ZR、$GA_3$/ZR 比值的增加对雌花的发育有促进作用，而较高的 ABA/IAA、$GA_3$/IAA 比值更有助于雄花的发育。

## 11.5.2　柃木属植物的性别进化研究

王茜等以缙云山及附近区域分布的钝叶柃为研究对象，测定了不同性别植株的花部形态、花朵朝向、花粉活力、柱头可授性、花粉对水的耐受性、单花花粉量和单花泌蜜体积等形态和传粉相关指标，并对其开花动态、传粉昆虫种类和昆虫传粉行为进行了仔细观察，还进行了套袋试验。结果发现钝叶柃不同性别花的花部形态和传粉特征既有一些共同点，又存在着明显差异，性别变异株则呈现出雌雄植株间的过渡特征。钝叶柃是一种花期短，花小而多，开花同步性高的植物，雌花和雄花色味相同。该植物的主要传粉方式为虫媒，主要传粉者为两种蜜蜂科昆虫，但风媒也在其传粉中起着一定作用。该植物不同性别花的主要差异有：①雄花呈灯笼状，花瓣不反卷，雌花辐射状，花瓣反卷；②雄花较雌花大；③雄花倾向于垂直朝下，雌花倾向于斜向下朝向枝条末端；④雌花寿命较雄花长。钝叶柃在开花和传粉上的许多特征都在一定程度上体现了其对雌雄异株性系统的适应。相应地，传粉者在不同性别植株上的行为也存在一定差异。钝叶柃不同性别花在形态上的差异是其周围各种生物因素及非生物因素共同作用的结果，其中传粉昆虫和雨水的选择可能在这些差异的塑造中起着重要作用（图 11-11）。

郭金以细枝柃为研究对象，观测了其性别表达规律、开花物候、传粉特性及性别资源分配。发现细枝柃性别变异花在形态和大小上表现出雌雄间的过渡特征，且变异株的花粉量和花粉活力不如雄株花，单花胚珠数及单花单日泌蜜量明显弱于雌株花，但两性花却与雄花、雌花有相似的花粉量、花粉活力、胚珠数、泌蜜量。细枝柃传粉方式以虫媒为主，雄株上的访花频率明显高于雌株。其花部构件生物量分配中，雄花（包括雄株花和变异株雄花）花部构件生物量分配中雄蕊生物量的分配低于雌花（包括雌株花和变异株雌花）中雌蕊生物量的分配。在两性花中，雄蕊生物量分配低于雌蕊生物量分配。从细枝柃花形态和性别功能变化中，可推测柃木属植物向雌雄异株进化的过程中可能经历了雌全同株阶段。

图 11-11　昆虫访问钝叶柃雌花和雄花

# 第12章　保护现状及建议

## 12.1　植物多样性特点

保护区植物多样性具有丰富性、特殊性、代表性和脆弱性的特点。

保护区植物物种丰富，有藻类植物8门28科60属206种（含变种和变型），有大型真菌19目51科109属184种，有苔藓植物55科112属244种，有维管植物204科890属1774种，保护价值高。

保护区植物种类也具有其特殊性，包含大量保护植物及珍稀濒危物种，其中不乏小范围分布甚至是缙云山特有的种类，如缙云黄芩、北碚榕、缙云秋海棠等。

保护区在中国植被分区上地处亚热带常绿阔叶林区，保护区内各植被类型均具有较强代表性，以森林群落类型为主，其中阔叶林的群落类型较多。以马尾松、四川山矾林，马尾松、栲树林，马尾松、四川大头茶林，马尾松、短刺米槠林，杉木、栲树林，杉木、银木荷林等为主要群落类型，该类型属于保护区针叶林向常绿阔叶林地带性植被演替的过渡植被类型。

保护区由于地处城市区域，其生态脆弱性主要集中体现为保护区外围开发活动强烈、保护区实验区社区居民较多、生态旅游活动较为频繁，所以对保护区的生物多样性和生态环境有一定的影响，一旦遭到破坏很难恢复。

## 12.2　对保护区管理工作的建议

### 1. 开展生物多样性监测网络体系

#### 1）建立地理信息系统，对生态系统实现网络化监测

对保护区的水体环境实行监测，有利于掌握藻类生长和变化的动态，从而实现对保护区生态环境质量的监测。建立地理信息系统，对保护区内较为完整的常绿阔叶林、针阔混交林开展固定样地和样方监测，并实施动态监测，利于掌握环境、气候等变化对保护区生态系统的影响。

#### 2）开展生境修复工程，加大对极小种群的繁育和保护

对保护区内的国家级重点保护野生植物和古树测定其树龄，挂牌，建档；同时应加强对重点保护野生植物和古树所在区域的生态环境部分监测，防止人为干扰和破坏。缙云山保护区内有31种模式植物，其中还是缙云山特有植物，这些特有植物数量由于生境破坏和人为干扰，种群数量一直在缩小。应对部分模式植物开展种群保护和繁育研究，如缙云黄芩、北碚榕、缙云卫矛等。除此之外，有的模式植物还具有观赏价值，对园林绿化引种有着重要的意义，如细萼连蕊茶、北碚槭、缙云四照花、缙云卫矛、缙云秋海棠等，可以大量培育作为保护区的绿化观赏植物。

#### 3）加强对入侵植物清理和监测

保护区的入侵植物主要分布于保护区的交界地带、荒地、农田区域，并有向保护区内蔓延的趋势，特别是在北温泉后山、金果园一片区域，人为活动较为剧烈。除了按照生物学防治入侵植物的方法对保护区内的入侵植物进行剔除以外，要对人为活动较频繁的区域进行长期的监测，掌握入侵植物的传入途径和动态变化，为其治理提供行之有效的方法。

### 2. 加强对外交流和合作

加强人才队伍建设，提高专业和科研水平，提高野外管护水平和处理基础问题的能力。可以通过参加

高校、科研机构以及相关协会的学习、培训，提升业务能力。此外，还应加强对外交流和合作的能力，提高保护区科研水平，促进保护区的长效管理和发展。

### 3. 建设区域科普教育品牌活动

按照科普教育建设的目标和要求，应做到以下几个方面：具备完善的科普管理制度，将科普工作列入本单位日常工作计划；具备一定规模的、开展科普活动的固定场所并配备相应的设施、设备；拥有主题内容明确、形式多样的科普展教资源；具备开展科普活动的专、兼职队伍；集成、开发科普资源包、积极参与科普资源共建共享。除此之外，还应该依托保护区生物多样性资源，打造科普教育活动的内容，创立有缙云山品牌特色的科普教育，提高科普教育的宣传能力和知名度。

# 参考文献


柴新义. 2012. 安徽皇埔山大型真菌区系地理成分分析[J]. 生态学杂志，31（9）：2344 -2349.

陈锋，王明书，邓洪平，等. 2008. 城市有机污染对嘉陵江南充段硅藻多样性影响[J]. 西南师范大学学报，33（6）：44-47.

陈龙. 2013. 北碚榕（*Ficus beipeiensis* S.S Chang）形态特征与繁殖生物学研究[D]. 重庆：西南大学.

陈水木，邓洪平，刘光华，等. 2007. 金毛狗配子体发育阶段性及其多样性研究[J]. 西北植物学报，3：460-463.

陈晔，詹寿发，彭琴，等. 2011. 赣西北地区森林大型真菌区系成分初步分析[J]. 吉林农业大学学报，33（1）：31-35，46.

崔宝凯，余长军. 2011. 大兴安岭林区多孔菌的区系组成与种群结构[J]. 生态学报，31（13）：3700－3709.

崔亚琼，杜红，邓洪平，等. 2009. 缙云山蕨类植物区系特征研究[J]. 西南大学学报（自然科学版），31（8）：103-108.

戴芳澜. 1979. 中国真菌总汇[M]. 北京：科学出版社.

邓洪平，何平，陈亚飞，等. 2000. 濒危植物缙云卫矛的酯酶和超氧化物歧化酶同工酶变异的数量分析[J]. 西南师范大学学报（自然科学版），3：288-295.

邓洪平，李运婷，陈龙，等. 2014. 北碚榕（*Ficus beipeiensis* S.S Chang）形态特征与花部显微特征研究[J]. 西南大学学报（自然科学版），11：57-63.

邓洪平，刘光华，伍莲，等. 2007. 重点保护药用植物金毛狗配子体发育过程的研究[J]. 中国中药杂志，18：1850-1853.

窦全丽，何平，肖宜安，等. 2005. 濒危植物缙云卫矛果实、种子形态分化研究[J]. 广西植物，3：219-225.

杜桂森，刘晓端，刘霞，等. 2004. 密云水库水体营养状态分析[J]. 水生生物学报，28（2）：192-195.

傅立国，1991. 中国植物红皮书[M]. 北京：科学出版社.

傅立国，谭清，楷勇. 2002. 中国高等植物图鉴[M]. 青岛：青岛出版社.

高谦，吴玉环. 2008. 中国苔藓志（第十卷）[M]. 北京：科学出版社.

高谦，吴玉环. 2010. 中国苔纲和角苔纲植物属志[M]. 北京：科学出版社.

郭金. 2015. 细枝柃（*Eurya loquaiana* Dunn）性别表达及传粉生物学特性研究[D]. 重庆：西南大学.

国家重点保护野生植物名录. 1999. http：//www.forestry.gov.cn/portal/main/s/3094/minglu1.htm.

胡鸿钧，李尧英，魏印心，等. 1980. 中国淡水藻类[M]. 上海：科学技术出版社.

胡世俊，何平，邓洪平，等. 2004. 濒危植物缙云卫矛形态分化的数量分析[J]. 西南师范大学学报（自然科学版），3：457-461.

胡世俊，何平，王瑞波，等. 2007. 濒危植物缙云卫矛不同种群的种子萌发研究[J]. 林业科学，5：42-47.

雷胜勇，杜红，赵红，等. 2010. 濒危植物金毛狗群落的数量分类及排序[J]. 贵州农业科学，3：25-29.

李博. 2000. 生态学[M]. 北京：高等教育出版社.

李海玲. 2002. 新疆管壳缝目硅藻的初步研究[D]. 上海：上海师范大学.

李玉泉，何平，邓洪平，等. 2005. 重庆地区蕨类植物区系的初步研究[J]. 植物研究，25（2）：230-235.

李运婷，宗秀虹，张华雨，等. 2016. 钝叶柃不同性别植株花期叶片内源激素含量的变化[J]. 园艺学报，43（7）：1411-1418.

林碧琴，谢淑琦. 1988. 水生藻类与水体污染监测[M]. 沈阳：辽宁大学出版社.

林长松，邓洪平，何平. 2007. 不同小生境缙云黄芩形态变异数量分析[J]. 北方园艺，（12）：43-47.

林长松，何平，邓洪平. 2002. 缙云山特有植物缙云黄芩的等位酶变异研究[J]. 西南师范大学学报（自然科学版），2：219-225.

林长松，何平，邓洪平. 2003. 缙云山特有植物缙云黄芩的遗传多样性研究[J]. 西北植物学报，4：566-571.

林晓民，李振岐，侯军. 2005. 中国大型真菌的多样性[M]. 北京：中国农业出版社.

林永慧. 2004. 濒危植物缙云卫矛（*Euonymus chloranthoides* Yang）种群结构与动态研究[D]. 重庆：西南师范大学.

林永慧，何兴兵，胡文勇，等. 2011. 濒危植物缙云卫矛群落种间联结分析[J]. 植物科学学报，29（1）：58-63.

刘开全. 2011. 重庆特有濒危植物缙云黄芩有性生殖特性研究[D]. 重庆：西南大学.

马凯阳，王有为，郭晨慧，等. 2016. 重庆特有濒危植物缙云黄芩种群生态位研究[J]. 西南师范大学学报（自然科学版），1：45-50.

卯晓岚. 2000. 中国大型真菌[M]. 郑州：河南科学技术出版社.

裴国凤. 2006. 淡水湖泊底栖藻类的生态学研究[D]. 中科院水生所博士学位论文，1-2.

彭黎立. 2013. 环境因子对金毛狗孢子萌发和配子体发育影响研究[D]. 重庆：西南大学.

齐雨藻. 1995. 中国淡水藻志（第四卷）硅藻门一中心纲[M]. 北京：科学出版社.

齐雨藻，李家英. 2004. 中国淡水藻志（第十卷）硅藻门一羽纹纲[M]. 北京：科学出版社.

施之新. 2004. 中国淡水藻志（第十二卷）硅藻门—异极藻科[M]. 北京：科学出版社.

施之新，魏印心，陈嘉佑，等. 2004. 西南地区藻类资源考察专集[M]. 北京：科学出版社.

宋斌，邓旺秋，沈亚恒. 2002. 海南伞菌资源及区系地理成分初步分析[J]. 吉林农业大学学报，24（2）：42-46.

图力古尔，李玉. 2000. 大青沟自然保护区大型真菌区系多样性的研究[J]. 生物多样性，8（1）：73-80.

万方浩，谢柄炎，褚栋. 2008. 生物入侵：管理篇[M]. 北京：科学出版社.

汪松. 2004. 中国物种红色名录[M]. 北京：高等教育出版社.

王荷生. 1992. 植物区系地理[M]. 北京：科学出版社.

王明书. 1994. 嘉陵江小三峡附生藻类群落结构与水质评价[J]. 西南师范大学学报，19（3）：305-310.

王茜，邓洪平，丁博，等. 2012. 钝叶柃不同性别花的花部形态与传粉特征比较[J]. 生态学报，32（12）：3921-3930.

王馨，邓洪平. 2011. 常见伴生植物对药用植物金毛狗（*Cibotium barometz*）孢子萌发和配体子体发育的化感作用研究[J]. 中国中药杂志，8：973-976.

魏玉莲. 2011. 长白山多孔菌物种多样性、区系组成及分布特征[J]. 应用生态学报，22（10）：2711-2717.

吴晓雯，罗晶，陈家宽，等. 2006. 中国外来入侵植物的分布格局及其与环境因子和人类活动的关系[J]. 植物生态学报，30（4）576-584.

吴征镒. 1983. 中国植被[M]. 北京：科学出版社.

吴征镒. 1991. 中国种子植物属的分布[J]. 云南植物研究，增刊：1-139.

吴征镒，孙航，周浙昆，等. 2011. 中国种子植物区系地理[M]. 北京：科学出版社.

吴征镒，王荷生. 1983. 中国植物地理——植物地理（上册）[M]. 北京：科学出版社.

吴征镒，周浙昆，孙航，等. 2006. 种子植物的分布区类型及其起源和分化[M]. 昆明：云南科技出版社.

谢淑琦，林碧琴，蔡石勋. 1985. 光学显微镜和扫描电镜下的星肋小环藻（新种）的研究[J]. 植物分类学报，23（6）：473-475.

邢来君，李明春. 2007. 普通真菌学[M]. 北京：高等教育出版社.

熊济华. 2005. 重庆缙云山植物志[M]. 重庆：西南师范大学出版社.

熊济华. 2009. 重庆维管植物检索表[M]. 成都：四川科学技术出版社.

徐海根，强胜. 2004. 中国外来入侵物种编目[M]. 北京：中国环境科学出版社.

徐海根，强胜. 2011. 中国外来入侵生物[M]. 北京：科学出版社.

尤庆敏. 2007. 中国新疆硅藻区系分类初步研究[D]. 上海：上海师范大学.

张桂萍，何平，邓洪平. 2001. 濒危植物缙云卫矛的形态分化研究[J]. 西南师范大学学报（自然科学版），06：703-708.

张家辉，史良，杨蕊，等. 2011. 缙云山特有植物缙云黄芩果实特征研究[J]. 西北植物学报，3：475-478.

张家辉，杨蕊，邓洪平. 2009. 缙云黄芩 HPLC 指纹图谱的建立及其不同部位活性成分含量研究[J]. 中国中药杂志，19：2485-2488.

张仁波，窦全丽，何平，等. 2006. 濒危植物缙云卫矛繁育系统研究[J]. 广西植物，3：308-312.

张艳玲. 2015. 北碚榕的种子繁殖及组织培养[D]. 重庆：西南大学.

赵先富，于军，葛建华，等. 2005. 青岛棘洪滩水库浮游藻类状况及水质评价[J]. 水生生物学报，29（6）：639-644.

中国科学院西北植物研究所. 1983. 秦岭植物志（第一卷至第五卷）[M]. 北京：科学出版社.

中国科学院中国孢子植物志编辑委员会. 1996-2011. 中国苔藓志[M]. 北京：科学出版社.

中国科学院《中国植物志》编辑委员会. 1981. 中国植物志—第一至八十卷[M]. 北京：科学出版社.

中国生物多样性红色名录——高等植物卷. 2013. http：//www.zhb.gov.cn/gkml/hbb/bgg/201309/t20130912_260061.htm.

周光林，杨蕊，邓洪平，等. 2012. 缙云山食（药）用大型真菌资源调查研究[J]. 中国食用菌，2：10-12.

周先荣，刘玉成，尚进，等. 2007. 缙云山自然保护区种子植物区系研究[J]. 四川师范大学学报，30（5）：648-651.

宗秀虹，邓洪平，黄琴，等. 2016. 重庆市缙云山黄芩属植物的核型及进化趋势分析[J]. 中国中药杂志，12：2201-2207.

《四川植物志》编委会. 1981. 四川植物志[M]. 成都：四川人民出版社.

《中国高等植物图鉴》编写组. 1986. 中国高等植物图鉴—第一至五卷及补编[M]. 北京：科学出版社.

Deng H P，Li Y T，Chen L，et al. 2015. Reproductive Biology of *Ficus beipeiensis*[J]. American Journal of Plant Sciences，6：2893-2905.

Ding B，Nakamura K，Kono Y，et al. 2014. *Begonia jinyunensis*（Begoniaceae，section Platycentrum），a new palmately compound leaved species from Chongqing，China[J]. Botanical Studies. 55：62.

Kirk P M，Cannon P F，Stalpers J A. 2008. Dictionary of the Fungi：10th Revised edition[M]. CABI Publishing.

Layne C D. 1990. The algal mat of Douglas Lake，Michigan：its composition，role in lake ecology and response to chemical perturbations[M]. Bowling Green State University.

Michels A，Umana G，Raeder U. 2006. Epilithic diatom assemblages in rivers draining into Golfo Dulce（Costa Rica）and their relationship to water chemistry，habitat characteristics and land use[J]. Archives fur Hydrobiologia. 165（2）：167-190.

Soininen J，Paavola R，Muotka T. 2004. Benthic diatom communities in boreal streams：Community structure in relation to environmental and spatial gradients[J]. Ecography，27，330–342.

Tang T，Cai Q H，Liu J K. 2006. Using epilithic diatom communities to assess ecological condition of Xiangxi River system[J]. Environmental monitoring and Assessment，112：347-361.

Wang Q，Deng HP，Ding B，et al. 2014. Flower structure and sex expression of leaky dioecy in *Eurya obtusifolia*[J]. Nordic Journal of Botany，32：314-319.

Wang Y K，Stevenson R J，Metzmeier L. 2005. Development and evaluation of a diatom-based index of biotic integrity for the Interior Plateau Ecoregion，USA[J]. Journal of the North American Benthological Society. 24（4）：990-1008.

# 附表 1　重庆缙云山国家级自然保护区各采样点藻类名录

| 门、科、属、种 | 黛湖 | 白云水池 | 缙云寺 | 雷家院子 | 大茶沟水库 | 板子沟 1 | 板子沟 2 | 泡沫沟 | 黄焰沟 1 | 黄焰沟 2 | 铁厂沟 1 | 铁厂沟 2 | 甘家桥水库 |
|---|---|---|---|---|---|---|---|---|---|---|---|---|---|
| **蓝藻门（Cyanophyta）** | | | | | | | | | | | | | |
| **一、色球藻科（Chroococcaceae）** | | | | | | | | | | | | | |
| 1. 微囊藻属（*Microcystis*） | | | | | | | | | | | | | |
| 苍白微囊藻（*M. pallida*） | + | | | + | | | | + | | | + | + | |
| 2. 隐球藻属（*Aphanocapsa*） | | | | | | + | | | | | | | |
| 细小隐球藻（*A. elachista*） | + | | + | | | | | + | | | + | | |
| 美丽隐球藻（*Apulchra*） | + | | + | | + | | | + | | | | | + |
| 3. 色球藻属（*Chroococcus*） | | | | | | | | | | | | | |
| 裂皮色球藻（*Ch. shizodermaticus*） | + | | | + | + | | | + | | | | + | |
| 湖沼色球藻（*limneticus*） | | | | + | | | | | | | | | |
| 4. 平裂藻属（*Merismopedia*） | | | | | | | | | | | | | |
| 优美平裂藻（*M. elegans*） | + | | + | | | | | | | | | | + |
| 细小平裂藻（*M. tenuissima*） | | | | | + | | | | | | | | |
| 5. 蓝纤维藻属（*Dactylococcopsis*） | | | | | | | | | | | | | |
| 针晶蓝纤维藻（*D. rhapHidioide*） | + | | + | | + | | | + | + | + | + | + | + |
| **二、胶须藻科（Rivulariaceae）** | | | | | | | | | | | | | |
| 6. 胶须藻属（*Rivularia*） | | | | | | | | | | | | | |
| 坚硬胶须藻（*R. dura*） | | + | + | | | + | | | | | + | + | |
| **三、念珠藻科（Nostocaceae）** | | | | | | | | | | | | | |
| 7. 念珠藻属（*Nostoc*） | | | | | | | | | | | | | |
| 普通念珠藻（*N. communs*） | | + | | + | + | + | | | | | | | |
| 球形念珠藻（*N. sphaericum*） | | + | | + | + | | | | | | | | |
| 8. 鱼腥藻属（*Anabaena*） | | | | | | | | | | | | | |
| 固氮鱼腥藻（*A. azotica*） | | + | | + | | | | | | | | + | |
| 类颤藻鱼腥藻（*A. oscillarioides*） | | + | | | | + | + | | | | | + | |
| **四、颤藻科（Oscillatoriaceae）** | | | | | | | | | | | | | |
| 9. 螺旋藻属（*Spirulina*） | | | | | | | | | | | | | |
| 大螺旋藻（*S. maior*） | + | | | | | + | | + | | | | | + |
| 最细螺旋藻（*S. subtilissima*） | | + | | | + | | | + | | | | + | + |
| 10. 鞘丝藻属（*Lyngbya*） | | | | | | | | | | | | | |
| 螺旋鞘丝藻（*L. contorta*） | | + | | | + | | | + | | | | + | + |
| 马氏鞘丝藻（*L. martensiana*） | + | | | | | + | | + | | | + | | |
| 湖沼鞘丝藻（*L. limnetica*） | | | | | + | | | + | + | + | | | |
| 栖藓鞘丝藻（*L. mucicola*） | + | + | + | | + | | | + | + | + | | + | |
| 11. 席藻属（*Phormidium*） | | | | | | | | | | | | | |
| 小席藻（*Ph. tenue*） | + | + | + | | + | | | | | | | + | + |
| 纸形席藻（*Ph. papyraceum*） | | + | | + | | | | | | | | | |
| 蜂巢席藻（*Ph. favosum*） | + | | | | | | + | | | | | | |

续表

| 门、科、属、种 | 黛湖 | 白云水池 | 缙云寺 | 雷家院子 | 大茶沟水库 | 板子沟 1 | 板子沟 2 | 泡沫沟 | 黄焰沟 1 | 黄焰沟 2 | 铁厂沟 1 | 铁厂沟 2 | 甘家桥水库 |
|---|---|---|---|---|---|---|---|---|---|---|---|---|---|
| 皮状席藻（*Ph. corium*） |  | + |  | + |  |  |  |  |  |  | + |  |  |
| 12. 颤藻属（*Oscillatoria*） |  |  |  |  |  |  |  |  |  |  |  |  |  |
| 巨颤藻（*O. prirceps*） | + |  |  |  | + | + | + |  |  |  |  |  | + |
| 泥生颤藻（*O. limosa*） |  |  |  | + | + | + |  |  |  |  |  |  |  |
| 湖生颤藻（*O. lacustris*） |  | + |  |  |  |  |  |  |  |  |  |  | + |
| 两栖颤藻（*O. amphibia*） |  |  |  |  |  |  |  |  |  |  |  |  |  |
| 阿氏颤藻（*O. agardhii*） |  | + |  |  | + | + |  |  |  |  |  |  | + |
| 细致颤藻（*O. subtillissima*） | + |  |  |  | + |  |  |  |  |  |  | + | + |
| 悦目颤藻（*O. amoena*） |  |  |  |  | + |  |  |  |  |  |  |  | + |
| 灿烂颤藻（*O. sprendida*） |  | + |  | + | + |  | + |  |  |  |  | + |  |
| **隐藻门（Cryptophyta）** |  |  |  |  |  |  |  |  |  |  |  |  |  |
| **五、隐藻科（Cryptohyceae）** |  |  |  |  |  |  |  |  |  |  |  |  |  |
| 13. 隐藻属（*Cryptomonas*） |  |  |  |  |  |  |  |  |  |  |  |  |  |
| 卵形隐藻（*C. ouata*） | + |  | + |  | + | + |  | + | + | + | + |  |  |
| **甲藻门（Pyrrophyta）** |  |  |  |  |  |  |  |  |  |  |  |  |  |
| **六、角甲藻科（Ceratiaceae）** |  |  |  |  |  |  |  |  |  |  |  |  |  |
| 14. 角甲藻属（*Ceratium*） |  |  |  |  |  |  |  |  |  |  |  |  |  |
| 飞燕角甲藻（*C. hirundinella*） | + |  |  | + | + |  |  |  |  |  |  |  | + |
| **金藻门（Chrysophyta）** |  |  |  |  |  |  |  |  |  |  |  |  |  |
| **七、鱼鳞藻科（Mallomonadaceae）** |  |  |  |  |  |  |  |  |  |  |  |  |  |
| 15. 鱼鳞藻属（*Mallomonas*） |  |  |  |  |  |  |  |  |  |  |  |  |  |
| 延长鱼鳞藻（*M. elongata*） | + |  |  |  | + |  |  |  |  |  |  |  | + |
| **黄藻门（Xanthophyta）** |  |  |  |  |  |  |  |  |  |  |  |  |  |
| **八、黄丝藻科（Tribonemataceae）** |  |  |  |  |  |  |  |  |  |  |  |  |  |
| 16. 黄丝藻属（*Tribonema*） |  |  |  |  |  |  |  |  |  |  |  |  |  |
| 小型黄丝藻（*T. minus*） | + | + |  |  | + | + | + | + | + | + | + | + | + |
| 丝状黄丝藻（*T. bombycium*） |  | + |  |  | + | + |  | + | + | + | + | + |  |
| **硅藻门（Bacillariophyta）** |  |  |  |  |  |  |  |  |  |  |  |  |  |
| **九、圆筛藻科（Coscinodiscaceae）** |  |  |  |  |  |  |  |  |  |  |  |  |  |
| 17. 圆筛藻属（*Coscinodiscus*） |  |  |  |  |  |  |  |  |  |  |  |  |  |
| 湖沼圆筛藻（*C. lacustris*） |  | + |  | + | + |  |  |  |  |  |  |  |  |
| 18. 小环藻属（*Cyclotella*） |  |  |  |  |  |  |  |  |  |  |  |  |  |
| 具星小环藻（*C. stelligera*） |  | + | + | + |  |  | + | + | + | + | + | + |  |
| 19. 直链藻属（*Melosira*） |  |  |  |  |  |  |  |  |  |  |  |  |  |
| 变异直链藻（*M. varians*） |  | + | + | + |  | + |  |  |  |  | + |  |  |
| **十、脆杆藻科（Fragilariaceae）** |  |  |  |  |  |  |  |  |  |  |  |  |  |
| 20. 等片藻属（*Diatoma*） |  |  |  |  |  |  |  |  |  |  |  |  |  |
| 普通等片藻（*D. vulgare*） |  | + | + |  |  | + | + | + | + | + | + | + | + |
| 冬季等片藻（*D. vulgare*） | + |  | + | + |  | + | + | + | + | + | + |  |  |
| 长等片藻（*D. elongatum*） | + |  |  |  |  |  |  |  |  |  | + | + | + |
| 21. 脆杆藻属（*Fragilaria*） |  |  |  |  |  |  |  |  |  |  |  |  |  |
| 钝脆杆藻（*F. capucina*） |  | + | + |  |  | + | + | + | + | + | + | + |  |

续表

| 门、科、属、种 | 黛湖 | 白云水池 | 缙云寺 | 雷家院子 | 大茶沟水库 | 板子沟 1 | 板子沟 2 | 泡沫沟 | 黄焰沟 1 | 黄焰沟 2 | 铁厂沟 1 | 铁厂沟 2 | 甘家桥水库 |
|---|---|---|---|---|---|---|---|---|---|---|---|---|---|
| 中型脆杆藻（*F. intermedia*） | | | | + | | + | + | + | | | + | + | |
| 变异脆杆藻（*F. virescens*） | | | | | | | | | | | + | + | |
| 短小脆杆藻（*F. brevistriata*） | | | | | | | + | + | + | + | + | + | + |
| 连接脆杆藻（*F. construens*） | | | | | | + | + | | | + | + | + | |
| 22. 针杆藻属（*Synedra*） | | | | | | | | | | | | | |
| 尺骨针杆藻（*S. ulna*） | + | | | | + | + | | | | + | + | + | + |
| 头状针杆藻（*S. capitata*） | | | | | | + | + | + | + | + | | + | + |
| 双头针杆藻（*S. amphicephala*） | | | | | + | + | + | + | | + | | | |
| 放射针杆藻（*S. berolinensis*） | + | | | | | | + | | | + | | | + |
| 近缘针杆藻（*S. affinis*） | | | | | + | + | + | | | | + | + | |
| 23. 星杆藻属（*Asteronella*） | | | | | | | | | | | | | |
| 美丽星杆藻（*A. Formosa*） | + | | | + | | + | | + | | + | | | |
| **十一、舟形藻科（Naviculaceae）** | | | | | | | | | | | | | |
| 24. 肋缝藻属（*Frustulia*） | | | | | | | | | | | | | |
| 菱形肋缝藻（*F. rhomboids*） | | | + | | | + | + | | | + | | | |
| 普通肋缝藻（*F. vulgaris*） | | | + | | | | + | + | | + | + | + | |
| 25. 布纹藻属（*Gyrosigma*） | | | | | | | | | | | | | |
| 库津布纹藻（*G. kutzingii*） | + | + | | | | | + | | | | | | + |
| 史氏布纹藻（*G. spenceri*） | | | | | | | | | | | | | |
| 松柏布纹藻（*G. peisone*） | + | | | | + | | + | | | | | | |
| 解剖刀形布纹藻（*G. scalproides*） | | | | + | | | | | | | | | + |
| 粗糙布纹藻（*G. strigile*） | + | + | | | | | + | + | | + | | | + |
| 尖布纹藻（*G. acuminatum*） | | + | | + | | + | + | | + | + | + | | + |
| 26. 双壁藻属（*Diploneis*） | | | | | | | | | | | | | |
| 卵圆双壁藻（*D. ovalis*） | | | + | + | | + | + | | | + | | + | |
| 美丽双壁藻（*D. puella*） | | | | + | + | + | | | + | | | + | |
| 27. 舟形藻属（*Navicula*） | | | | | | | | | | | | | |
| 放射舟形藻（*N. radiosa*） | + | + | | + | | + | | | + | | | + | |
| 系带舟形藻（*N. cincta*） | | | | | + | | | + | | | | + | |
| 双头舟形藻（*N. dicepHala*） | | | | | + | | + | | | + | | + | |
| 线形舟形藻（*N. graciloides*） | | + | | | + | + | | | + | + | | | |
| 卡里舟形藻（*N. cari*） | | | | | | | + | | | + | + | | + |
| 短小舟形藻（*N. exigua*） | | | | | | + | | + | + | | + | | + |
| 凸出舟形藻（*N. protracta*） | + | | + | | | | + | | + | | + | | |
| 微绿舟形藻（*N. viridula*） | | | + | | + | + | | | | + | | + | |
| 简单舟形藻（*N. simplex*） | + | | | | + | | | | + | | | + | + |
| 扁圆舟形藻（*N. Placentula*） | + | | | | | | | | | | | + | |
| 杆状舟形藻（*N. bacillum*） | | | | + | | | | | | | | | |
| 肠道舟形藻（*N. gastrum*） | | | | + | | + | | | | | | | + |
| 弱小舟形藻（*N. pusilla*） | | | | | + | | | | + | | | | |
| 尖头舟形藻（*N. cuspidata*） | | | | | + | | | | | | | | |
| 扁喙舟形藻（*N. platystoma*） | + | | | | + | | | | | + | | | |

续表

| 门、科、属、种 | 黛湖 | 白云水池 | 缙云寺 | 雷家院子 | 大茶沟水库 | 板子沟 1 | 板子沟 2 | 泡沫沟 | 黄焰沟 1 | 黄焰沟 2 | 铁厂沟 1 | 铁厂沟 2 | 甘家桥水库 |
|---|---|---|---|---|---|---|---|---|---|---|---|---|---|
| 雪生舟形藻（*N. nivalis*） | | | | | | | | | | + | | | |
| 小头舟形藻（*N. capitata*） | + | | | | | | + | + | | | | | |
| 长圆舟形藻（*N. oblonga*） | | | | + | | | | | + | | | + | |
| 狭轴舟形藻（*N. verecunda*） | + | | | + | | + | + | | + | | | + | + |
| 28. 茧形藻属（*Amphiprora*） | | | | | | | | | | | | | |
| 茧形藻（*A. paludosa*） | | | | + | + | | | | | | | | + |
| 29. 羽纹藻属（*Pinunlaria*） | | | | | | | | | | | | | |
| 著名羽纹藻（*P. nobilis*） | | | | | | | | | | | + | | |
| 磨石羽纹藻（*P. molaris*） | + | | | | | | | | | | + | | + |
| 大羽纹藻（*P. major*） | + | | | | | | | | | | + | | |
| 同族羽纹藻（*P. gentiles*） | | | | | + | | | | | | + | | |
| 近小头羽纹藻（*P. subcapitata*） | + | | | | | | | | | | + | | |
| **十二、桥弯藻科（Cymbellaceae）** | | | | | | | | | | | | | |
| 30. 桥弯藻属（*Cymbella*） | | | | | | | | | | | | | |
| 小桥弯藻（*C. laevis*） | + | | + | | + | + | + | + | + | + | + | + | + |
| 细小桥弯藻（*C. pusilla*） | | | + | + | | + | + | + | + | | + | | + |
| 偏肿桥弯藻（*C. ventricosa*） | | | | | + | | + | + | + | + | + | | |
| 膨胀桥弯藻（*C. tumida*） | | | | | | + | + | | + | + | + | | |
| 肿胀桥弯藻（*C. paucistriata*） | | | | | | + | + | + | + | + | + | + | |
| 优美桥弯藻（*C. delicatula*） | + | | | | + | + | + | + | + | + | + | + | + |
| 舟形桥弯藻（*C. naviculiformis*） | + | | | | + | + | + | + | + | + | + | + | + |
| 纤细桥弯藻（*C. gracilis*） | | | | + | + | | + | | + | + | + | + | + |
| 新月形桥弯藻（*C. cymbiformis*） | + | + | | | | + | + | + | + | + | + | + | |
| 尖端桥弯藻（*C. cuspidate*） | | | | | | + | | + | + | | + | + | |
| 极小桥弯藻（*C. perpusilla*） | + | | | | | | + | + | | + | + | | |
| 埃伦桥弯藻（*C. ehrenbergii*） | | | | | + | + | + | + | + | + | + | | |
| 新月桥弯藻（*C. cymbiformis*） | | | | | + | + | | + | + | | + | | |
| 弯曲桥弯藻（*C. sinuate*） | | | | + | | + | + | + | + | + | + | + | |
| 尖头桥弯藻（*C. cuspidate*） | + | | | | | + | + | + | + | + | + | + | + |
| **十三、异极藻科（Gomphonemaceae）** | | | | | | | | | | | | | |
| 31. 异极藻属（*Gomphonema*） | | | | | | | | | | | | | |
| 缢缩异极藻（*G. costrictum*） | + | | | + | + | + | | + | + | + | + | + | |
| 微细异极藻（*G. parunlum*） | + | | | + | + | + | + | + | + | + | + | + | |
| 中间异极藻（*G. intricatum*） | | | | | | + | + | + | | + | + | + | |
| 小型异极藻（*G. parvulum*） | + | | + | | | + | + | | + | + | + | + | |
| 窄异极藻（*G. angustatum*） | | + | | | | + | + | + | + | + | + | + | |
| 尖异极藻（*G. acuminatum*） | | + | | | | | + | | + | + | + | + | |
| 花冠异极藻（*G. acuminatum* var. *coronata*） | + | | | + | + | + | + | + | + | + | + | + | |
| **十四、曲壳藻科（Achranthaceae）** | | | | | | | | | | | | | |
| 32. 曲壳藻属（*Achnathes*） | | | | | | | | | | | | | |
| 优美曲壳藻（*A. delicatula*） | + | + | | | + | + | + | + | + | + | + | + | + |
| 披针曲壳藻（*A. lanceolata*） | + | | | + | + | + | + | | + | + | + | | |

续表

| 门、科、属、种 | 黛湖 | 白云水池 | 缙云寺 | 雷家院子 | 大茶沟水库 | 板子沟 1 | 板子沟 2 | 泡沫沟 | 黄焰沟 1 | 黄焰沟 2 | 铁厂沟 1 | 铁厂沟 2 | 甘家桥水库 |
|---|---|---|---|---|---|---|---|---|---|---|---|---|---|
| 皮氏曲壳藻（*A. peragallii*） | | + | | | + | + | + | + | + | | + | | + |
| 33. 卵形藻属（*Cocconeis*） | | | | | + | + | + | + | + | + | + | + | |
| 扁圆形卵形藻（*C. placentula*） | + | | | | | + | | + | | + | + | + | |
| 扁圆卵形藻多孔变种（*C. placentula* var. *englypta*） | | | + | | | + | + | + | + | + | | + | |
| **十五、菱形藻科（Nitzschiaceae）** | | | | | | | | | | | | | |
| 34. 菱形藻属（*Nitzschia*） | | | | | | | | | | | | | |
| 近线形菱形藻（*N. sublinearis*） | + | | | + | + | | | | | | | | + |
| 线形菱形藻（*N. linearis*） | | | | | + | | | | | | | | + |
| 小头菱形藻（*N. microcephala*） | | | | | + | | | | | | | | |
| 谷皮菱形藻（*N. palea*） | | + | + | + | | + | | | | | | | |
| 双头菱形藻（*N. anphibia*） | | | | | + | | | | | | | | |
| 细齿菱形藻（*N. denticula*） | | | | | | + | | | | | | | |
| 35. 棍杆藻属（*Bascillaria*） | | | | | | | | | | | | | |
| 奇异棍杆藻（*B. paracloxa*） | + | | | + | + | + | + | + | + | + | + | + | + |
| **十六、双菱藻科（Surirellaceae）** | | | | | | | | | | | | | |
| 36. 波缘藻属（*Cymatopleura*） | | | | | | | | | | | | | |
| 草鞋形波缘藻整齐变种（*C. solea* var. *regula*） | | + | | + | + | | + | + | + | + | + | + | + |
| 椭圆形波缘藻（*C. elliptica*） | | | | | + | + | + | | | + | + | + | |
| 37. 双菱藻属（*Surirella*） | | | | | | | | | | | | | |
| 粗状双菱藻（*S. robusta*） | | | | + | + | | + | + | + | + | + | + | + |
| 线形双菱藻（*S. linearis*） | + | | | + | | + | + | | | + | | | |
| 美丽双菱藻（*S. elegans*） | | | | | + | | | | | + | | | |
| 卵形双菱藻（*S. ovata*） | | | | | | | | | | + | | | |
| 卵形双菱藻羽状变种（*S. ovata* var. *pinnata*） | | | | | + | | + | | | + | + | + | + |
| **裸藻门（Englenophyta）** | | | | | | | | | | | | | |
| **十七、裸藻科（Euglenaceae）** | | | | | | | | | | | | | |
| 38. 囊裸藻属（*Trachelomonas*） | | | | | | | | | | | | | |
| 近似囊裸藻（*Tr. Similes*） | | + | | + | + | | | | | | + | | |
| 棘囊裸藻（*Tr. Armata*） | | | + | | + | | | | | | + | | + |
| 39. 扁裸藻属（*Phacus*） | | | | | | | | | | | | | |
| 宽扁裸藻（*P. pleuronectes*） | | | + | + | + | | | | | | + | | + |
| 旋形扁裸藻（*P. helicoids*） | | | | | | | | | | | | | + |
| 波形扁裸藻（*P. undulates*） | | + | | | + | | | | | | | | + |
| **绿藻门（Chiorophyta）** | | | | | | | | | | | | | |
| **十八、团藻科（Volvocaceae）** | | | | | | | | | | | | | |
| 40. 实球藻属（*Pandorina*） | | | | | | | | | | | | | |
| 实球藻（*P. mornm*） | + | | + | + | + | | | | | | | | + |
| 41. 空球藻属（*Eudorina*） | | | | | | | | | | | | | |
| 空球藻（*E. eiegans*） | + | | | + | + | | | | | | | | |
| **十九、衣藻科（Clamidydomonadaceae）** | | | | | | | | | | | | | |

续表

| 门、科、属、种 | 黛湖 | 白云水池 | 缙云寺 | 雷家院子 | 大茶沟水库 | 板子沟 1 | 板子沟 2 | 泡沫沟 | 黄焰沟 1 | 黄焰沟 2 | 铁厂沟 1 | 铁厂沟 2 | 甘家桥水库 |
|---|---|---|---|---|---|---|---|---|---|---|---|---|---|
| 42. 衣藻属（*Clamydomonas*） | | | | | | | | | | | | | |
| 莱哈衣藻（*C. rinhardi*） | | + | | | + | | | | | | | + | + |
| 卵形衣藻（*C. ovalis*） | + | + | | + | | | | | | | | + | + |
| **二十、四集藻科（Palmellaceae）** | | | | | | | | | | | | | |
| 43. 四集藻属（*Palmella*） | | | | | | | | | | | | | |
| 粘四集藻（*P. mucosa*） | | | | + | + | | | | | + | | + | |
| **二十一、绿球藻科（Chlorococaceae）** | | | | | | | | | | | | | |
| 44. 多芒藻属（*Golenkinia*） | | | | | | | | | | | | | |
| 疏刺多芒藻（*G. paucispina*） | + | + | | + | | | + | | | | | + | |
| 45. 盘星藻属（*Pediastrum*） | | | | | | | | | | | | | |
| 单角盘星藻（*P. simplex*） | + | + | | + | + | | + | | | | + | + | + |
| 包氏盘星藻（*P. boryanum*） | | | | | | | | | | | | | |
| 斯氏盘星藻（*P. sturmii*） | + | | | | | | | | | | | | |
| 四角盘星藻（*P. tetras*） | + | + | | + | | + | | | | | | | + |
| **二十二、栅藻科（Scenedesmaceae）** | | | | | | | | | | | | | |
| 46. 栅藻属（*Scenedesmus*） | | | | | | | | | | | | | |
| 四尾栅藻（*S. quadricauda*） | + | + | | + | | + | | | | | | + | + |
| 二形栅藻（*S. dimorphus*） | | + | | + | | | | | | | | | + |
| 孔裂栅藻（*S. perforatus*） | | + | | | | | | | | | | | |
| 齿形栅藻（*S. denticlatus*） | | | + | | | | | | | | | | |
| 扁盘栅藻（*S. platydiscus*） | | | + | + | + | | | | | | | + | |
| 47. 十字藻属（*Crucigenia*） | | | | | | | | | | | | | |
| 方窗形十字藻（*C. fenestrata*） | | + | | + | + | | | | | | | | + |
| **二十三、丝藻科（Ulotrichaceae）** | | | | | | | | | | | | | |
| 48. 丝藻属（*Ulothrix*） | | | | | | | | | | | | | |
| 细丝藻（*U. teneriima*） | | + | | + | + | | | + | | + | | + | + |
| 环丝藻（*U. zonata*） | | | | | + | | | | | | | | |
| 颤丝藻（*U. oscillarina*） | | + | + | + | + | + | | + | | | | | |
| **二十四、双星藻科（Zygnemataceae）** | | | | | | | | | | | | | |
| 49. 水绵属（*Spirogyra*） | | | | | | | | | | | | | |
| 假颗粒水绵（*S. pseadogranulata*） | | | | + | + | + | + | | + | + | + | + | |
| 最窄水绵（*S. temuissima*） | | | | + | | + | | | + | + | + | + | |
| 单一水绵（*S. singularis*） | | | | + | | | + | | + | + | | + | |
| 李氏水绵（*S. tenuissima*） | | | | | + | | + | + | + | + | + | | |
| 普通水绵（*S. communis*） | | | | | + | | + | | + | | | + | |
| 奈氏水绵（*S. fennica*） | | | | + | + | | + | | + | | + | + | + |
| 韦氏水绵（*S. weberi*） | | | + | + | | + | + | + | | + | + | + | |
| 小水绵（*S. tenuis*） | | + | | + | | + | + | + | + | + | | + | |
| **二十五、中带藻科（Mesotaeniaceae）** | | | | | | | | | | | | | |
| 50. 中带藻属（*Mesotaenium*） | | | | | | | | | | | | | |
| 中带藻（*M. enderianum*） | + | | | + | + | | | | | | + | | + |
| 51. 棒形藻属（*Gonatozygon*） | | | | | | | | | | | | | |

续表

| 门、科、属、种 | 黛湖 | 白云水池 | 缙云寺 | 雷家院子 | 大茶沟水库 | 板子沟1 | 板子沟2 | 泡沫沟 | 黄焰沟1 | 黄焰沟2 | 铁厂沟1 | 铁厂沟2 | 甘家桥水库 |
|---|---|---|---|---|---|---|---|---|---|---|---|---|---|
| 多毛棒形藻（*G. pilosum*） | + | + |  | + |  |  |  |  |  |  |  |  |  |
| 棒形藻（*G. monotaenium*） | + |  |  | + | + | + |  |  |  |  | + |  |  |
| **二十六、鼓藻科（Desmidiaceae）** |  |  |  |  |  |  |  |  |  |  |  |  |  |
| 52. 新月藻属（*Closterium*） |  |  |  |  |  |  |  |  |  |  |  |  |  |
| 锐新月藻（*C. acerosum*） | + |  |  | + | + |  |  |  |  | + |  | + |  |
| 项圈新月藻（*C. moniliforum*） | + |  |  | + | + |  |  |  | + |  |  | + |  |
| 库津新月藻（*C. kuetzingii*） | + |  |  |  | + |  |  |  |  | + |  |  |  |
| 反曲新月藻（*C. sigmoideum*） | + |  |  |  | + |  |  |  |  |  |  |  |  |
| 美丽新月藻（*C. venus*） |  | + |  | + | + |  |  |  |  |  |  |  |  |
| 念珠新月藻（*C. moniliferum*） | + |  |  | + |  |  |  |  |  |  | + |  | + |
| 小新月藻（*C. parvulum*） | + |  |  | + | + |  |  |  |  |  |  |  |  |
| 披针新月藻（*C. lanceolatum*） | + |  |  |  | + |  |  |  |  |  |  | + |  |
| 细新月藻（*C. macilentum*） | + |  |  |  | + |  |  |  |  |  |  | + | + |
| 53. 柱形鼓藻属（*Penium*） |  |  |  |  |  |  |  |  |  |  |  |  |  |
| 纺锤柱形鼓藻（*P. libellula*） | + |  |  | + | + |  |  |  |  | + |  |  | + |
| 珍珠柱形鼓藻（*P. margaritaceum*） | + |  |  | + |  |  |  |  |  |  |  |  |  |
| 54. 凹顶鼓藻属（*Euastrum*） |  |  |  |  |  |  |  |  |  |  |  |  |  |
| 岛凹顶鼓藻（*E. insulare*） | + |  |  |  | + |  |  |  |  |  |  |  | + |
| 小刺凹顶鼓藻（*E. spinulosum*） | + |  |  |  | + | + |  |  |  |  |  |  |  |
| 弯曲凹顶鼓藻（*E. sinuosum*） | + |  |  |  |  | + |  |  |  |  |  | + |  |
| 凹顶鼓藻（*E. ansatum*） | + |  |  | + |  |  |  |  |  |  |  |  |  |
| 分歧凹顶鼓藻（*E. divergens*） | + |  |  | + |  |  |  |  |  |  |  | + | + |
| 55. 角星鼓藻属（*Staurastrum*） |  |  |  |  |  |  |  |  |  |  |  |  |  |
| 四角角星鼓藻（*S. tetracerum*） | + |  |  |  | + |  |  |  |  |  |  | + | + |
| 伪四角角星鼓藻（*S. pseudotetracerum*） | + |  |  |  | + |  |  |  |  |  |  | + |  |
| 奇异角星鼓藻（*S. Paradoxum*） | + |  |  |  |  |  |  |  |  |  |  | + |  |
| 具齿角星鼓藻（*S. indentatum*） | •+ |  |  |  | + |  |  |  |  |  |  |  | + |
| 弯曲角星鼓藻（*S. inflexum*） | + |  |  |  |  |  |  |  |  |  |  |  |  |
| 广西角星鼓藻（*S. kwangsiense*） | + |  |  |  |  |  |  |  |  |  |  |  |  |
| 纤细角星鼓藻（*S. gracile*） | + |  |  |  |  |  |  |  |  |  |  |  |  |
| 钝齿角星鼓藻（*S. crenulatum*） | + |  |  |  |  | + |  |  |  |  |  |  |  |
| 56. 鼓藻属（*Cosmarium*） |  |  |  |  |  |  |  |  |  |  |  |  |  |
| 广西鼓藻（*C. kwangsiense*） | + |  |  |  | + | + |  |  |  |  |  |  | + |
| 四眼鼓藻（*C. tetraophthalmum*） | + | + |  |  | + |  |  |  | + |  |  |  | + |
| 圆孔鼓藻（*C. maculatum*） | + | + |  | + | + |  |  |  |  |  |  |  |  |
| 钝鼓藻（*C. obtusatum*） | + |  |  | + | + |  |  |  |  |  |  |  |  |
| 异粒鼓藻（*C. Anisochondrum*） | + |  |  |  | + |  |  |  |  |  |  |  |  |
| 梅尼鼓藻（*C. meneghinii*） | + |  |  |  |  |  |  |  | + |  |  | + |  |
| 厚皮鼓藻（*C. Pachyderonum*） | + |  | + |  | + |  |  |  |  |  |  | + |  |
| 布莱鼓藻（*C. blytii*） | + |  |  |  | + |  |  |  |  |  |  | + | + |
| 光滑鼓藻（*C. leave*） | + |  |  |  | + |  |  |  |  |  |  | + |  |
| 方鼓藻（*C. qudrum*） | + |  |  |  |  |  |  | + |  |  | + |  |  |

续表

| 门、科、属、种 | 黛湖 | 白云水池 | 缙云寺 | 雷家院子 | 大茶沟水库 | 板子沟 1 | 板子沟 2 | 泡沫沟 | 黄焰沟 1 | 黄焰沟 2 | 铁厂沟 1 | 铁厂沟 2 | 甘家桥水库 |
|---|---|---|---|---|---|---|---|---|---|---|---|---|---|
| 特平鼓藻（*C. turpinii*） | + | | | | + | | | | + | | | | |
| 三叶鼓藻（*C. trilobulatum*） | + | | | | | | | | | | | | + |
| 美丽鼓藻（*C. formosulum*） | + | | | | | + | | | + | | | | |
| 57. 四棘鼓藻属（*Arthrodesmas*） | | | | | | | | | | | | | |
| 内曲四棘鼓藻（*Arthrodesmas incus*） | + | | | | + | | | | | | | | |
| 58. 螺带鼓藻属（*Spirotaenia*） | | | | | | | | | | | | | |
| 螺带鼓藻（*Spirotaenia cardensata*） | + | | | | | | | | | | | + | |
| **二十七、鞘藻科（Oedogoniaceae）** | | | | | | | | | | | | | |
| 59. 鞘藻属（*Oedogonium*） | | | | | | | | | | | | | |
| 中型鞘藻（*O. intermedium*） | + | | + | | | + | + | + | + | + | + | + | |
| 普林鞘藻（*O. pringsheimii*） | + | | + | + | + | + | | + | + | + | + | + | + |
| **二十八、刚毛藻科（Cladophoraceae）** | | | | | | | | | | | | | |
| 60. 刚毛藻属（*Cladophora*） | | | | | | | | | | | | | |
| 脆弱刚毛藻（*C. fracta*） | + | | + | + | + | + | + | | + | + | + | + | + |
| 皱刚毛藻（*C. crispate*） | | | + | | + | | + | + | | + | | + | |
| 寡枝刚毛藻（*C. oligoclona*） | + | + | | | | | + | + | + | + | + | + | + |

注：+表示物种在该采样点有分布。

# 附表 2　重庆缙云山国家级自然保护区大型真菌名录

注：本名录采用《Dictionary of the Fungi》（第十版）的分类系统，部分系统地位未划定种类根据传统的分类习惯作了少许修正。

**1 子囊菌门 Ascomycota**

保护区已知有 8 科 11 属 16 种。

煤炱科 Capnodiaceae

海绵胶煤炱菌 *Scorias spongiosa*（Schwein.）Fr.

胶陀螺科 Bulgariaceae

胶陀螺 *Bulgaria inguinans*（Pers.）Fr.

虫草科 Cordycipitaceae

辛克莱虫草 *Cordyceps sinclairii* Kobayasi

日本棒束孢 *Isaria japonica* Yusuda

炭角菌科 Xylariaceae

黑轮层炭壳 *Daldinia concentrica*（Bolt.）Ces. et De Not.

亚炭角菌 *Xylaria aemulans* Starb.

大炭角菌 *Xylaria euglossa* Fr.

地棒炭角菌 *Xylaria kedahae* Lloyd

总状炭角菌 *Xylaria pedunculata* Fr.

笔状炭角菌 *Xylaria sanchezii* Lloyd

马鞍菌科 Helvellaceae

碟形马鞍菌 *Helvella acetabulum*（L.）Quél.

羊肚菌科 Morchellaceae

肋脉羊肚菌 *Morchella costata*（Vent.）Pers.

盘菌科 Pezizaceae

茎盘菌 *Peziza ampliata* Pers.

茶褐盘菌 *Peziza praetervisa* Bers.

火丝菌科 Pyronemataceae

粪缘刺盘菌 *Cheilymenia coprinaria*（Cooke）Boud.

碗状疣杯菌 *Tarzetta catinus*（Holmsk.）Korf & J.K. Rogers

**2 担子菌门 Basidiomycota**

保护区已知有 43 科 98 属 168 种。

伞菌科 Agaricaceae

假环柄蘑菇 *Agaricus lepiotiformis* Yu Li

林地蘑菇 *Agaricus silvaticus* Schaeff.

白林地蘑菇 *Agaricus silvicola*（Vittad.）Peck

头状秃马勃 *Calvatia craniiformis*（Schw.）Fr.

袋形马勃 *Calvatia excipuliformis*（Pers.）Perclek.

墨汁鬼伞 *Coprinopsis atramentaria*（Bull.）Redhead et al.

小射纹鬼伞 *Coprinus patouillardi* Quél.

乳白蛋巢菌 *Crucibulum laeve*（bull.ex Dc.）Kambl.

粪生黑蛋巢菌 *Cyathus stercoreus*（Schwein.）De Toni

美丽环柄菇 *Lepiota epicharis*（B.et Br.）Sacc.

纯黄白鬼伞 *Leucocoprinus birnbaumii*（Corda）Sing.

易碎白鬼伞 *Leucocoprinus fragilissimus*（Sowerby）Pat.

长刺马勃 *Lycoperdon echinatum* Pers.

网纹马勃 *Lycoperdon perlatum* Pers.

小马勃 *Lycoperdon pusillum* Batsch

高大环柄菇 *Macrolepiota procera*（Scop.：Fr.）Sing.

无环斑褶菇 *Anellaria sepulchralis*（Berk.）Sing.

鹅膏菌科 Amanitaceae

窄褶鹅膏 *Amanita angustilamelleta* Hohn.

毛柄白毒伞 *Amanita berkeleyi*（Hook.：Fr.）Bas

橙黄鹅膏灰色变种 *Amanita citrina* var. *grisea*（Hongo）Hongo

块鳞鹅膏菌 *Amanita excelsa*（Fr.）Quél.

浅褐鹅膏菌 *Amanita francheti*（Boud.）Fayod.

格纹鹅膏 *Amanita fritillaria*（Berk.）Sacc.

灰花纹鹅膏 *Amanita fuliginea* Hongo

短棱鹅膏 *Amanita imazekii* T. Oda

异味鹅膏 *Amanita kotohiraensis* Nagas. & Mitani

隐花青鹅膏菌 *Amanita manginiana sensu* W.F. Chiu

豹斑毒鹅膏菌 *Amanita pantherina*（DC.：Fr.）Schrmm.

假褐云斑鹅膏 *Amanita pseudoporphyria* Hongo

暗鳞隐丝鹅膏 *Amanita pilosella* Corner et Bas

土红粉盖鹅膏 *Amanita ruforerruginea* Hongo

残托鹅膏有环变型 *Amanita sychnopyramis* f. *subannulata* Hongo

灰鹅膏 *Amanita vaginata*（Bull.：Fr.）Vitt.

灰鹅膏白色变种 *Amanita vaginata* var. *alba*（De Seynes）Gillet

锥鳞白鹅膏 *Amanita virgineoides* Bas

白鳞粗柄鹅膏菌 *Amanita vittadinii*（Moret.）Vitt.

球柄菌科 Bolbitiaceae

阿帕锥盖伞 *Conocybe apala*（Fr.）Arnolds

红鳞花边伞 *Hypholoma cinnabarinum* Teng

珊瑚菌科 Clavariaceae

紫珊瑚菌 *Clavaria purpurea* Muell.：Fr.

囊韧革菌科 Cystostereaceae

方孢粉褶菌 *Rhodophyllus murraii*（Berk. & Curt.）Sing.

轴腹菌科 Hydnangiaceae

红蜡蘑 *Laccaria laccata*（Scop.）Cooke

蜡伞科 Hygrophoraceae

变黑蜡伞 *Hygrophorus conicus*（Fr.）Fr.

象牙白蜡伞 *Hygrophorus eburnesus*（Bull.）Fr.

条缘橙湿伞 *Hygrocybe reai*（Mraire.）J.Lange

丝盖菇科 Inocybaceae

粘锈耳 *Crepidotas mollis*（Schaeff.：Fr.）Gray

茶褐丝盖伞 *Inocybe umbrinella* Bres.

离褶伞科 Lyophyllaceae

白柄蚁巢伞 *Termitomyces albiceps* He

粗柄白蚁伞 *Termitomyces robustus*（Beeli.）Heim

小皮伞科 Marasmiaceae

脉褶菌 *Campanella junghuhnii*（Mont.）Singer.

白皮微皮伞 *Marasmiellus albus-corticis*（Secr.）Singer

黑柄微皮伞 *Marasmiellus nigripes*（Schw.）Sing.

安络小皮伞 *Marasmius androsaceus*（L.）Fr.

乳白黄小皮伞 *Marasmius bekolacongoli* Beel.

禾小皮伞 *Marasmius graminum*（Lib.）Berk.

褐红小皮伞 *Marasmius pulcherripes* Peck

贝科拉小皮伞 *Marasmius bekolacongoli* Beeli

干小皮伞 *Marasmius siccus*（Schwein.）Fr.

小伞科 Mycenaceae

浅灰色小菇 *Mycena leptocephala*（Pers.）Gillet

鳞皮扇菇 *Panellus stipticus*（Bull.）P. Karst.

侧耳科 Pleurotaceae
勺状亚侧耳 *Hohenbuehelia petaloides*（Bull.：Fr.）Schulz.
糙皮侧耳 *Pleurotus ostreatus*（Jacq.）Quél.
白黄侧耳 *Pleurotus cornucopiae*（Paulet）Rolland
长柄侧耳 *Pleurotus spodoleucus* Fr.
膨瑚菌科 Physalacriaceae
蜜环菌 *Armillariella mellea*（Vahl）P. Kumm.
毛柄金钱菌 *Flammulina velutipes*（Curtis）Singer
绒奥德蘑 *Oudemansiella pudens*（Pers.：Fr.）Sing.
鳞柄小奥德蘑 *Oudemansiella furfuracea*（Peck）Zhu L. Yang et al.
脆柄菇科 Psathyrellaceae
假小鬼伞 *Coprinellus disseminatus*（Pers.）J.E.Lange
晶粒小鬼伞 *Coprinellus micaceus*（Bull.）Fr.
辐毛小鬼伞 *Coprinellus radians*（Desm.）Fr.
白绒拟鬼伞 *Coprinopsis lagopus*（Fr.）Redhead et al.
绒毛鬼伞 *Lacrymaria velutina*（Persoon：Fries）Singer
黄白小脆柄菇 *Psathyrella candolleana*（Fr.）G. Rertrand
细丽脆柄菇 *Psathyrella gracilis*（Fr.）Quél.
裂褶菌科 Schizophyllaceae
裂褶菌 *Schizophyllum commne* Fr.
球盖菇科 Strophariaceae
绿褐裸伞 *Gymnopilus aeruginosus*（Peck）Sing.
土黄韧伞 *Naematoloma gracile* Hongo
簇生垂幕菇 *Hypholoma fasciculare*（Fr.）P. Kumm.
粪光盖伞 *Psilocybe merdaria*（Fr.）Ricken.
塔氏菌科 Tapinellaceae
黑毛小塔氏菌 *Tapinella atrotomentosa*（Batsch：Fr.）utara
口蘑科 Tricholomataceae
花脸香蘑 *Lepista sordida*（Schum.）Sing.
木耳科 Auriculariaceae
木耳 *Auricularia auricula-judae*（Bull.）Quél.
皱木耳 *Auricularia delicate*（Fr.）Henn.
毛木耳 *Auricularia polytricha*（Mont.）Sacc.
盾形木耳 *Auricularia peltata* Lloyd
黑胶耳 *Exidia glandulosa*（Bull.）Fr.
胶耳科 Exidiaceae
焰耳 *Phlogiotis helvelloides*（DC.）Martin
胶质刺银耳 *Pseudohydnum gelatinosum*（Scop.）P.Karst.
牛肝菌科 Boletaceae
细柄南方牛肝菌 *Austroboletus gracilis*（Peck）Wolfe
风梨条孢牛肝菌 *Boletellus ananas*（Curt.）Murr.
黑牛肝菌 *Boletus nigricans* M. Zang
皱盖疣柄牛肝菌 *Leccinum rugosicepes*（PecK）Sing.
褶孔牛肝菌 *Phylloporus rhodoxanthus*（Schw.）Bres
变青褶孔牛肝菌 *Phylloporus rhodoxanthus* subsp. *foliiporus*（Murrill）Singer
混淆松塔牛肝菌 *Strobilomyces confusus* Sing.
松塔牛肝菌 *Strobilomyces strobilaceus*（Scop.）Berk.
灰紫粉孢牛肝菌 *Tylopilus plumbeoviolaceus*（Snell.）Sing.
垂边粉孢牛肝菌 *Tylopilus velatus*（Rostr.）Tai
砖红绒盖牛肝菌 *Xerocomus spadiceus*（Fr.）Quél.
亚绒盖牛肝菌 *Xerocomus subtomentosus*（L.）Quél.
桩菇科 Paxillaceae
毛柄网褶菌 *Paxillus atrotometosus*（Batsch）Fr.

硬皮马勃科 Sclerodermataceae

马勃状硬皮马勃 *Scleroderma areolatum* Ehrenb.

橙黄硬皮马勃 *Scleroderma citrinum* Pers.

蛇革菌科 Serpulaceae

伏果干腐菌 *Serpula lacrymans*（Wulfen）J. Schrot.

乳牛肝菌科 Suillaceae

粘盖乳牛肝菌 *Suillus bovinus*（Pers.）Roussel

点柄乳牛肝菌 *Suillus granulatus*（L.）Roussel

鸡油菌科 Cantharellaceae

小鸡油菌 *Cantharellus minor* Peck

伏革菌科 Corticiaceae

硫磺伏革菌 *Corticium bicolor* Peck

花耳科 Dacrymycetaceae

胶角耳 *Calocera cornea*（Batsch）Fr.

粘胶角 *Calocera viscosa*（Pers.）Fr.

掌状花耳 *Dacrymyces palmatus*（Schwein.）Burt

桂花耳 *Guepinia spathularia*（Schw.）Fr.

地星科 Geastraceae

小地星 *Geastrum minus*（Pers.）Fisch.

木生地星 *Geastrum mirabile*（Mont.）Fisch.

钉菇科 Gomphaceae

密枝瑚菌 *Ramaria stricta*（Pers.）Quél.

刺革菌科 Hymenochaetaceae

丝光铍孔菌 *Coltricia cinnamomea*（Jacq.：Fr.）Murr.

铍孔菌 *Coltricia perennis*（L.：Fr.）Murr.

环孔菌 *Cycloporus greenii*（Berk.）Murr.

红锈刺革菌 *Hymenochaete mougeotii*（Fr.）Cke.

贝状木层孔菌 *Phellinus conchatus*（Pers.：Fr.）Quél.

平滑木层孔菌 *Phellinus laevigatus*（Fr.）Bourdot & Galzin

鬼笔科 Phallaceae

阿切尔尾花菌 *Anthurus archeri*（Berk.）E.Fisch

白网球菌 *Ileodictyon gracile* Berk

短裙竹荪 *Dictyophora duplicata*（Bosc.）Fischer

棱柱散尾鬼笔 *Lysurus mokusin*（L.）Fr.

中华散尾鬼笔 *Lysurus mokusin* f. *sinensis*（Lloyd）Kobayasi

红鬼笔 *Phallus rubicundus*（Bosc）Fr.

耳匙菌科 Auriscalpiaceae

耳匙菌 *Auriscalpium vulgare* S. F. Gray

齿菌科 Hydnaceae

白齿菌 *Hydnum repandum* var. *albidum*（Quél.）Rea

红菇科 Russulaceae

松乳菇 *Lactarius deliciosus*（L.）Gary

白乳菇 *Lactarius piperatus*（L.）Pers.

黄斑绿菇 *Russula crustosa* Peck

毒红菇 *Russula emetica*（Schaeff.）Pers.

臭黄菇 *Russula foetens* Pers.：Fr.

土黄红菇 *Russula luteotacta* Rea

稀褶黑菇（黑红菇）*Russula nigricans*（Bull.）Fr.

紫红菇 *Russula punicea* Chiu

韧革菌科 Stereaceae

扁韧革菌 *Stereum ostrea*（Bl.et Nees）Fr.

金丝趋木革菌 *Xylobolus spectabilis*（Klotzsch）Boidin

银耳科 Tremellaceae

垫状银耳 *Tremella pulvinalis* Y. Kobayasi

黄银耳 *Tremella mesenterica* Retz.

拟层孔菌科 Fomitopsidaceae

硫磺菌 *Laetiporus sulphureus*（Bull.）Murrill

硫磺菌朱红色变种 *Laetiporus sulphureus* var. *miniatus*（Jungh.）Imaz.

紫褐黑孔菌 *Nigroporus vinosus*（Berk.）Murrill

鲜红密孔菌 *Pycnoporus cinnabarinus*（Jacq.：Fr.）Karst.

灵芝科 Ganodermataceae

南方树舌 *Ganoderma australe*（Fr.）Pat.

树舌灵芝 *Ganoderma applanatum*（Pers.）Pat.

有柄灵芝 *Ganoderma gibbosum*（Blume & T.Nees）Pat.

灵芝 *Ganoderma lucidum*（W. Curtis.：Fr.）P. Karst.

节毛菌科 Meripilaceae

环纹硬孔菌 *Rigidoporus zonalis*（Berk.）Imaz.

干朽菌科 Meruliaceae

亚黑管孔菌 *Bjerkandera fumosa*（Pers.：Fr.）Karst.

扁刺齿耳 *Steccherinum rawakense*（Pers.）Banker

浅色拟韧革菌 *Stereopsis diaphanum*（Schw.）Cke.

多孔菌科 Polyporaceae

一色齿毛菌 *Cerrena unicolor*（Bull.：Fr.）Murrill

毛蜂窝菌 *Hexagonia apiaria*（Pers.）Fr.

龟背蜂窝菌 *Hexagonia bipindiensis* P.Henn.

奇异脊革菌 *Lopharia mirabilis*（Berk. & Broome）Pat.

褐扇小孔菌 *Microporus vernicipes*（Berk.）Kuntze

杨生锐孔菌 *Oxyporus populinus*（Schumach.：Fr.）Donk

漏斗棱孔菌 *Polyporus arcularius* Batsch：Fr.

桑多孔菌 *Polyporus mori*（Pollini.：Fr.）Fr.

宽鳞大孔菌 *Polyporus squamosus*（Huds.：Fr.）Fr.

硬毛粗毛盖孔菌 *Trametes trogii*（Berk.）Bond. et Sing.

云芝栓孔菌 *Trametes versicolor*（L.：Fr.）Pilát

冷杉附毛孔菌 *Trichaptum abietinum*（Dicks.：Fr.）Ryv.

褐紫附毛菌 *Trichaptum fuscoviolaceum*（Fr.）Ryv.

蹄形干酪菌 *Tyromyces lacteus*（Fr.）Murr.

革菌科 Thelephoraceae

帚状黄革菌 *Thelephora amboinensis* Lév.

# 附表3　重庆缙云山国家级自然保护区苔藓植物名录

1、“*”标示的物种来自调查的文本资料，swctu20120xx表示采集号。

2、以外的资料中有曲柄藓 *Campylopus scoparium* Hedw.，扭口藓 *Barbula uneguielata* Hedw.，短月藓 *Brachymenium muricola* Broth，川东碎米藓 *F.schmidii* C.Mul!.，黄羽藓 *T.pycnothouum* Hedw.，东亚绢藓 *Entodon okamurae* Broth.，长胞同叶藓 *I.fauriei* Card. 7个种类，但在中国苔藓志相关属及现有中文参考文献中未查找到类似名称，因此未在本名录中列出。

3、花萼苔 *A.lindbergina*（Cordo.）Lindb.等在中国苔藓志及属志中无记载；川角苔 *A.szechuenensis* Chen 在《中国苔纲和角苔纲植物属志》中记录为裸名。

4、采集号为1110139、1111079等的种类为疑难种类，没有鉴定。

**藓类**（参照《中国苔藓志》（第1–8卷）排列）

**1 泥炭藓科 Sphagnaceae**

1. 泥炭藓属 *Sphagnum*

1 泥炭藓 *S. palustre* L. swctu2012001 swctu2012002

2 中位泥炭藓 *S. magellanicum* Brid. *

3 暖地泥炭藓 *S. junghuhnianum* Doz.et Molk. *

**2 牛毛藓科 Ditrichaceae**

2. 牛毛藓属 *Ditrichum*

4 牛毛藓 *D. heteromallu*（Hedw.）Britt. swctu2012027

5 黄牛毛藓 *D. pallidum*（Hedw.）Hamp. swctu2012028 swctu2012184

**3 曲尾藓科 Dicranaceae**

3. 长蒴藓属 *Trematodon*

6 长蒴藓 *T. longicollis* Michx. swctu2012031

4. 小曲尾藓属 *Dicranella*

7 细叶小曲尾藓 *D. micro-divariata*（C.Muell.）Par. swctu2012029

8 变形小曲尾藓 *D. varia*（Hedw.）Scimp. swctu2012030

9 多形小曲尾藓 *D. heteromalla*（Hedw.）Schimp. swctu2012182

5. 曲柄藓属 *Campylopus*

10 拟纤枝曲柄藓 *C. gracilentus* Card.var.*gracilentus* swctu2012032

11 车氏曲柄藓 *C. zollingeranus*（C.Muell.）Bosch et Lac. swctu2012033

12 高山曲柄藓 *C. alpigena* Broth.var.*alpigena* swctu2012034

13 黄曲柄藓 *C. aureus* Bosch et Lac. swctu2012035

14 尾尖曲柄藓 *C. caudatus*（C.Muell.）Mont. swctu2012036

15 毛叶曲柄藓 *C. ericoides*（Griff.）Jaeg. swctu2012037

16 曲柄藓 *C. flexosus*（Hedw.）Brid. swctu2012038

17 脆枝曲柄藓 *C. fragilis*（Brid.）B.S.G.var.*fragilis* swuct2012039

18 长尖曲柄藓 *C. setifolius* Wils. swctu2012040

19 节茎曲柄藓 *C. umbellatus*（Arnoth.）Par. swctu2012041 swctu2012042

6. 青毛藓属 *Dicranodontium*

20 全缘青毛藓 *D. subintegrifolium* Broth. swctu2012044

7. 拟白发藓属 *Paraleucobryum*

21 拟白发藓 *P. enerve*（Ther.）Loesk. *

8. 白氏藓属 *Brothera*

22 喜马拉雅白氏藓 *B. himalayana* Broth.*

9. 卷毛藓属 *Dicranoweisia*

23 细叶卷毛藓 *D. cirrata*（Hedw.）Lindb. swctu2012043

10. 合睫藓属 *Symblepharis*

24 合睫藓 *S. vaginata*（Hook.）Wijk et Marg. swctu2012045

**4 白发藓科 Leucobryaceae**

11. 白发藓属 *Leucobryum*

25 桧叶白发藓 *L. juniperoideum*（Brid.）C. Müll. swctu2012046 swctu2012047 swctu2012048 swctu2012049

26 狭叶白发藓 *L. bowringii* Mitt. swctu2012050

27 疣叶白发藓 *L. scabrum* Lac. swctu2012051 swctu2012052

28 白发藓 *L. glaucum*（Hedw.）Aongstr. swctu2012213

**5 凤尾藓科 Fissidentaceae**

12. 凤尾藓属 *Fissidens*

29 小凤尾藓 *F. bryoides* Hedw.var.*bryoides* swctu2012053

小凤尾藓侧蒴变种 *F. vryoides* var.*lateralis*（Broth.）Iwats.and Suzuk. swctu2012054

30 拟小凤尾藓 *F. tosaensis* Broth. swctu2012055

31 多形凤尾藓 *F. diversifolius* Mitt. swctu2012056

32 暗色凤尾藓 *F. obscueiete* Broth.and Par. swctu2012057

33 网孔凤尾藓 *F. areolatus* Griff. swctu2012058

34 羽叶凤尾藓 *F. plagiochloides* Besch. swctu2012059

35 鳞叶凤尾藓 *F. taxifolius* Hedw. swctu2012060

36 南京凤尾藓 *F. adelphinus* Besch. swctu2012061

37 大凤尾藓 *F. nobilis* Griff. swctu2012062

38 卷叶凤尾藓 *F. cristatus* Mils ex Mitt. swctu2012063

**6 花叶藓科 Calymperaceae**

13. 网藓属 *Syrrhopodon*

39 日本网藓 *S. japonicus*（Besch.）Broth. swctu2012064

**7 丛藓科 Pottiaceae**

14. 丛本藓属 *Anoectangium*

40 丛本藓 *A. aestivum*（Hedw.）Mitt. *

41 扭叶丛本藓 *A. stracheyanum* Mitt. *

15. 净口藓属 *Gymnostomum*

42 铜绿净口藓 *G. rupestre* Par. *

43 净口藓 *G. calcareum Nees.*et Hornsch. *

16. 陈氏藓属 *Chenia*

44 *C.subobliqua*（Williams）Zand. swctu2012065

17. 圆口藓属 *Gyroweisia*

45 短茎圆口藓 *G. brevicaulis*（C.Muell.）Broth. swctu2012066

18. 纽藓属 *Tortella*

46 纽藓 *T. humilis*（Hedw.）Jenn. swctu2012067

19. 小石藓属 *Weisia*

47 小石藓 *W. controversa* Hedw.var.*controversa* swctu2012068

48 东亚小石藓 *W. exserta*（Broth.）Chen swctu2012069

49 小口小石藓 *W. microstoma*（Hedw.）C.Muell. swctu2012070

50 拟阔叶小石藓 *W. platyphylloides* Card. swctu2012071

51 短叶小石藓 *W. semipallida* C.Muell. swctu2012072

20. 毛口藓属 *Trichostomum*

52 皱叶毛口藓 *T. crispulum* Bruch swctu2012073

21. 反纽藓属 *Timmiella*

53 反纽藓 *T. anomala*（B.S.G.）Limpr. swctu2012074

54 小反纽藓 *T. diminuta*（C.Muell.）Chen swctu2012075

22. 湿地藓属 *Hyophila*

55 芽胞湿地藓 *H. propagulifera* Broth. swctu2012076

56 匙叶湿地藓 *H. spathulata*（Harv.）Jaeg. swctu2012077

23. 扭口藓属 *Barbula*

57 尖叶扭口藓 *B. constricta* Mitt.var.*constricta* swctu2012078

58 北地扭口藓 *B. fallax* Hedw. swctu2012079

59 黑扭口藓 *B. nigrescens* Mitt. swctu2012080

60 短叶扭口藓 *B. tectorum* C.Muell. swctu2012081

61 云南扭口藓 *B. tenii* Herz. swctu2012082

62 土生扭口藓 *B. vinealis* Brid. swctu2012083

24. 扭毛藓属 *Streblotrichum*

63 钝叶扭毛藓 *S. obtusifolium*（Hilp.）Chen 陈邦杰 674（PE）

25. 石灰藓属 *Hydrogonium*

64 狄氏石灰藓 *H. consanguineum*（Thwait.et Mitt.）Hilp. swctu2012013

65 拟石灰藓 *H. pseudo-ehrenbergii*（Fleisch.）Chen swctu2012012

26. 丛藓属 *Pottia*

66 丛藓 *P. truncate*（Hedw.）B.S.G. swctu2012034

27. 墙藓属 *Tortula*

67 泛生墙藓 *T. muralis* Hedw. *

**8 紫萼藓科 Grimmiaceae**

28. 紫萼藓属 *Grimmia*

68 卵叶紫萼藓 *G. ovalis*（Hedw.）Lindb.*

**9 葫芦藓科 Funariaceae**

29. 立碗藓属 *Physcomitrium*

69 红蒴立碗藓 *P. eruystomum* Sendtn. swctu2012085

70 黄边立碗藓 *P. limbatulum* Broth.et Par.*

71 梨蒴立碗藓 *P. pyriforme*（Hedw.）Hamp. swctu2012086

72 立碗藓 *P. sphaericum*（Ludw.）Fuernr. swctu2012087

30. 葫芦藓属 *Funaria*

73 葫芦藓 *F. hygrometica* Hedw. swctu2012088

**10 真藓科 Bryaceae**

31. 丝瓜藓属 *Pohlia*

74 天命丝瓜藓 *P. annotina*（Hedw.）Lindb. swctu2012089

75 泛生丝瓜藓 *P. cruda*（Hedw.）Lindb. *

76 疣齿丝瓜藓 *Pohlia flexuosa* Hook. swctu2012090

77 疏叶丝瓜藓 *P. macrocara* Zhang swctu2012091

78 卵蒴丝瓜藓 *P. proligera*（Kindb.）Lindb.ex Arn. swctu2012092

32. 短月藓属 *Brachymenium*

79 纤枝短月藓 *B. exile*（Doz.et Molk.）Bosch et Lac. swctu2012093 swctu2012094

80 砂生短月藓 *B. muricola* Broth. swctu2012095

33. 真藓属 *Bryum*

81 毛状真藓 *B. apiculatum* Schwaegr. swctu2012096

82 真藓 *B. argenteum* Hedw. swctu2012097

83 瘤根真藓 *B. bornolmense* Winkelm. swctu2012098

84 丛生真藓 *B. caespitticum* Hedw.*

85 细叶真藓 *B. capillare* Hedw. swctu2012099 swctu2012100

86 狭网真藓 *B. algovicum* Sendt. swctu2012101

87 宽叶真藓 *B. funkii* Schwaegtr.swctu2012102

88 纤茎真藓 *B. leptocaulon* Card. swctu2012103

89 卷尖真藓 *B. neodamense* Itzigs.ex C.Muell.var.*neodamense* swctu2012104

90 拟双色真藓 *B. pachytheca* C.Muell. swctu2012105

91 弯叶真藓 *B. recurvulum* Mitt.var.*recurvulum* swctu2012106

92 橙色真藓 *B. rutilans* Brid. swctu2012107

93 拟大叶真藓 *B. salakense* Card. swctu2012108 swctu2012109

94 沙氏真藓 *B. sauteri* B.S.G. swctu2012110

34. 大叶藓属 *Rhodobryum*

95 暖地大叶藓 *T. giganteum*（Schwaegr.）Par.*

**11 提灯藓科 Mniaceae**

35. 提灯藓属 *Mnium*

96 具缘提灯藓 *M. marginatum*（With.）P.Beauv. swctu2012111

36. 匍灯藓属 *Plagiomnium*

97 匐灯藓 *P. cuspidatum*（Hedw）.T.Kop. swctu2012112

98 阔边匐灯藓 *P. ellipticum*（Brid.）T.Kop. swctu2012113

99 全缘匐灯藓 *P. integrum*（Bosch.et Sande Lac.）T.Kop. swctu2012114

100 侧枝匐灯藓 *P. maximoviczii*（Lindb.）T.Kop. swctu2012115

101 钝叶匐灯藓 *P. rostratum*（Schrad.）T.Kop. swctu2012116

37. 疣灯藓属 *Trachycystis*

102 疣灯藓 *T. microphylla*（Doz.et Molk.）Lindb. swctu2012003

**12 珠藓科 Bartramiaceae**

38. 珠藓属 *Bartramia*

103 直叶珠藓 *B. ithyphylla* Brid.*

39. 泽藓属 *Philonotis*

104 毛尖泽藓 *P. capilliformis* Lou et Wu swctu2012117

105 东亚泽藓 *P. turneriana*（Schwaegr.）Mitt. swctu2012118

**13 高领藓科 Glyphomitriaceae**

40. 高领藓属 *Glyphomitrium*

106 暖地高领藓 *G. calycinum*（Mitt.）Card. 陈邦杰 5062

**14 木灵藓科 Orthotrichaceae**

41. 木灵藓属 *Orthotrichum*

107 丛生木灵藓 *O. consobrium* Crid.*

108 红叶木灵藓 *O. erubescens* C.Müll. 陈邦杰（PE）

42. 火藓属 *Schlotheimia*

109 南亚火藓 *S. grevilleana* Mitt. 陈邦杰 5098（PE）

43. 直叶藓属 *Macrocoma*

110 细枝直叶藓 *M. sullivantii*（C. Müll.）Grout 陈邦杰 6006（PE）

**15 卷柏藓科 Racopilaceae**

44. 卷柏藓属 *Racopilum*

111 毛尖卷柏藓 *R. aristatum* Mitt swctu2012119

**16 虎尾藓科 Hedwigiaceae**

45. 虎尾藓属 *Hedwigia*

112 虎尾藓 *H. ciliata*（Hedw.）Ehrh.exBeauv. *陈邦杰 216.5057-2（PE）

**17 白齿藓科 Leucodontaceae**

46. 白齿藓属 *Leucodon*

113 偏叶白齿藓 *L. secundus*（Harv）.Mitt.*

**18 扭叶藓科 Trachypodaceae**

47. 扭叶藓属 *Trachypus*

114 扭叶藓 *T. bicolor* Reinw.et Hornsch.*

**19 蕨藓科 Pterobryaceae**

48. 小蔓藓属 *Meteoriella*

115 小蔓藓 *M. solute*（Mitt.）Okam.*

**20 蔓藓科 Meteoriaceae**

49. 蔓藓属 *Meteorium*

116 蔓藓 *M. polytrichum* Dozy et Molk.*

**21 平藓科 Neckeraceae**

50. 树平藓属 *Homaliodendron*

117 刀叶树平藓 *H. scalpellifolium*（Mitt.）Fleisch.*

118 西南树平藓 *H. montagneanum*（C.Mull.）Fleisch.*

**22 孔雀藓科 Hypopterjygiaceae**

51. 雉尾藓属 *Cyathophorella*

119 短肋雉尾藓 *C. densifolia* Horik.*

**23 鳞藓科 Theliaceae**

52. 粗疣藓属 *Fauriella*

120 小粗疣藓 *F. tenerrima* Broth. Swctu2012120

**24 碎米藓科 Fabroniaceae**

53. 碎米藓属 *Fabronia*

121 东亚碎米藓 *F. matsumurae* Besch.*

54. 附干藓属 *Schwetschkea*

122 东亚附干藓 *S. matsumurae* Besch. 曹同，李乾 41384（IFP）

**25 薄罗藓科 Leskeaceae**

55. 拟草藓属 *Pseudoleskeopsis*

123 尖叶拟草藓 *P. tosana* Card. swctu2012121

**26 羽藓科 Thuidiaceae**

56. 麻羽藓属 *Claopodium*

124 狭叶麻羽藓 *C. aciculum*（Broth.）Broth. swctu2012122

57. 小羽藓属 *Haplocladium*

125 狭叶小羽藓 *H. angustifolium*（Hampe et C.Muell.）Broth. swctu2012123

126 细叶小羽藓 *H. microphyllum*（Hedw.）Broth. swctu2012124

127 卵叶小羽藓 *H. discolor*（Par.et Broth.）Broth. swctu2012125

58. 细羽藓属 *Cyrto-hypum*

128 密毛细羽藓 *C. gratum*（P.Beauv.）Buck et Crum swctu2012126

59. 羽藓属 *Thuidium*

129 灰羽藓 *T. ristocalyx*（C.Muell.）Jaeg. swctu2012127

130 拟灰羽藓 *T. glaucinoides* Broth. swctu2012128

131 亚灰羽藓 *T. subglaucinum* Card. swctu2012129

132 大羽藓 *T. cymbifolium*（Dozy et Molk.）Dozy et Molk. swctu2012130

133 短肋羽藓 *T. kanedae* Sak. swctu2012131

**27 柳叶藓科 Amblystegiaceae**

60. 水灰藓属 *Hygrohypnum*

134 扭叶水灰藓 *H. eugyrium*（B.S.G.）Broth.*

**28 青藓科 Brachytheciaceae**

61. 青藓属 *Brachythecium*

135 多褶青藓 *B. buchananii*（Hook.）Jaeg. *

136 斜枝青藓 *B. campylothallum* C.Muell. swctu2012132

137 尖叶青藓 *B. coreanum* Card. swctu2012133

138 多枝青藓 *B. fasciculirameum* C.Muell. swctu2012134 swctu2012135

139 灰青藓 *B. glauculum* C.Muell. swctu2012136

140 悬垂青藓 *B. pendulum* Takaki swctu2012137

141 羽枝青藓 *B. plumosum*（Hedw.）B.S.G. swctu20112138

142 长叶青藓 *B. rotaeanum* De Not. swctu2012139

143 圆枝青藓 *B. garoraglioides* C.Muell. swctu2012140

144 青藓 *B. pulchellum* Broth. swctu2012141

145 弯叶青藓 *B. reflexum*（Stark）B.S.G. swctu2012142

146 卵叶青藓 *B. rutabulum*（Hedw.）B.S.G. swctu2012143 swctu2012144

147 羽状青藓 *B. propinnatum* Redf. swctu2012145

148 长肋青藓 *B. populeum*（Hedw.）B.S.G. swctu2012146

62. 毛尖藓属 *Cirriphyllum*

149 匙叶毛尖藓 *C. cirrosum*（Schwaegr.）Grout *

63. 美喙藓属 *Eurhynchium*

150 疏网美喙藓 *E. laxirete* Broth. swctu2012147

151 羽枝美喙藓 *E. longirameum*（C.Muell.）Y.F.Wang swctu2012148

152 密叶美喙藓 *E. savatieri* Schimp.ex Besch. Swctu2012149

**29 绢藓科 Entodontaceae**

64. 赤齿藓属 *Erythrodontium*

153 穗枝赤齿藓 *E. julaceum*（Schwaegr.）Par. Swctu2012150

65. 绢藓属 *Entodon*

154 绿叶绢藓 *E. viridulus* Card. swctu2012151

155 中华绢藓 *E. smaragdinus* Par.et Broth. swctu2012152

156 细绢藓 *E. giraldii* C.Muell. swctu2012153

157 绢藓 *E. cladorrhizans*（Hedw.）C.Muell. swctu2012154

158 深绿绢藓 *E. luridus*（Griffth.）Jaeg. swctu2012155

159 密叶绢藓 *E. compressus* C.Muell var.*compressus* swctu2012156

**30 棉藓科 Plagiotheciaceae**

66. 棉藓属 *Plagiothecium*

160 直叶棉藓 *P. euryphyllum*（Card.et Thér.）Iwats.var.*eruyphyllum* swctu2012157 swctu2012158

161 扁平棉藓 *P. neckeroideum* B.S.G.*

162 弯叶棉藓 *P. curvifolium* Schlieph.ex Limpr. *

163 垂蒴棉藓 *P. nemorale*（Mitt.）Jaeg. swctu2012159

**31 锦藓科 Senatophyllaceae**

67. 刺枝藓属 *Wijkia*

164 弯叶刺枝藓 *W. deflexifolia*（Ren.et Card.）Crum swctu2012160

165 角状刺枝藓 *W. hornschuchii*（Dozy et Molk.）Crum swctu2012161

68. 小锦藓属 *Brotherella*

166 垂蒴小锦藓 *B. nictans*（Mitt.）Broth. swctu2012162

167 南方小锦藓 *B. henonii*（Duby）Fleisch. swctu2012163

168 东亚小锦藓 *B. fauriei*（Card.）Broth. swctu2012164

169 弯叶小锦藓 *B. falcaluta* Broth. swctu2012165

69. 毛锦藓属 *Pylaisiadelpha*

170 弯叶毛锦藓 *P. tenuirostris*（Bruch et Schimp.ex Sull.）Buck swctu2012166

171 短叶毛锦藓 *P. yokohamae*（Broth.）Buck swctu2012167 swctu2012168

70. 裂帽藓属 *Warburgiella*

172 裂帽藓 *W. cupressinoides* C.Muell.ex Broth. swctu2012169

71. 锦藓属 *Sematophyllum*

173 橙色锦藓 *S. phoeniceum*（C.Muell.）Fleisch. swctu2012170 swctu2012171

174 矮锦藓 *S. subhumile*（C.Muell.）Fleisch. swctu2012172

175 羽叶锦藓 *S. caespitosu*（Hedw.）Broth.*

**32 灰藓科 Hypnaceae**

72. 美灰藓属 *Eurohypnum*

176 美灰藓 *E. leptothallum*（C.Muell.）Ando swctu2012016

73. 灰藓属 *Hypnum*

177 灰藓 *H. cupressiforme* L.ex Hedw. swctu2012008

灰藓凹叶变种 *H. cupressiforme* L.ex Hedw.var. swctu2012007

178 长喙灰藓 *H. fujiyamae*（Broth.）Par. swctu2012009 swctu2012010 swctu2012011

179 大灰藓 *H. plumaeforme* Wils. swctu2012004 swctu2012005 swctu2012006

180 密枝灰藓 *H. densilameum* Ando swctu2012014

181 钙生灰藓 *H. calcicolum* Ando swctu2012015

74. 偏蒴藓属 *Ectropothecium*

182 卷叶偏蒴藓 *E. ohsimense* Card.et Thér. swctu2012017

75. 同叶藓属 *Isopterygium*

183 南亚同叶藓 *I. bancanum* Ando swctu2012018

184 齿边同叶藓 *I. heteromalla*（Hedw.）Schimp. swctu2012183

76. 拟鳞叶藓属 *Pseudotaxiphyllum*

185 东亚拟鳞叶藓 *P. pohliaecarpum*（Sull.et Lesq.）Iwats. swctu2012019 swctu2012020

186 密叶拟鳞叶藓 *P. densum*（Card.）Iwats. swctu2012021 swctu2012022

77. 鳞叶藓属 *Taxiphyllum*

187 鳞叶藓 *T. taxirameum*（Mitt.）Fleisch. swctu2012023 swctu2012024

78. 粗枝藓属 *Gollania*

188 大粗枝藓 *G. robusta* Broth.*

189 阿里粗枝藓 *G. arisanensis* Sak. swctu2012025

79. 梳藓属 *Ctenidium*

190 毛叶梳藓 *C. capillifolium*（Mitt.）Broth. swctu2012026

**33 短颈藓科 Diphysciaceae**

80. 短颈藓属 *Diphyscium*

191 东亚短颈藓 *D. fulvifolium* Mitt. swctu2012173

192 卷叶短颈藓 *D. mucronifolium* Mitt. 陈邦杰 75773（PE）

**34 金发藓科 Polytrichaceae**

81. 仙鹤藓属 *Atrichum*

193 小仙鹤藓 *A. crispulum* Schimp.ex Besch. swctu2012174

194 薄壁仙鹤藓 *A. subserratum*（Hook.）Mitt. swctu2012175

82. 小金发藓属 *Pogonatum*

195 小金发藓 *P. aloides*（Hedw.）P.Beauv. swctu2012176

196 东亚小金发藓 *P. inflexum*（Lindb.）Lac. swctu2012177

197 硬叶小金发藓 *P. neesii*（C.Muell.）Dozy swctu2012178

198 刺边小金发藓 *P. cirratum*（Sw.）Brid.subsp.*cirratum* swctu2012179

83. 拟金发藓属 *Polytrichastrum*

199 台湾拟金发藓 *P. formosum*（Hedw.）G.Sm.var.*formosum* swctu2012180

84. 金发藓属 *Polytrichum*

200 金发藓 *P. commune* Hedw.var.*commue* swctu2012181

**苔类**（参照《中国苔纲和角苔纲植物属志》排列）

**1 绿片苔科 Aneuraceae**

1. 绿片苔属 *Aneura*

1 绿片苔 *A. pinguis*（L.）Dumort. Swctu2012185

**2 叉苔科 Metzgeriineae**

2. 叉苔属 *Metzgeria*

2 平叉苔 *P. conjugata* Lindb.*

3 大叉苔 *M. frutcucosa*（Dicks.）Evans.*

**3 钱苔科 Ricciaceae**

3. 浮苔属 *Ricciocarpus*

4 浮苔 *R. natans*（L.）Gorda.*

4. 钱苔属 *Riccia*

5 钱苔 *R. glauca* L.*

6 荒地钱苔 *R. esuleata* Staph.*

7 叉钱苔 *R. fluitans* L.*

**4 睫毛苔科 Blepharostomataceae**

5. 睫毛苔属 *Blepharostoma*

8 睫毛苔 *B. trichoghy*（L.）Dum.*

**5 合叶苔科 Scapaniaceae**

6. 合叶苔属 *Scapania*

9 斯氏合叶苔 *S. stephanii* K.Müll. 曹同，李乾 41373（IFSBH）

10 湿地合叶苔 *S. uliginosa*（Swartz.in Lindb.）Dumort. 曹同，李乾 41382（IFSBH）

**6 叶苔科 Jungermanniaceae**

7. 叶苔属 *Jungermannia*

11 深绿叶苔 *J. atrovirens* Dumort. swctu2012186 swctu2012187

12 透明叶苔 swctu2012188

13 疏叶叶苔 *J. laxifolia* C.Gao swctu2012189

**7 羽苔科 Plagiochilaceae**

8. 羽苔属 *Plagiochila*

14 融叶羽苔 *P. spinulos*（Dicks.）Dum *

**8 指叶苔科 Lepidoziaceae**

9. 鞭苔属 *Bazzania*

15 三裂鞭苔 *B. albicans*（Staph.）Horik. swctu2012190

**9 大萼苔科 Cephaloziaceae**

10. 大萼苔属 *Cephalozia*

16 大萼苔 *C. bicuspidata*（L.）Dumort. swctu2012191

17 薄壁大萼苔 *C. ofaruensis* Steph. *

11. 裂齿苔属 *Odontoschisma*

18 湿生裂齿苔 *O. sphagni*（Dicks.）Dumort. swctu2012192

**10 齿萼苔科 Lophocoleaceae**

12. 裂萼苔属 *Chiloscyphus*

19 芽胞裂萼苔 *C. minor*（Nees）J.J.Engel swctu2012193 swctu2012194

13. 异萼苔属 *Heteroscyphus*

20 全缘异萼苔 *H. saccogynoides* Herzog swctu2012195

21 南亚异萼苔 *H. zollingeri*（Gott.）Schiffn. swctu2012196

22 四齿异萼苔 *H. argutus*（Reinw.et al.）Schiffn swctu2012197

23 平叶异萼苔 *H. planus*（Mitt.）Schiffn swctu2012198

**11 细鳞苔科 Lejeuneaceae**

14. 薄鳞苔属 *Leptolejeunea*

24 叶尖薄鳞苔 *L. subacutailliptica*（Lehm.et Lindenb.）Schiffn swctu2012199

**12 护蒴苔科 Calypogeiaceae**

15. 护蒴苔属 *Calypogeia*

25 钝叶护蒴苔 *C. neesiana*（Mass.et Car.）K.Mull. *

26 双齿护蒴苔 *C. tosana*（Steph.）Steph. swctu2012200

**13 阿氏苔科 Arnelliaceae**

16. 假萼苔属 *Gongylanthus*

27 对叶苔 *G. ericetorum*（Raddi）Dee.*

**14 小叶苔科 Fossombroniaceae**

17. 小叶苔属 *Fossombronia*

28 东亚小叶苔 *F. levieri* Steph. swctu2012201

**15 南溪苔科 Makinoaceae**

18. 南溪苔属 *Makinoa*

29 南溪苔 *M. crispata*（Steph.）Miyake swctu2012202

**16 带叶苔科 Pallawiciniaceae**

19. 带叶苔属 *Pallavicinia*

30 长刺带叶苔 *P. subciliata*（Aust.）Steph. swctu2012203

31 带叶苔 *P. lyellia*（Hook.）Gray. *

20. 假带叶苔属 *Hattorianthus*

32 假带叶苔 *H. erimous*（Steph.）R.M.Schust. swctu2012204

**17 魏氏苔科 Wiesnerellaceae**

21. 毛地钱属 *Dumortiera*

33 毛地钱 *D. hirsuta*（Sw.）Reinw. swctu2012205 swctu2012206

**18 蛇苔科 Conocephalaceae**

22. 蛇苔属 *Conocephalum*

34 小蛇苔 *C. japonicum*（Thunb.）Grolle swctu2012207

35 蛇苔 *C. conicum*（L.）Dum. Swctu2012208

**19 多室苔科 Aytoniaceae**

23. 紫背苔属 *Plagiochasma*

36 紫背苔 *P. rupestr*（Forst.）Staph.*

24. 花萼苔属 *Asterella*

37 侧托花萼苔 *A. mussuriensis*（Kash.）Verd. swctu2012209

38 花萼苔 *A. lindbergina*（Cordo.）Lindb.*

25. 石地钱属 *Reboulia*

39 石地钱 *R. hemisphaerica*（L.）Raddi swctu2012210

**20 地钱科 Marchantiaceae**

26. 地钱属 *Marchantia*

40 地钱 *M. polymorpha* L. swctu2012211

41 楔叶地钱 *M. palmate* Nees.*

**21 角苔科 Anthocerotaceae**

27. 角苔属 *Anthoceros*

42 角苔 *A. punctatus* Spteph. swctu2012212

43 川角苔 *A. szechuenensis* Chen*

28. 黄角苔属 *Phaeoceros*

44 黄角苔 *P. laevis* Prosk*

# 附表 4 重庆缙云山国家级自然保护区维管植物名录

注：蕨类植物按秦仁昌系统排序，裸子植物按郑万钧系统排序，被子植物参照克朗奎斯特系统（1981）排序，部分科的范围稍有改动。“*”表示栽培。IUCN 等级评估来源于世界自然保护联盟（IUCN）官网（http：//www.iucnredlist.org/about/overview）的资料；红色名录的等级评估来源于 2013 年国家环保部和中国科学院发布的《中国生物多样性红色名录——高等植物卷》。DD 为数据缺乏，LC 为无危，NT 为近危，VU 为易危，EN 为濒危，CR 为极危。

资料来源：“缙志”表示来源于《重庆缙云山植物志》（2005）；“2009 年科考”表示来源于刘玉成 2009 年缙云山科考资料（本栏数据为保护区植物多样性变化提供参考依据）。本次调查“见到”表示从 2011 年以来每次调查路线记录统计和标本采集的物种，照片“有”表示该数据有活体照片记录。

| 科名 | 属名 | 中文名 | 拉丁名 | 生活型 | IUCN | 红色名录 | 资料来源 | 本次调查 | 照片 |
|---|---|---|---|---|---|---|---|---|---|
| 石杉科 | 石杉属 *Huperzia* | 蛇足石杉 | *Huperzia serrata*（Thunb. ex Murray）Trev. | 草本 | | EN | 缙志 | | |
| 石松科 | 石松属 *Lycopodium* | 石松 | *Lycopodium japonicum* Thunb. ex Murray | 草本 | | LC | 缙志 | | |
| 石松科 | 垂穗石松属 *Palhinhaea* | 垂穗石松 | *Phalhinhaea cernua*（L.）Vasc. et Franco | 草本 | | LC | 缙志 | 见到 | |
| 卷柏科 | 卷柏属 *Selaginella* | 峨眉卷柏 | *Selaginella omeiensis* Ching | 草本 | | | 缙志 | | |
| 卷柏科 | 卷柏属 *Selaginella* | 薄叶卷柏 | *Selaginella delicatula*（Desv.）Alston | 草本 | | LC | 缙志 | 见到 | 有 |
| 卷柏科 | 卷柏属 *Selaginella* | 深绿卷柏 | *Selaginella doederleinii* Hieron. | 草本 | | LC | 缙志 | 见到 | 有 |
| 卷柏科 | 卷柏属 *Selaginella* | 异穗卷柏 | *Selaginella heterostachys* Baker | 草本 | | LC | 缙志 | | |
| 卷柏科 | 卷柏属 *Selaginella* | 江南卷柏 | *Selaginella moellendorffii* Hieron. | 草本 | | | 缙志 | 见到 | 有 |
| 卷柏科 | 卷柏属 *Selaginella* | 伏地卷柏 | *Selaginella nipponica* Franch. et Sav. | 草本 | | LC | 缙志 | 见到 | 有 |
| 卷柏科 | 卷柏属 *Selaginella* | 疏叶卷柏 | *Selaginella remotifolia* Spring | 草本 | | LC | 缙志 | 见到 | |
| 卷柏科 | 卷柏属 *Selaginella* | 翠云草 | *Selaginella uncinata*（Desv.）Spring | 草本 | | LC | 缙志 | 见到 | 有 |
| 木贼科 | 木贼属 *Equisetum* | 问荆 | *Equisetum arvense* L. | 草本 | | LC | 缙志 | 见到 | |
| 木贼科 | 木贼属 *Equisetum* | 披散木贼 | *Equisetum diffusum* D. Don | 草本 | | LC | 缙志 | 见到 | |
| 木贼科 | 木贼属 *Equisetum* | 笔管草 | *Equisetum ramosissimum* Desf. subsp. *debile*（Roxb. ex Vauch.）Hauke | 草本 | LC | LC | 缙志 | 见到 | 有 |
| 松叶蕨科 | 松叶蕨属 *Psilotaceae* | 松叶蕨 | *Psilotum nudum*（L.）Griseb | 草本 | | LC | 缙志 | | |
| 瓶儿小草科 | 瓶尔小草属 *Ophioglossum* | 瓶儿小草 | *Ophioglossum vulgatum* L. | 草本 | | | 缙志 | | |
| 阴地蕨科 | 阴地蕨属 *Sceptridium* | 阴地蕨 | *Sceptridium ternatum*（Thunb.）Lyon | 草本 | | LC | 缙志 | | |
| 观音座莲科 | 观音座莲属 *Angiopteris* | 福建观音座莲 | *Angiopteris fokiensis* Hieron. | 草本 | | LC | 缙志 | 见到 | 有 |
| 紫萁科 | 紫萁属 *Osmunda* | 紫萁 | *Osmunda japonica* Thunb | 草本 | | | 缙志 | 见到 | 有 |
| 紫萁科 | 紫萁属 *Osmunda* | 华南紫萁 | *Osmunda vachelii* Hook. | 草本 | | | 缙志 | | |
| 瘤足蕨科 | 瘤足蕨属 *Plagiogyria* | 华中瘤足蕨 | *Plagiogyria euphlebia*（Kunze）Mett. | 草本 | | | 缙志 | 见到 | 有 |
| 瘤足蕨科 | 瘤足蕨属 *Plagiogyria* | 日本瘤足蕨 | *Plagiogyria japonica* Nakai | 草本 | | | 缙志 | | |

续表

| 科名 | 属名 | 中文名 | 拉丁名 | 生活型 | IUCN | 红色名录 | 资料来源 | 本次调查 | 照片 |
| --- | --- | --- | --- | --- | --- | --- | --- | --- | --- |
| 瘤足蕨科 | 瘤足蕨属 *Plagiogyria* | 镰叶瘤足蕨 | *Plagiogyria rankanensis* Hayata | 草本 | | | 缙志 | | |
| 海金沙科 | 海金沙属 *Lygodium* | 海金沙 | *Lygodium japonicum*（Thunb.）Sw. | 草本 | | | 缙志 | 见到 | 有 |
| 里白科 | 芒萁属 *Dicranopteris* | 芒萁 | *Dicranopteris pedata*（Houtt.）Nakaike | 草本 | | LC | 缙志 | 见到 | 有 |
| 里白科 | 里白属 *Hicriopteris* | 中华里白 | *Diplopterygium chinense*（Rosenst.）De Vol | 草本 | | LC | 缙志 | 见到 | 有 |
| 里白科 | 里白属 *Hicriopteris* | 里白 | *Diplopterygium glaucum*（Thunb. ex Houtt.）Nakai | 草本 | | LC | 缙志 | 见到 | 有 |
| 膜蕨科 | 假脉蕨属 *Crepidomanes* | 翅柄假脉蕨 | *Crepidomanes latealatum*（v.d. Bosch）Cop | 草本 | | | 缙志 | | |
| 膜蕨科 | 团扇蕨属 *Gonocormus* | 团扇蕨 | *Gonocormus saxifragoides*（Presl）v. d. Bosch | 草本 | | | 缙志 | | |
| 膜蕨科 | 膜蕨属 *Hymenophyllum* | 顶果膜蕨 | *Hymenophyllum khasianum* Bak. | 草本 | | LC | 缙志 | | |
| 膜蕨科 | 瓶蕨属 *Trichomanes* | 瓶蕨 | *Trichomanes auriculatum* Bl. | 草本 | | LC | 缙志 | | |
| 膜蕨科 | 瓶蕨属 *Trichomanes* | 华东瓶蕨 | *Trichomanes orientale* C. Chr. | 草本 | | | 缙志 | | |
| 蚌壳蕨科 | 金毛狗属 *Cibotium* | 金毛狗 | *Cibotium barometz*（L.）J. Sm. | 草本 | | | 缙志 | 见到 | 有 |
| 桫椤科 | 桫椤属 *Alsophila* | 齿叶黑桫椤 | *Alsophila denticulata* Baker | 草本 | | | 缙志 | 见到 | |
| 桫椤科 | 桫椤属 *Alsophila* | 华南黑桫椤 | *Alsophila metteniana* Hance | 小乔木 | | | 缙志 | 见到 | 有 |
| 桫椤科 | 桫椤属 *Alsophila* | 桫椤 | *Alsophila spinulosa*（Wall. ex Hook.）R. M. Tryon | 乔木 | | NT | 缙志 | 见到 | 有 |
| 陵齿蕨科 | 陵齿蕨属 *Lindsaea* | 鳞始蕨 | *Lindsaea odorata* Roxb. | 草本 | | | 缙志 | | |
| 陵齿蕨科 | 乌蕨属 *Sphenomeris* | 乌蕨 | *Sphenomeris chinensis*（L.）Maxon | 草本 | | LC | 缙志 | 见到 | 有 |
| 姬蕨科 | 碗蕨属 *Dennstaedtia* | 光叶碗蕨 | *Dennstaedtia scabra*（Wall. ex Hook.）Moore var. *glabrescens*（Ching）C.Chr. | 草本 | | LC | 缙志 | 见到 | 有 |
| 姬蕨科 | 鳞盖蕨属 *Microlepia* | 光盖鳞盖蕨 | *Microlepia glabra* Ching | 草本 | | | 缙志 | 见到 | |
| 姬蕨科 | 鳞盖蕨属 *Microlepia* | 边缘鳞盖蕨 | *Microlepia marginata*（Panzer）C. Chr. | 草本 | | | 缙志 | 见到 | 有 |
| 姬蕨科 | 鳞盖蕨属 *Microlepia* | 假粗毛鳞盖蕨 | *Microlepia pseudo-strigosa* Makino | 草本 | | | 缙志 | 见到 | 有 |
| 姬蕨科 | 姬蕨属 *Hypolepis* | 姬蕨 | *Hypolepis punctata*（Thunb.）Mett. | 草本 | | | 缙志 | | |
| 蕨科 | 蕨属 *Pteridium* | 蕨 | *Pteridium aquilinum*（L.）Kuhn var. *latiusculum*（Desv.）Underw. ex Heller | 草本 | | | 缙志 | 见到 | 有 |
| 蕨科 | 蕨属 *Pteridium* | 密毛蕨 | *Pteridium revolutum*（Bl.）Nakai | 草本 | | | 缙志 | 见到 | |
| 凤尾蕨科 | 凤尾蕨属 *Pteris* | 凤尾蕨 | *Pteris cretica* L. var. *nervosa*（Thunb.）Ching et S. H. Wu | 草本 | | | 缙志 | 见到 | |
| 凤尾蕨科 | 凤尾蕨属 *Pteris* | 刺齿半边旗 | *Pteris dispar* Kze. | 草本 | | LC | 缙志 | 见到 | 有 |
| 凤尾蕨科 | 凤尾蕨属 *Pteris* | 剑叶凤尾蕨 | *Pteris ensiformis* Burm. | 草本 | | LC | 缙志 | | |
| 凤尾蕨科 | 凤尾蕨属 *Pteris* | 溪边凤尾蕨 | *Pteris excelsa* Graud. | 草本 | | LC | 缙志 | | |
| 凤尾蕨科 | 凤尾蕨属 *Pteris* | 井栏边草 | *Pteris multifida* Poir. | 草本 | | LC | 缙志 | 见到 | 有 |
| 凤尾蕨科 | 凤尾蕨属 *Pteris* | 斜羽凤尾蕨 | *Pteris oshimensis* Hieron | 草本 | | LC | 缙志 | | |
| 凤尾蕨科 | 凤尾蕨属 *Pteris* | 蜈蚣草 | *Pteris vittata* L. | 草本 | LC | LC | 缙志 | 见到 | |
| 中国蕨科 | 粉背蕨属 *Aleuritopteris* | 银粉背蕨 | *Aleuritopteris argentea*（Gmél.）Fée | 草本 | | LC | 缙志 | 见到 | |

续表

| 科名 | 属名 | 中文名 | 拉丁名 | 生活型 | IUCN | 红色名录 | 资料来源 | 本次调查 | 照片 |
|---|---|---|---|---|---|---|---|---|---|
| 中国蕨科 | 碎米蕨属 *Cheilosoria* | 毛轴碎米蕨 | *Cheilosoria chusanna*（Hook.）Ching et Shing | 草本 | | LC | 缙志 | 见到 | |
| 中国蕨科 | 金粉蕨属 *Onychium* | 野雉尾金粉蕨 | *Onychium japonicum*（Thunb.）Kze. | 草本 | | LC | 缙志 | 见到 | 有 |
| 铁线蕨科 | 铁线蕨属 *Adiantum* | 铁线蕨 | *Adiantum capillus-veneris* L. | 草本 | LC | LC | 缙志 | 见到 | 有 |
| 铁线蕨科 | 铁线蕨属 *Adiantum* | 条裂铁线蕨 | *Adiantum capillus-veneris* L. f. *dissectum*（Mart. et Galeot.）Ching | 草本 | | LC | | | 有 |
| 铁线蕨科 | 铁线蕨属 *Adiantum* | 扇叶铁线蕨 | *Adiantum flabellulatum* L. | 草本 | | LC | 缙志 | 见到 | 有 |
| 铁线蕨科 | 铁线蕨属 *Adiantum* | 假鞭叶铁线蕨 | *Adiantum malesianum* Ghatak | 草本 | | LC | 缙志 | 见到 | 有 |
| 铁线蕨科 | 铁线蕨属 *Adiantum* | 荷叶铁线蕨* | *Adiantum reniforme* L. var. *sinense* Y. X. Lin | 草本 | | CR | 缙志 | | |
| 裸子蕨科 | 凤丫蕨属 *Coniogramme* | 阔带凤丫蕨 | *Coniogramme maxima* Ching et Shing | 草本 | | | 缙志 | 见到 | |
| 书带蕨科 | 书带蕨属 *Vittaria* | 书带蕨 | *Vittaria flexuosa* Fée | 草本 | | LC | 缙志 | | |
| 蹄盖蕨科 | 亮毛蕨属 *Acystopteris* | 亮毛蕨 | *Acystopteris japonica*（Luerss.）Nakai | 草本 | | LC | 缙志 | 见到 | 有 |
| 蹄盖蕨科 | 短肠蕨属 *Allantodia* | 边生短肠蕨 | *Allantodia contermina*（Christ）Ching | 草本 | | LC | 缙志 | | |
| 蹄盖蕨科 | 短肠蕨属 *Allantodia* | 毛柄短肠蕨 | *Allantodia dilatata*（Bl.）Ching | 草本 | | LC | 缙志 | | |
| 蹄盖蕨科 | 短肠蕨属 *Allantodia* | 薄盖短肠蕨 | *Allantodia hachijoensis*（Nakai）Ching | 草本 | | LC | 缙志 | 见到 | 有 |
| 蹄盖蕨科 | 短肠蕨属 *Allantodia* | 江南短肠蕨 | *Allantodia metteniana*（Miq.）Ching | 草本 | | | 缙志 | 见到 | 有 |
| 蹄盖蕨科 | 短肠蕨属 *Allantodia* | 淡绿短肠蕨 | *Allantodia virescens*（Kunze）Ching | 草本 | | LC | 缙志 | 见到 | |
| 蹄盖蕨科 | 安蕨属 *Anisocampium* | 华东安蕨 | *Anisocampium sheareri*（Bak.）Ching | 草本 | | LC | 缙志 | | |
| 蹄盖蕨科 | 假蹄盖蕨属 *Athyriopsis* | 毛轴假蹄盖蕨 | *Athyriopsis petersenii*（Kunze）Ching | 草本 | | LC | 缙志 | 见到 | |
| 蹄盖蕨科 | 蹄盖蕨属 *Athyrium* | 翅轴蹄盖蕨 | *Athyrium delavayi* Christ | 草本 | | LC | 缙志 | 见到 | |
| 蹄盖蕨科 | 蹄盖蕨属 *Athyrium* | 轴果蹄盖蕨 | *Athyrium epirachis*（Christ）Ching | 草本 | | LC | 缙志 | | |
| 蹄盖蕨科 | 蹄盖蕨属 *Athyrium* | 峨眉蹄盖蕨 | *Athyrium omeiense* Ching | 草本 | | DD | 缙志 | | |
| 蹄盖蕨科 | 蹄盖蕨属 *Athyrium* | 光蹄盖蕨 | *Athyrium otophorum*（Miq.）Koidz. | 草本 | | LC | 缙志 | | |
| 蹄盖蕨科 | 双盖蕨属 *Diplazium* | 薄叶双盖蕨 | *Diplazium pinfaense* Ching | 草本 | | LC | 缙志 | | |
| 蹄盖蕨科 | 双盖蕨属 *Diplazium* | 单叶双盖蕨 | *Diplazium subsinuatum*（Wall. ex Hook. et Grev.）Tagawa | 草本 | | LC | 缙志 | | |
| 蹄盖蕨科 | 双盖蕨属 *Diplazium* | 羽裂叶双盖蕨 | *Diplazium tomitaroanum* Masamune | 草本 | | | 缙志 | | |
| 肿足蕨科 | 肿足蕨属 *Hypodematium* | 肿足蕨 | *Hypodematium crenatum*（Forssk.）Kuhn | 草本 | | LC | 缙志 | | |
| 金星蕨科 | 毛蕨属 *Cyclosorus* | 渐尖毛蕨 | *Cyclosorus acuminatus*（Houtt.）Nakai | 草本 | | LC | 缙志 | 见到 | 有 |
| 金星蕨科 | 毛蕨属 *Cyclosorus* | 干旱毛蕨 | *Cyclosorus aridus*（Don）Tagawa | 草本 | | LC | 缙志 | 见到 | |
| 金星蕨科 | 毛蕨属 *Cyclosorus* | 狭基毛蕨 | *Cyclosorus cuneatus* Ching ex Shing | 草本 | | DD | 缙志 | | |
| 金星蕨科 | 毛蕨属 *Cyclosorus* | 齿牙毛蕨 | *Cyclosorus dentatus*（Forsk.）Ching | 草本 | | LC | 缙志 | 见到 | 有 |
| 金星蕨科 | 毛蕨属 *Cyclosorus* | 华南毛蕨 | *Cyclosorus parasticus*（L.）Farwell. | 草本 | | LC | 缙志 | | |

续表

| 科名 | 属名 | 中文名 | 拉丁名 | 生活型 | IUCN | 红色名录 | 资料来源 | 本次调查 | 照片 |
|---|---|---|---|---|---|---|---|---|---|
| 金星蕨科 | 毛蕨属 *Cyclosorus* | 假渐尖毛蕨 | *Cyclosorus subacuminatus* Ching ex Shing et J. f. Cheng | 草本 | | | 缙志 | 见到 | |
| 金星蕨科 | 茯蕨属 *Leptogramma* | 峨眉茯蕨 | *Leptogramma scallanii*（Christ）Ching | 草本 | | LC | 缙志 | | |
| 金星蕨科 | 针毛蕨属 *Macrothelypteris* | 普通针毛蕨 | *Macrothelypteris torresiana*（Gaud.）Ching | 草本 | | LC | 缙志 | 见到 | |
| 金星蕨科 | 凸轴蕨属 *Metathelypteris* | 疏羽凸轴蕨 | *Metathelypteris laxa*（Franch. et Sav.）Ching | 草本 | | LC | 缙志 | | |
| 金星蕨科 | 金星蕨属 *Parathelypteris* | 金星蕨 | *Parathelypteris glanduligera*（Kze.）Ching | 草本 | | LC | 缙志 | 见到 | 有 |
| 金星蕨科 | 金星蕨属 *Parathelypteris* | 光脚金星蕨 | *Parathelypteris japonica*（Bak.）Ching | 草本 | | LC | 缙志 | | |
| 金星蕨科 | 金星蕨属 *Parathelypteris* | 中日金星蕨 | *Parathelypteris nipponica*（Franch. et Sav.）Ching | 草本 | | LC | 缙志 | 见到 | |
| 金星蕨科 | 卵果蕨属 *Phegopteris* | 延羽卵果蕨 | *Phegopteris decursive-pinnata*（van Hall）Fée | 草本 | | LC | 缙志 | 见到 | |
| 金星蕨科 | 新月蕨属 *Pronephrium* | 红色新月蕨 | *Pronephrium lakhimpurense*（Rosenst.）Holtt. | 草本 | | LC | 缙志 | 见到 | 有 |
| 金星蕨科 | 新月蕨属 *Pronephrium* | 披针新月蕨 | *Pronephrium penangianum*（Hook.）Holtt. | 草本 | | LC | 缙志 | 见到 | 有 |
| 金星蕨科 | 假毛蕨属 *Pseudocyclosorus* | 西南假毛蕨 | *Pseudocyclosorus esquirolii*（Christ）Ching | 草本 | | LC | 缙志 | | |
| 金星蕨科 | 假毛蕨属 *Pseudocyclosorus* | 假毛蕨 | *Pseudocyclosorus* tylodes（Kze.）Holtt. | 草本 | | LC | 缙志 | 见到 | |
| 金星蕨科 | 紫柄蕨属 *Pseudophegopteris* | 耳状紫柄蕨 | *Pseudophegopteris aurita*（Hook.）Ching | 草本 | | LC | 缙志 | | |
| 金星蕨科 | 溪边蕨属 *Stegnogramma* | 贯众叶溪边蕨 | *Stegnogramma cyrtomioides*（C. Chr.）Ching | 草本 | | NT | 缙志 | 见到 | 有 |
| 金星蕨科 | 溪边蕨属 *Stegnogramma* | 缙云溪边蕨 | *Stegnogramma diplazioides* Ching et Y. X. Lin | 草本 | | DD | 缙志 | | |
| 铁角蕨科 | 铁角蕨属 *Asplenium* | 虎尾铁角蕨 | *Asplenium incisum* Thunb. | 草本 | | LC | 缙志 | 见到 | |
| 铁角蕨科 | 铁角蕨属 *Asplenium* | 江南铁角蕨 | *Asplenium loxogrammioides* Christ | 草本 | | LC | 缙志 | | |
| 铁角蕨科 | 铁角蕨属 *Asplenium* | 倒挂铁角蕨 | *Asplenium normale* Don | 草本 | | LC | 缙志 | 见到 | 有 |
| 铁角蕨科 | 铁角蕨属 *Asplenium* | 北京铁角蕨 | *Asplenium pekinense* Hance | 草本 | | LC | 缙志 | 见到 | 有 |
| 铁角蕨科 | 铁角蕨属 *Asplenium* | 长叶铁角蕨 | *Asplenium prolongatum* Hook. | 草本 | | LC | 缙志 | | |
| 铁角蕨科 | 铁角蕨属 *Asplenium* | 铁角蕨 | *Asplenium trichomanes* L. | 草本 | | LC | 缙志 | 见到 | |
| 铁角蕨科 | 铁角蕨属 *Asplenium* | 三翅铁角蕨 | *Asplenium tripteropus* Nakai | 草本 | | LC | 缙志 | | |
| 铁角蕨科 | 铁角蕨属 *Asplenium* | 半边铁角蕨 | *Asplenium unilaterale* Lam. | 草本 | | LC | 缙志 | | |
| 铁角蕨科 | 铁角蕨属 *Asplenium* | 狭翅铁角蕨 | *Asplenium wrightii* Eaton ex Hook. | 草本 | | LC | 缙志 | | |
| 乌毛蕨科 | 狗脊属 *Woodwardia* | 狗脊 | *Woodwardia japonica*（L. f.）Sm. | 草本 | | LC | 缙志 | 见到 | 有 |
| 乌毛蕨科 | 狗脊属 *Woodwardia* | 顶芽狗脊 | *Woodwardia unigemmata*（Makino）Nakai | 草本 | | LC | 缙志 | 见到 | 有 |
| 鳞毛蕨科 | 复叶耳蕨属 *Arachniodes* | 镰羽复叶耳蕨 | *Arachniodes falcata* Ching | 草本 | | | 缙志 | 见到 | 有 |
| 鳞毛蕨科 | 复叶耳蕨属 *Arachniodes* | 尾形复叶耳蕨 | *Arachniodes australis* Y. T. Hsieh | 草本 | | | 缙志 | 见到 | 有 |
| 鳞毛蕨科 | 复叶耳蕨属 *Arachniodes* | 凸角复叶耳蕨 | *Arachniodes cornopteris* Ching | 草本 | | | 缙志 | | |

续表

| 科名 | 属名 | 中文名 | 拉丁名 | 生活型 | IUCN | 红色名录 | 资料来源 | 本次调查 | 照片 |
| --- | --- | --- | --- | --- | --- | --- | --- | --- | --- |
| 鳞毛蕨科 | 复叶耳蕨属 *Arachniodes* | 斜方复叶耳蕨 | *Arachniodes rhomboidea*（Wall. ex C. Presl）Ching | 草本 | | | 缙志 | 见到 | 有 |
| 鳞毛蕨科 | 复叶耳蕨属 *Arachniodes* | 异羽复叶耳蕨 | *Arachniodes simplicior*（Makino）Ohwi | 草本 | | LC | 缙志 | | |
| 鳞毛蕨科 | 贯众属 *Cyrtomium* | 镰羽贯众 | *Cyrtomium balansae*（Christ）C. Chr. | 草本 | | LC | 缙志 | | |
| 鳞毛蕨科 | 贯众属 *Cyrtomium* | 贯众 | *Cyrtomium fortunei* J. Sm. | 草本 | | LC | 缙志 | 见到 | 有 |
| 鳞毛蕨科 | 贯众属 *Cyrtomium* | 单行贯众 | *Cyrtomium uniseriale* Ching ex Shing | 草本 | | DD | 缙志 | | |
| 鳞毛蕨科 | 鳞毛蕨属 *Dryopteris* | 阔鳞鳞毛蕨 | *Dryopteris championii*（Benth.）C. Chr. | 草本 | | LC | 缙志 | | |
| 鳞毛蕨科 | 鳞毛蕨属 *Dryopteris* | 迷人鳞毛蕨 | *Dryopteris decipiens*（Hook.）O. Ktze. | 草本 | | LC | 缙志 | | |
| 鳞毛蕨科 | 鳞毛蕨属 *Dryopteris* | 深裂迷人鳞毛蕨 | *Dryopteris decipiens*（Hook.）O. Ktze. var. *diplazioides*（Christ）Ching | 草本 | | LC | 缙志 | | |
| 鳞毛蕨科 | 鳞毛蕨属 *Dryopteris* | 红盖鳞毛蕨 | *Dryopteris erythrosora*（Eaton）O. Ktze. | 草本 | | LC | 缙志 | 见到 | 有 |
| 鳞毛蕨科 | 鳞毛蕨属 *Dryopteris* | 黑足鳞毛蕨 | *Dryopteris fuscipes* C. Chr. | 草本 | | LC | 缙志 | 见到 | 有 |
| 鳞毛蕨科 | 鳞毛蕨属 *Dryopteris* | 假异鳞毛蕨 | *Dryopteris immixta* Ching | 草本 | | LC | 缙志 | 见到 | |
| 鳞毛蕨科 | 鳞毛蕨属 *Dryopteris* | 两色鳞毛蕨 | *Dryopteris setosa*（Thunb.）Akasawa | 草本 | | LC | 缙志 | | |
| 鳞毛蕨科 | 鳞毛蕨属 *Dryopteris* | 稀羽鳞毛蕨 | *Dryopteris sparsa*（Buch.-Ham. ex D. Don）O. Ktze. | 草本 | | LC | 缙志 | 见到 | |
| 鳞毛蕨科 | 鳞毛蕨属 *Dryopteris* | 无柄鳞毛蕨 | *Dryopteris submarginata* Rosenst. | 草本 | | LC | 缙志 | 见到 | |
| 鳞毛蕨科 | 鳞毛蕨属 *Dryopteris* | 变异鳞毛蕨 | *Dryopteris varia*（L.）O. Ktze. | 草本 | | LC | 缙志 | | |
| 鳞毛蕨科 | 耳蕨属 *Polystichum* | 尖齿耳蕨 | *Polystichum acutidens* Christ | 草本 | | LC | 缙志 | 见到 | 有 |
| 鳞毛蕨科 | 耳蕨属 *Polystichum* | 对生耳蕨 | *Polystichum deltodon*（Bak.）Diels | 草本 | | LC | 缙志 | 见到 | 有 |
| 鳞毛蕨科 | 耳蕨属 *Polystichum* | 黑鳞耳蕨 | *Polystichum makinoi*（Tagawa）Tagawa | 草本 | | LC | 缙志 | | |
| 鳞毛蕨科 | 耳蕨属 *Polystichum* | 对马耳蕨 | *Polystichum tsus-simense*（Hook.）J. Sm. | 草本 | | LC | 缙志 | 见到 | 有 |
| 叉蕨科 | 肋毛蕨属 *Ctenitis* | 虹鳞肋毛蕨 | *Ctenitis rhodolepis*（Clarke）Ching | 草本 | | | 缙志 | | |
| 叉蕨科 | 轴脉蕨属 *Ctenitopsis* | 毛叶轴脉蕨 | *Ctenitopsis devexa*（Kunze）Ching et C. H. Wang | 草本 | | LC | 缙志 | | |
| 实蕨科 | 实蕨属 *Bolbitis* | 长叶实蕨 | *Boltitis heteroclita*（Presl）Ching | 草本 | | LC | 缙志 | 见到 | |
| 肾蕨科 | 肾蕨属 *Nephrolepis* | 肾蕨 | *Nephrolepis auriculata*（L.）Trimen | 草本 | | LC | 缙志 | 见到 | 有 |
| 水龙骨科 | 线蕨属 *Colysis* | 曲边线蕨 | *Colysis elliptica*（Thunb.）Ching var. *flexiloba*（Christ）L. Shi et X. C. Zhang | 草本 | | LC | 缙志 | | |
| 水龙骨科 | 线蕨属 *Colysis* | 宽羽线蕨 | *Colysis elliptica*（Thunb.）Ching var. *pothifolia* Ching | 草本 | | LC | 缙志 | | |
| 水龙骨科 | 线蕨属 *Colysis* | 矩圆线蕨 | *Colysis henryi*（Bak.）Ching | 草本 | | LC | 缙志 | | |
| 水龙骨科 | 骨牌蕨属 *Lepidogrammitis* | 中间骨牌蕨 | *Lepidogrammitis intermidia* Ching | 草本 | | LC | 缙志 | 见到 | |
| 水龙骨科 | 瓦韦属 *Lepisorus* | 粤瓦韦 | *Lepisorus obscure-venulosus*（Hayata）Ching | 草本 | | LC | 缙志 | 见到 | |
| 水龙骨科 | 瓦韦属 *Lepisorus* | 百华山瓦韦 | *Lepisorus paohuashanensis* Ching | 草本 | | LC | 缙志 | | |
| 水龙骨科 | 瓦韦属 *Lepisorus* | 拟鳞瓦韦 | *Lepisorus suboligolepidus* Ching | 草本 | | LC | 缙志 | | |

续表

| 科名 | 属名 | 中文名 | 拉丁名 | 生活型 | IUCN | 红色名录 | 资料来源 | 本次调查 | 照片 |
|---|---|---|---|---|---|---|---|---|---|
| 水龙骨科 | 瓦韦属 *Lepisorus* | 阔叶瓦韦 | *Lepisorus tosaensis*（Makino）H. Ito | 草本 |  | LC | 缙志 |  |  |
| 水龙骨科 | 星蕨属 *Microsorum* | 江南星蕨 | *Microsorum fortunei*（T. Moore）Ching | 草本 |  | LC | 缙志 |  |  |
| 水龙骨科 | 盾蕨属 *Neolepisorus* | 世纬盾蕨 | *Neolepisorus dengii* Ching et P. S. Wang | 草本 |  |  | 缙志 |  |  |
| 水龙骨科 | 假瘤蕨属 *Phymatopteris* | 金鸡脚假瘤蕨 | *Phymatopteris hastata*（Thunb.）Pic. Serm. | 草本 |  | LC | 缙志 | 见到 | 有 |
| 水龙骨科 | 水龙骨属 *Polypodiodes* | 日本水龙骨 | *Polypodiodes niponica*（Mett.）Ching | 草本 |  | LC | 缙志 |  |  |
| 水龙骨科 | 石韦属 *Pyrrosia* | 有柄石韦 | *Pyrrosia petiolosa*（Christ）Ching | 草本 |  | LC | 缙志 | 见到 |  |
| 槲蕨科 | 槲蕨属 *Drynaria* | 槲蕨 | *Drynaria roosii* Nakaike | 草本 |  | LC | 缙志 | 见到 | 有 |
| 苹科 | 苹属 *Marsilea* | 苹 | *Marsilea quadrifolia* L. | 草本 | LC | LC | 缙志 | 见到 | 有 |
| 槐叶苹科 | 槐叶苹属 *Salvinia* | 槐叶苹 | *Salvinia natans*（L.）All. | 草本 | LC | LC | 缙志 | 见到 |  |
| 满江红科 | 满江红属 *Azolla* | 满江红 | *Azolla imbricata*（Roxb.）Nakai | 草本 | LC | LC | 缙志 |  |  |
| 苏铁科 | 苏铁属 *Cycas* | 攀枝花苏铁* | *Cycas panzhihuaensis* L.Zhou et S.Y.Yang | 灌木 | VU | EN | 2009 年科考 |  |  |
| 苏铁科 | 苏铁属 *Cycas* | 苏铁* | *Cycas revoluta* Thunb. | 灌木 | LC | CR | 缙志 | 见到 | 有 |
| 苏铁科 | 苏铁属 *Cycas* | 四川苏铁* | *Cycas szechuanensis* Cheng et L. K. Fu | 灌木 | CR | CR | 缙志 | 见到 | 有 |
| 银杏科 | 银杏属 *Ginkgo* | 银杏* | *Ginkgo biloba* L. | 乔木 | EN | CR | 缙志 | 见到 | 有 |
| 松科 | 银杉属 *Cathaya* | 银杉* | *Cathaya argyrophylla* Chun et Kuang | 乔木 | VU | EN | 缙志 | 见到 | 有 |
| 松科 | 松属 *Pinus* | 海南五叶松* | *Pinus fenzeliana* Hand.-Mazz. | 乔木 | NT | LC | 缙志 |  |  |
| 松科 | 松属 *Pinus* | 华山松 | *Pinus armandi* Franch. | 乔木 |  | LC | 缙志 | 见到 |  |
| 松科 | 松属 *Pinus* | 马尾松 | *Pinus massoniana* Lamb. | 乔木 | LC | LC | 缙志 | 见到 | 有 |
| 松科 | 松属 *Pinus* | 黑松 | *Pinus thunbergii* Parl. | 乔木 | LC |  | 缙志 | 见到 |  |
| 松科 | 松属 *Pinus* | 火炬松* | *Pinus taeda* L. | 乔木 | LC |  | 缙志 |  |  |
| 松科 | 松属 *Pinus* | 白皮松* | *Pinus bungeana* Zucc.et Sieb. | 乔木 | LC | EN | 缙志 |  |  |
| 松科 | 松属 *Pinus* | 湿地松* | *Pinus elliottii* Engelm. | 乔木 | LC |  | 缙志 |  |  |
| 松科 | 金钱松属 *Pseudolarix* | 金钱松* | *Pseudolarix amabilis*（Nelson）Rehd. | 乔木 | LC | VU | 缙志 | 见到 | 有 |
| 松科 | 铁杉属 *Tsuga* | 铁杉* | *Tsuga chinensis*（Franch.）Pritz. | 乔木 | LC | LC | 缙志 |  |  |
| 松科 | 雪松属 *Cedrus* | 雪松* | *Cedrus deodara*（Roxb.）G. Don | 乔木 | LC |  | 缙志 | 见到 |  |
| 杉科 | 柳杉属 *Cryptomeria* | 日本柳杉* | *Cryptomeria japonica*（L.f.）D. Don | 乔木 | NT | LC | 缙志 | 见到 |  |
| 杉科 | 柳杉属 *Cryptomeria* | 柳杉* | *Cryptomeria fortunei* Hooibrenk ex Otto et Dietr. | 乔木 |  |  | 缙志 | 见到 | 有 |
| 杉科 | 杉木属 *Cunninghamia* | 杉木 | *Cunninghamia lanceolata*（Lamb.）Hook. | 乔木 | LC |  | 缙志 | 见到 | 有 |
| 杉科 | 水杉属 *Metasequoia* | 水杉* | *Metasequoia glyptostroboides* Hu et Cheng | 乔木 | EN | EN | 缙志 | 见到 |  |
| 杉科 | 台湾杉属 *Taiwania* | 秃杉* | *Taiwania flousiana* Gaussen | 乔木 | VU |  | 缙志 |  |  |
| 杉科 | 金松属 *Sciadopitys* | 金松* | *Sciadopityaceae verticillata*（Thunb.）Seib.et Zucc. | 乔木 |  |  | 缙志 | 见到 |  |
| 柏科 | 柏木属 *Cupressus* | 柏木 | *Cupressus funebris* Endl. | 乔木 | DD | LC | 缙志 | 见到 |  |

续表

| 科名 | 属名 | 中文名 | 拉丁名 | 生活型 | IUCN | 红色名录 | 资料来源 | 本次调查 | 照片 |
|---|---|---|---|---|---|---|---|---|---|
| 柏科 | 柏木属 *Cupressus* | 干香柏* | *Cupressus duclouxiana* Hickel | 乔木 | DD | NT | 缙志 | 见到 | |
| 柏科 | 福建柏属 *Fokienia* | 福建柏* | *Fokienia hodginsii*（Dunn）Henry et Thom. | 乔木 | VU | VU | 缙志 | 见到 | 有 |
| 柏科 | 刺柏属 *Juniperus* | 刺柏* | *Juniperus fommosana* Hayata | 乔木 | | LC | 缙志 | 见到 | |
| 柏科 | 刺柏属 *Juniperus* | 侧柏* | *Platycladus orientalis*（L.）Franco | 乔木 | NT | LC | 缙志 | 见到 | 有 |
| 柏科 | 刺柏属 *Juniperus* | 千头柏* | *Platycladus orientalis* cv.Sieboldii | 乔木 | NT | | 缙志 | 见到 | |
| 柏科 | 圆柏属 *Sabina* | 圆柏* | *Sabina chinensis*（L.）Ant. | 乔木 | | LC | 缙志 | 见到 | |
| 柏科 | 圆柏属 *Sabina* | 香柏* | *Cupressus arizonica* Greene | 灌木 | LC | LC | 缙志 | 见到 | |
| 柏科 | 圆柏属 *Sabina* | 铺地拍* | *Sabina procumbens*（Endl.）Iwata et Kusaka | 灌木 | | | 缙志 | 见到 | |
| 柏科 | 圆柏属 *Sabina* | 塔柏* | *Sabina chinensis* cv. Pyramidalis | 灌木 | | | 缙志 | 见到 | |
| 柏科 | 扁柏属 *Chamaecyparis* | 云片柏* | *Chamaecyparis obtusa*（Sieb.et Zucc.）Endl.cv.Breviramea | 乔木 | NT | | 缙志 | | |
| 柏科 | 扁柏属 *Chamaecyparis* | 日本花柏* | *Chamaecyparis pisifera*（Sieb.et Zucc.）Endl. | 乔木 | NT | | 缙志 | 见到 | 有 |
| 柏科 | 扁柏属 *Chamaecyparis* | 绒柏* | *Chamaecyparis pisifera* cv. Squarrosa | 乔木 | LC | | 缙志 | 见到 | 有 |
| 柏科 | 崖柏属 *Thuja* | 北美香柏* | *Thuja occidentalis* L. | 乔木 | LC | | 缙志 | 见到 | 有 |
| 柏科 | 罗汉柏属 *Thujopsis* | 罗汉柏* | *Thujopsis dolabrata*（L. f.）Sieb. et Zucc. | 乔木 | LC | | 缙志 | | |
| 罗汉松科 | 罗汉松属 *Podocarpus* | 罗汉松* | *Podocarpus macrophyllus*（Thunb.）D. Don | 乔木 | LC | VU | 缙志 | 见到 | 有 |
| 罗汉松科 | 罗汉松属 *Podocarpus* | 狭叶罗汉松* | *Podocarpus macrophyllus* var.*angustifolius* Bl. | 乔木 | LC | | 缙志 | | |
| 罗汉松科 | 罗汉松属 *Podocarpus* | 短叶罗汉松* | *Podocarpus macrophyllus* var. *maki* Endl. | 乔木 | LC | | 缙志 | 见到 | |
| 罗汉松科 | 罗汉松属 *Podocarpus* | 百日青 | *Podocarpus neriifolius* D. Don | 乔木 | LC | VU | 2009 年科考 | | |
| 罗汉松科 | 罗汉松属 *Podocarpus* | 竹柏* | *Podocarpus nagi*（Thunb.）Zoll. et Mor.ex Zoll. | 乔木 | | EN | 缙志 | 见到 | |
| 三尖杉科（粗榧科） | 三尖杉属 *Cephalotaxus* | 三尖杉* | *Ceohalotaxus fortunei* Hook. f. | 乔木 | | LC | | 见到 | 有 |
| 南洋杉科 | 南洋杉属 *Araucariaceae* | 异叶南洋杉* | *Araucaria heterophylla*（Salisb.）Franco | 乔木 | VU | | | 见到 | |
| 红豆杉科 | 红豆杉属 *Taxus* | 红豆杉* | *Taxus chinensis*（Pilger.）Rehd. | 乔木 | EN | VU | 缙志 | 见到 | 有 |
| 红豆杉科 | 红豆杉属 *Taxus* | 南方红豆杉 | *Taxus chinensis*（Pilger.）Rehd.var. *mairei*（Lemée & H. Léveillé）L. K. Fu | 乔木 | EN | VU | 缙志 | 见到 | 有 |
| 木兰科 | 八角属 *Illicium* | 小花八角 | *Illicium micranthum* Dunn.（*I. chinyunensis* He） | 灌木 | | LC | 缙志 | 见到 | 有 |
| 木兰科 | 八角属 *Illicium* | 厚皮香八角* | *Illicium ternstroemioides* A. C. Sm. | 乔木 | VU | NT | 缙志 | 见到 | 有 |
| 木兰科 | 鹅掌楸属 *Liriodendron* | 鹅掌楸* | *Liriodendron chinense*（Hemsl.）Sarg. | 乔木 | NT | LC | 缙志 | 见到 | |
| 木兰科 | 木莲属 *Manglietia* | 大叶木莲* | *Manglietia megaphylla* Hu et Cheng | 乔木 | | EN | | 见到 | 有 |
| 木兰科 | 木兰属 *Magnolia* | 白玉兰* | *Magnolia denudata* Desr. | 乔木 | LC | | 缙志 | 见到 | |
| 木兰科 | 木兰属 *Magnolia* | 二乔玉兰* | *Magnolia soulangeana* Soul.-Bod. | 乔木 | | | 缙志 | 见到 | 有 |
| 木兰科 | 木兰属 *Magnolia* | 辛夷* | *Magnolia liliflora* Desr. | 乔木 | EN | | 缙志 | 见到 | |

续表

| 科名 | 属名 | 中文名 | 拉丁名 | 生活型 | IUCN | 红色名录 | 资料来源 | 本次调查 | 照片 |
|---|---|---|---|---|---|---|---|---|---|
| 木兰科 | 木兰属 *Magnolia* | 厚朴* | *Magnolia officinalis* Rehd.et Wils. | 乔木 | | LC | 缙志 | 见到 | 有 |
| 木兰科 | 木兰属 *Magnolia* | 荷花玉兰* | *Magnolia grandiflora* L. | 乔木 | LC | | 缙志 | 见到 | 有 |
| 木兰科 | 木兰属 *Magnolia* | 夜香木兰* | *Magnolia coco*（Lour.）DC. | 乔木 | DD | EN | 缙志 | 见到 | 有 |
| 木兰科 | 木兰属 *Magnolia* | 山玉兰* | *Magnolia delavayi* Franch.x | 乔木 | EN | LC | 缙志 | | |
| 木兰科 | 含笑属 *Michelia* | 白兰* | *Michelia alba* DC. | 乔木 | | | 缙志 | 见到 | |
| 木兰科 | 含笑属 *Michelia* | 深山含笑* | *Michelia maudiae* Dunn | 乔木 | | LC | | 见到 | 有 |
| 木兰科 | 含笑属 *Michelia* | 白花含笑* | *Michelia mediocris* Dandy | 乔木 | | LC | 缙志 | | |
| 木兰科 | 含笑属 *Michelia* | 四川含笑 | *Michelia mediocris* Dandy | 乔木 | | | 缙志 | 见到 | |
| 木兰科 | 含笑属 *Michelia* | 峨眉含笑* | *Michelia wilsonii* Finet et Gagnep. | 乔木 | EN | VU | | 见到 | |
| 蜡梅科 | 蜡梅属 *Chimonanthus* | 蜡梅* | *Chimonanthus praecox*（L.）Link | 灌木 | | LC | 缙志 | 见到 | |
| 蜡梅科 | 蜡梅属 *Chimonanthus* | 山蜡梅* | *Chimonanthus nitens* Oliv. | 灌木 | | LC | 缙志 | | |
| 蜡梅科 | 夏蜡梅属 *Calycanthus* | 夏蜡梅* | *Calycanthus chinensis* Cheng et S.Y.Chang | 灌木 | | EN | 缙志 | 见到 | 有 |
| 樟科 | 月桂属 *Laurus* | 月桂* | *Laurus nobilis* L. | 灌木 | | | 缙志 | 见到 | |
| 樟科 | 黄肉楠属 *Actinodaphne* | 红果黄肉楠 | *Actinodaphne cupularis*（Hemsl.）Gamble | 乔木 | | LC | 缙志 | 见到 | |
| 樟科 | 琼楠属 *Beilschmiedia* | 贵州琼楠 | *Beilschmiedia kweichowensis* Cheng | 乔木 | | LC | 缙志 | 见到 | |
| 樟科 | 琼楠属 *Beilschmiedia* | 雅安琼楠 | *Beilschmiedia yaanica* N. Chao | 乔木 | | | 缙志 | 见到 | |
| 樟科 | 樟属 *Cinnamomum* | 毛桂 | *Cinnamomum appelianum* Schewe（*C. szechuanensis* Yang） | 乔木 | | LC | 缙志 | 见到 | 有 |
| 樟科 | 樟属 *Cinnamomum* | 樟 | *Cinnamomum camphora*（L.）Presl. | 乔木 | | LC | 缙志 | 见到 | |
| 樟科 | 樟属 *Cinnamomum* | 阔叶樟（银木） | *Cinnamomum platyphyllum*（Diels）Allen | 乔木 | | VU | 缙志 | 见到 | |
| 樟科 | 樟属 *Cinnamomum* | 香桂 | *Cinnamomum subavenium* Miq. | 乔木 | | LC | 缙志 | 见到 | 有 |
| 樟科 | 樟属 *Cinnamomum* | 天竺桂* | *Cinnamomum japonicun* Sieb. | 乔木 | | VU | 缙志 | 见到 | |
| 樟科 | 山胡椒属 *Lindera* | 山胡椒 | *Lindera glauca*（Sieb. et Zucc.）Bl. | 灌木 | | LC | 缙志 | 见到 | 有 |
| 樟科 | 山胡椒属 *Lindera*、 | 广东山胡椒 | *Lindera kwangtungensis*（Liou）Allen | 乔木 | | LC | 缙志 | 见到 | |
| 樟科 | 山胡椒属 *Lindera* | 黑壳楠 | *Lindera megaphylla* Hemsl. | 乔木 | | LC | 缙志 | 见到 | 有 |
| 樟科 | 木姜子属 *Litsea* | 毛豹皮樟 | *Litsea coreana* Lévl.var. *lanuginosa*（Migo）Yang et P. H. Huang | 乔木 | | LC | 缙志 | 见到 | |
| 樟科 | 木姜子属 *Litsea* | 近轮叶木姜子 | *Litsea elongata*（Wall.ex Nees）Benth.et Hook.f. var. *subverticillata*（Yang）Yang et P.H.Huang | 乔木 | | LC | 缙志 | 见到 | 有 |
| 樟科 | 木姜子属 *Litsea* | 毛叶木姜子 | *Litsea mollifolia* Chun | 乔木 | | LC | 缙志 | 见到 | 有 |
| 樟科 | 木姜子属 *Litsea* | 绒叶木姜子 | *Litsea wilsonii* Gamble | 乔木 | | LC | 缙志 | 见到 | |
| 樟科 | 润楠属 *Machilus* | 利川润楠 | *Machilus lichuanensis* Cheng | 乔木 | | LC | 缙志 | 见到 | |
| 樟科 | 润楠属 *Machilus* | 润楠 | *Machilus nanmu*（Oliv.）Hemsl. | 乔木 | | EN | 缙志 | 见到 | 有 |
| 樟科 | 新木姜子属 *Neolitsea* | 白毛新木姜子 | *Neolitsea aurata*（Hayata）Koidz. var. *glauca* Yang | 乔木 | | | 缙志 | 见到 | 有 |

续表

| 科名 | 属名 | 中文名 | 拉丁名 | 生活型 | IUCN | 红色名录 | 资料来源 | 本次调查 | 照片 |
|---|---|---|---|---|---|---|---|---|---|
| 樟科 | 新木姜子属 *Neolitsea* | 凹脉新木姜子 | *Neolitsea impressa* Yang | 乔木 | | VU | 缙志 | | |
| 樟科 | 新木姜子属 *Neolitsea* | 大叶新木姜子 | *Neolitsea levinei* Merr. | 乔木 | | LC | 缙志 | | |
| 樟科 | 楠属 *Phoebe* | 白楠 | *Phoebe neurantha*（Hemsl.）Gamble | 乔木 | | LC | 缙志 | 见到 | |
| 樟科 | 楠属 *Phoebe* | 峨眉紫楠 | *Phoebe sheareri*（Hemsl.）Gamble var. *omeiensis*（Yang）N.Chao | 乔木 | | | 缙志 | 见到 | |
| 樟科 | 楠属 *Phoebe* | 桢楠 | *Phoebe zhennan* S. Lee | 乔木 | VU | | | 见到 | 有 |
| 樟科 | 楠属 *Phoebe* | 浙江楠* | *Phoebe chekiangensis* C. B. Shang | 乔木 | VU | VU | 缙志 | | |
| 樟科 | 檫木属 *Sassafras* | 檫木* | *Sassafras tsumu* Hemsl. | 乔木 | | | 缙志 | 见到 | 有 |
| 金粟兰科 | 金粟兰属 *Chloranthus* | 鱼子兰* | *Chloranthus elatior* Link. | 灌木 | | LC | 缙志 | | |
| 金粟兰科 | 金粟兰属 *Chloranthus* | 金粟兰* | *Chloranthus spicatus*（Thunb.）Makino | 灌木 | | | 缙志 | | |
| 金粟兰科 | 草珊瑚属 *Sarcandra* | 草珊瑚 | *Sarcandra glabra*（Thunb.）Nakai | 灌木 | | LC | 缙志 | 见到 | 有 |
| 三白草科 | 蕺菜属 *Houttuynia* | 蕺菜 | *Houttuynia cordata* Thunb. | 草本 | | | 缙志 | 见到 | 有 |
| 三白草科 | 三白草属 *Saururus* | 三白草 | *Saururus chinensis*（Lour.）Baill. | 草本 | | LC | 缙志 | | |
| 胡椒科 | 胡椒属 *Piper* | 华山蒌 | *Piper sinense*（Champ.）C. DC. | 藤本 | | LC | 缙志 | | |
| 胡椒科 | 胡椒属 *Piper* | 石南藤 | *Piper wallichii*（Miq.）Hand.-Mazz. | 藤本 | | LC | 缙志 | 见到 | |
| 马兜铃科 | 马兜铃属 *Aristolochia* | 马兜铃 | *Aristolochia debilis* Sieb. et Zucc. | 藤本 | | | 缙志 | 见到 | |
| 马兜铃科 | 细辛属 *Asarum* | 青城细辛 | *Asarum splendens*（Maekawa）C. Y. Cheng et C. S. Yang | 草本 | | LC | 缙志 | 见到 | |
| 五味子科 | 五味子属 *Schisandra* | 华中五味子 | *Schisandra sphenanthera* Rehd.et Wils | 藤本 | | DD | 缙志 | 见到 | |
| 睡莲科 | 莲属 *Nelumbo* | 莲 | *Nelumbo nucifera* Gaertn. Fruct. et Semin. | 草本 | | | 缙志 | 见到 | |
| 睡莲科 | 睡莲属 *Nymphaea* | 黄睡莲* | *Nymphaea mexicana* Zucc. | 草本 | | | 缙志 | 见到 | |
| 睡莲科 | 睡莲属 *Nymphaea* | 红睡莲* | *Nymphaea alba* L.var. *rubra* Lounr. | 草本 | DD | | 缙志 | 见到 | |
| 金鱼藻科 | 金鱼藻属 *Ceratophyllum* | 金鱼藻 | *Ceratophyllum demersum* L. | 草本 | LC | LC | 缙志 | 见到 | 有 |
| 毛茛科 | 银莲花属 *Anemone* | 打破碗花花 | *Anemone hupehensis* Lem. | 草本 | | | 缙志 | 见到 | |
| 毛茛科 | 铁线莲属 *Clematis* | 小木通 | *Clematis armandii* Franch. | 藤本 | | LC | 缙志 | 见到 | |
| 毛茛科 | 铁线莲属 *Clematis* | 小蓑衣藤 | *Clematis gouriana* Roxb.ex DC. | 藤本 | | LC | 缙志 | 见到 | |
| 毛茛科 | 铁线莲属 *Clematis* | 裂叶铁线莲 | *Pharbitis nil*（L.）Choisy | 藤本 | | LC | 缙志 | | |
| 毛茛科 | 铁线莲属 *Clematis* | 毛果铁线莲 | *Clematis peterae* Hand.-Mazz.var. *trichocarpa* W. T. Wang | 藤本 | | LC | 缙志 | | |
| 毛茛科 | 铁线莲属 *Clematis* | 单叶铁线莲 | *Clematis henryi* Oliv. | 藤本 | | LC | | | 有 |
| 毛茛科 | 黄连属 *Coptis* | 黄连* | *Coptis chinensis* Franch. | 草本 | | VU | 缙志 | | |
| 毛茛科 | 翠雀属 *Delphinium* | 卵瓣还亮草 | *Delphinium anthriscifolium* Hance var. *calleryi*（Franch.）Finet et Gagnep. | 草本 | | LC | 缙志 | 见到 | |
| 毛茛科 | 毛茛属 *Ranunculus* | 禺毛茛 | *Ranunculus cantoniensis* DC. | 草本 | | | 缙志 | 见到 | |
| 毛茛科 | 毛茛属 *Ranunculus* | 毛茛 | *Ranunculus japonicus* Thunb.（R. acris L.） | 草本 | | LC | 缙志 | 见到 | |

续表

| 科名 | 属名 | 中文名 | 拉丁名 | 生活型 | IUCN | 红色名录 | 资料来源 | 本次调查 | 照片 |
|---|---|---|---|---|---|---|---|---|---|
| 毛茛科 | 毛茛属 *Ranunculus* | 石龙芮 | *Ranunculus sceleratus* L. | 草本 |  |  | 缙志 | 见到 | 有 |
| 毛茛科 | 毛茛属 *Ranunculus* | 扬子毛茛 | *Ranunculus sieboldii* Miq. | 草本 |  |  | 缙志 | 见到 | 有 |
| 毛茛科 | 天葵属 *Semiaquilegia* | 天葵 | *Semiaquilegia adoxoides*（DC.）Makino | 草本 |  |  | 缙志 | 见到 |  |
| 毛茛科 | 唐松草属 *Thalictrum* | 多枝唐松草 | *Thalictrum ramosum* Boivin | 草本 |  | NT | 缙志 | 见到 | 有 |
| 毛茛科 | 唐松草属 *Thalictrum* | 短梗箭头唐松草 | *Thalictrum simplex* L. var. *brevipes* Hara | 草本 |  | DD | 缙志 | 见到 |  |
| 小檗科 | 小檗属 *Berberis* | 豪猪刺* | *Berberis julianae* Schneid. | 草本 |  |  | 2009 年科考 |  |  |
| 小檗科 | 鬼臼属 *Dysosma* | 八角莲* | *Dysosma versipelle*（Hance）M. Cheng ex T. S. Ying | 草本 |  | VU | 缙志 | 见到 | 有 |
| 小檗科 | 淫羊藿属 *Epimedium* | 淫羊藿 | *Epimedium brevicornu* Maxim. | 草本 |  |  |  | 见到 |  |
| 小檗科 | 淫羊藿属 *Epimedium* | 粗毛淫羊藿 | *Epimedium acuminatum* Franch. | 草本 |  | LC | 缙志 | 见到 |  |
| 小檗科 | 十大功劳属 *Mahonia* | 宽苞十大功劳* | *Mahonia eurybracteata* Fedde. | 灌木 |  |  | 缙志 | 见到 |  |
| 小檗科 | 十大功劳属 *Mahonia* | 安坪十大功劳* | *Mahonia eurybracteata* Fedde subsp. *ganpinensis*（Levl.）Ying et Boufford. | 灌木 |  | LC | 缙志 | 见到 |  |
| 小檗科 | 十大功劳属 *Mahonia* | 十大功劳 | *Mahonia fortunei*（Lindl.）Fedde | 灌木 |  |  | 缙志 | 见到 | 有 |
| 小檗科 | 南天竹属 *Nandina* | 南天竹 | *Nandina domestica* Thunb. | 灌木 |  |  | 缙志 | 见到 | 有 |
| 大血藤科 | 大血藤属 *Sargentodoxa* | 大血藤 | *Sargentodoxa cuneata*（Oliv.）Rehd.et Wils. | 藤本 |  | LC | 缙志 | 见到 | 有 |
| 木通科 | 木通属 *Akebia* | 白木通 | *Akebia trifoliata*（Thunb.）Koidz. ssp. *australis*（Diels）Shimizu | 藤本 |  | LC | 缙志 | 见到 | 有 |
| 木通科 | 八月瓜属 *Holboellia* | 五枫藤 | *Holboellia angustifolia* Wall. | 藤本 |  |  | 缙志 | 见到 |  |
| 木通科 | 野木瓜属 *Stauntonia* | 钝药野木瓜 | *Stauntonia leucantha* Diels ex Wu | 藤本 |  |  | 缙志 |  |  |
| 防己科 | 木防己属 *Cocculus* | 木防己 | *Cocculus orbiculatus*（L.）DC. | 藤本 |  | LC | 缙志 | 见到 |  |
| 防己科 | 轮环藤属 *Cyclea* | 轮环藤 | *Cyclea racemosa* Oliv. | 藤本 |  | LC | 缙志 | 见到 |  |
| 防己科 | 秤钩风 *Diploclisia* | 秤钩风 | *Diploclisia affinis*（Oliv.）Diels | 藤本 |  | LC | 缙志 | 见到 |  |
| 防己科 | 细圆藤 *Pericampylus* | 细圆藤 | *Pericampylus glaucus*（Lam.）Merr. | 藤本 |  | LC | 缙志 | 见到 |  |
| 防己科 | 千金藤属 *Stephania* | 金线吊乌龟 | *Stephania cepharantha* Hayata | 藤本 |  |  | 缙志 | 见到 |  |
| 防己科 | 青牛胆属 *Tinospora* | 青牛胆 | *Tinospora sagittata*（Oliv.）Gagnep. | 藤本 |  | EN | 缙志 | 见到 |  |
| 马桑科 | 马桑属 *Coriaria* | 马桑 | *Coriaria nepalensis* Wall. | 灌木 |  | LC | 缙志 | 见到 | 有 |
| 清风藤科 | 青风藤属 *Sabia* | 柠檬叶清风藤 | *Sabia limoniacea* Wall. | 藤本 |  | LC | 缙志 | 见到 | 有 |
| 清风藤科 | 青风藤属 *Sabia* | 尖叶清风藤 | *Sabia swinhoei* Hemsl. ex Forb. et Hemsl. | 藤本 |  | LC | 缙志 | 见到 | 有 |
| 罂粟科 | 罂粟属 *Papaver* | 虞美人（丽春花）* | *Papaver rhoeas* L. | 草本 |  |  | 缙志 | 见到 |  |
| 紫堇科 | 紫堇属 *Corydalis* | 紫堇 | *Corydalis edulis* Maxim. | 草本 |  |  | 缙志 | 见到 |  |
| 紫堇科 | 紫堇属 *Corydalis* | 小花黄堇 | *Corydalis racemosa*（Thunb.）Pers. | 草本 |  |  | 缙志 | 见到 | 有 |
| 紫堇科 | 紫堇属 *Corydalis* | 尖距紫堇（地锦苗） | *Corydalis sheareri* S. Moore | 草本 |  |  | 缙志 | 见到 | 有 |

续表

| 科名 | 属名 | 中文名 | 拉丁名 | 生活型 | IUCN | 红色名录 | 资料来源 | 本次调查 | 照片 |
|---|---|---|---|---|---|---|---|---|---|
| 连香树科 | 连香树属 *Cercidiphyllum* | 连香树* | *Cercidiphyllum japonicum* Sieb. et Zucc. | 乔木 | NT | | 缙志 | 见到 | |
| 悬铃木科 | 悬铃木属 *Platanus* | 二球悬铃木* | *Platanus acerifolia*（Ait.）Willd. | 乔木 | | | 缙志 | 见到 | |
| 金缕梅科 | 蜡瓣花属 *Corylopsis* | 蜡瓣花* | *Corylopsis sinensis* Hemsl. | 灌木 | | LC | | 见到 | |
| 金缕梅科 | 蚊母树属 *Distylium* | 杨梅叶蚊母树 | *Distylium myricoides* Hemsl. | 灌木 | | LC | 缙志 | 见到 | |
| 金缕梅科 | 蚊母树属 *Distylium* | 中华蚊母树* | *Distylium chinense*（Fr.）Diels | 灌木 | | | | | |
| 金缕梅科 | 枫香树属 *Liquidambar* | 枫香树 | *Liquidambar formosana* Hance | 乔木 | | LC | 缙志 | 见到 | 有 |
| 金缕梅科 | 檵木属 *Loropetalum* | 檵木 | *Loropetalum chinense*（R. Bl.）Oliv. | 灌木 | | LC | 缙志 | 见到 | 有 |
| 金缕梅科 | 檵木属 *Loropetalum* | 红花檵木* | *Loropetalum chinense* Oliver var. *rubrum* Yieh | 灌木 | | | | 见到 | 有 |
| 虎皮楠科 | 虎皮楠属 *Daphniphyllum* | 交让木* | *Daphniphyllum macropodum* Miq. | 乔木 | | LC | 缙志 | 见到 | |
| 虎皮楠科 | 虎皮楠属 *Daphniphyllum* | 虎皮楠 | *Daphniphyllum oldhami*（Hemsl.）Rosenth. | 乔木 | | LC | 缙志 | 见到 | 有 |
| 杜仲科 | 杜仲属 *Eucommiaceae* | 杜仲* | *Eucommia ulmoides* Oliver | 乔木 | NT | VU | 缙志 | 见到 | 有 |
| 榆科 | 朴属 *Celtis* | 紫弹树 | *Celtis biondii* Pamp. | 乔木 | | LC | 缙志 | 见到 | |
| 榆科 | 朴属 *Celtis* | 小果朴 | *Celtis cerasifera* Schneid. | 乔木 | | NT | 缙志 | | |
| 榆科 | 朴属 *Celtis* | 朴树 | *Celtis sinensis* Pers.（*C. labilis* Schneid.） | 乔木 | | LC | 缙志 | 见到 | |
| 榆科 | 青檀属 *Pteroceltis* | 青檀 | *Pteroceltis tatarinowii* Maxim. | 乔木 | | LC | 缙志 | 见到 | 有 |
| 榆科 | 山黄麻属 *Trema* | 羽脉山黄麻 | *Trema laevigata* Hand.-Mazz. | 乔木 | | LC | 缙志 | | |
| 榆科 | 山黄麻属 *Trema* | 银毛叶山黄麻 | *Trema nitida* C. J. Chen | 乔木 | | LC | 缙志 | 见到 | 有 |
| 榆科 | 榆属 *Ulmus* | 榆树 | *Ulmus pumila* L. | 乔木 | | | | 见到 | |
| 榆科 | 榆属 *Ulmus* | 多脉榆 | *Ulmus castaneifolia* Hemsl. | 乔木 | | LC | 缙志 | | |
| 榆科 | 榆属 *Ulmus* | 榔榆 | *Ulmus parvifolia* Jacq. | 乔木 | | LC | 缙志 | | |
| 榆科 | 榉属 *Zelkova* | 大果榉 | *Zelkova sinica* Schneid. | 乔木 | | LC | 缙志 | 见到 | |
| 大麻科 | 葎草属 *Humulus* | 葎草 | *Humulus scandens*（Lour.）Merr. | 草本 | | | 缙志 | 见到 | |
| 桑科 | 构属 *Broussonetia* | 藤构 | *Broussonetia kaempferi* Sieb. var. *australis* Suzuki | 灌木 | | LC | 缙志 | 见到 | 有 |
| 桑科 | 构属 *Broussonetia* | 构树 | *Broussonetia papyrifera*（L.）L' Her.ex Vent. | 乔木 | | LC | 缙志 | 见到 | |
| 桑科 | 柘属 *Cudrania* | 构棘 | *Cudrania cochinchinensis*（Lour.）Kudo et Masam.（*C. integra* Wang et Tang） | 灌木 | | LC | 缙志 | 见到 | 有 |
| 桑科 | 柘属 *Cudrania* | 柘树 | *Cudrania tricuspidata*（Carr.）Bur.et Lavallee | 乔木 | | | 缙志 | 见到 | |
| 桑科 | 榕属 *Ficus* | 北碚榕 | *Ficus beipeiensis* S. S. Chang | 乔木 | | EN | 缙志 | 见到 | 有 |
| 桑科 | 榕属 *Ficus* | 无花果* | *Ficus carica* L. | 灌木 | LC | | 缙志 | 见到 | |
| 桑科 | 榕属 *Ficus* | 印度榕* | *Ficus elastica* Roxb. ex Hornem | 灌木 | | | 缙志 | 见到 | |
| 桑科 | 榕属 *Ficus* | 菱叶冠毛榕 | *Ficus gasparriniana* Miq. var. *laceratifolia*（Lévl. et Vant.）Corner | 灌木 | | LC | 缙志 | 见到 | 有 |
| 桑科 | 榕属 *Ficus* | 长叶冠毛榕 | *Ficus gasparriniana* Miq. var. *esquirolii*（Lévl. et Vant.）Corner | 灌木 | | LC | | | 有 |

续表

| 科名 | 属名 | 中文名 | 拉丁名 | 生活型 | IUCN | 红色名录 | 资料来源 | 本次调查 | 照片 |
|---|---|---|---|---|---|---|---|---|---|
| 桑科 | 榕属 *Ficus* | 尖叶榕 | *Ficus henryi* Warb.ex Diels | 乔木 | | LC | 缙志 | 见到 | 有 |
| 桑科 | 榕属 *Ficus* | 异叶榕 | *Ficus heteromorpha* Hemsl. | 灌木 | | LC | 缙志 | 见到 | 有 |
| 桑科 | 榕属 *Ficus* | 榕树（小叶榕）* | *Ficus microcarpa* L. f. | 乔木 | | LC | 缙志 | 见到 | |
| 桑科 | 榕属 *Ficus* | 九丁榕 | *Ficus nervosa* Heyne ex Roth | 乔木 | | LC | 缙志 | 见到 | 有 |
| 桑科 | 榕属 *Ficus* | 大果榕 | *Ficus auriculata* Lour. | 乔木 | | LC | | | 有 |
| 桑科 | 榕属 *Ficus* | 薜荔 | *Ficus pumila* L. | 灌木 | | LC | 缙志 | 见到 | 有 |
| 桑科 | 榕属 *Ficus* | 珍珠莲 | *Ficus sarmentosa* Buch-Ham. ex J. E. Smith. var. *henryi*（King ex D. Oliv.）Corner | 灌木 | | LC | 缙志 | 见到 | |
| 桑科 | 榕属 *Ficus* | 尾尖爬藤榕 | *Ficus sarmentosa* Buch-Ham. ex J. E. Smith. var. *lacrymans*（Lévl.）Corner | 灌木 | | LC | 缙志 | 见到 | |
| 桑科 | 榕属 *Ficus* | 无柄爬藤榕 | *Ficus sarmentosa* Buch-Ham. ex J. E. Smith. var. *luduca*（Roxb.）Corner | 灌木 | | | 缙志 | | |
| 桑科 | 榕属 *Ficus* | 地果 | *Ficus tikoua* Bur. | 藤本 | | LC | 缙志 | 见到 | |
| 桑科 | 榕属 *Ficus* | 岩木瓜 | *Ficus tsiangii* Merr. ex Corner | 灌木 | | | | 见到 | 有 |
| 桑科 | 榕属 *Ficus* | 黄葛树 | *Ficus virens* Ait. var. *sublanceolata*（Miq.）Corner | 乔木 | | LC | 缙志 | 见到 | |
| 桑科 | 桑属 *Morus* | 桑 | *Morus alba* L. | 灌木 | | | 缙志 | 见到 | 有 |
| 桑科 | 桑属 *Morus* | 奶桑 | *Morus macroura* Miq. | 灌木 | | | 缙志 | | |
| 桑科 | 桑属 *Morus* | 花叶鸡桑 | *Morus australis* Poir. var. *inusitata*（Lévl.）C. Y. Wu | 灌木 | | | 缙志 | | |
| 荨麻科 | 苎麻属 *Boehmeria* | 序叶苎麻 | *Boehmeria clidemioides* Miq. var. *diffusa*（Wedd.）Hand.-Mazz.（*Boehmeria diffusa* Wedd.） | 草本 | | LC | 缙志 | 见到 | |
| 荨麻科 | 苎麻属 *Boehmeria* | 密球苎麻 | *Boehmeria densiglomerata* W. T. Wang | 草本 | | LC | 缙志 | | |
| 荨麻科 | 苎麻属 *Boehmeria* | 苎麻 | *Boehmeria nivea*（L.）Gaud. | 草本 | | LC | 缙志 | 见到 | 有 |
| 荨麻科 | 水麻属 *Debregeasia* | 水麻 | *Debregeasia orientalis* C. J. Chen | 灌木 | | LC | 缙志 | 见到 | |
| 荨麻科 | 水麻属 *Debregeasia* | 长叶水麻 | *Debregeasia longifolia*（Burm. f.）Wedd. | 灌木 | | LC | | | |
| 荨麻科 | 楼梯草属 *Elatostema* | 骤尖楼梯草 | *Elatostema cuspidatum* Wight.［*E. sessile* var. *cuspidatum*（Wight）Wedd.］ | 草本 | | LC | 缙志 | 见到 | 有 |
| 荨麻科 | 楼梯草属 *Elatostema* | 锐齿楼梯草 | *Elatostema cyrtandrifolium*（Zoll. et Mor.）Miq. | 草本 | | LC | 缙志 | 见到 | |
| 荨麻科 | 楼梯草属 *Elatostema* | 宜昌楼梯草 | *Elatostema ichangense* H. Schroter | 草本 | | LC | 缙志 | 见到 | |
| 荨麻科 | 楼梯草属 *Elatostema* | 多序楼梯草 | *Elatostema macintyrei* Dunn | 草本 | | LC | 缙志 | 见到 | 有 |
| 荨麻科 | 蝎子草属 *Girardinia* | 大蝎子草 | *Girardinia diversifolia*（Link）Fiis | 草本 | | LC | 缙志 | 见到 | |
| 荨麻科 | 糯米团属 *Gonostegia* | 糯米团 | *Gonostegia hirta*（Bl.）Miq. | 草本 | | LC | 缙志 | 见到 | |
| 荨麻科 | 花点草属 *Nanocnide* | 毛花点草 | *Nanocnide lobata* Wedd. | 草本 | | | 缙志 | 见到 | 有 |
| 荨麻科 | 紫麻属 *Oreocnide* | 紫麻 | *Oreocnide frutescens*（Thunb.）Miq. | 灌木 | | LC | 缙志 | 见到 | 有 |
| 荨麻科 | 赤车属 *Pellionia* | 赤车 | *Pellionia radicans*（Sieb.et Zucc.）Wedd. | 草本 | | LC | | 见到 | 有 |
| 荨麻科 | 赤车属 *Pellionia* | 花叶冷水花* | *Pilea cadierei* Gagnep. et Guill. | 草本 | | LC | 缙志 | 见到 | |
| 荨麻科 | 冷水花属 *Pilea* | 山冷水花 | *Pilea japonica*（Maxim.）Hand.-Mazz. | 草本 | | LC | | 见到 | |

续表

| 科名 | 属名 | 中文名 | 拉丁名 | 生活型 | IUCN | 红色名录 | 资料来源 | 本次调查 | 照片 |
|---|---|---|---|---|---|---|---|---|---|
| 荨麻科 | 冷水花属 *Pilea* | 小叶冷水花 | *Pilea microphylla*（L.）Liebm. | 草本 | | LC | | | |
| 荨麻科 | 冷水花属 *Pilea* | 齿叶矮冷水花 | *Pilea peploides*（Gaud.）Hook. et Arn. var. *major* Wedd. | 草本 | | LC | 缙志 | 见到 | |
| 荨麻科 | 冷水花属 *Pilea* | 透茎冷水花 | *Pilea pumila*（L.）A. Gray（*P. mongolica* Wedd.） | 草本 | | LC | 缙志 | 见到 | |
| 荨麻科 | 冷水花属 *Pilea* | 翅茎冷水花 | *Pilea subcoriacea*（Hand.-Mazz.）C. J. Chen | 草本 | | LC | 缙志 | 见到 | |
| 荨麻科 | 冷水花属 *Pilea* | 疣果冷水花 | *Pilea verrucosa* Hand.-Mazz | 草本 | | LC | 缙志 | | |
| 荨麻科 | 雾水葛属 *Pouzolzia* | 红雾水葛 | *Pouzolzia sanguinea*（Bl.）Merr.［*Pouzolzia viminea*（Well.）Wedd.］ | 灌木 | | LC | 缙志 | 见到 | |
| 荨麻科 | 雾水葛属 *Pouzolzia* | 雾水葛 | *Pouzolzia zeylanica*（L.）Benn. | 灌木 | | LC | 缙志 | 见到 | |
| 荨麻科 | 荨麻属 *Urtica* | 荨麻 | *Urtica fissa* E. Pritz | 草本 | | LC | 缙志 | 见到 | 有 |
| 胡桃科 | 青钱柳属 *Cyclocarya* | 青钱柳 | *Cyclocarya paliurus*（Batal.）Iljinsk. | 乔木 | | LC | 缙志 | | |
| 胡桃科 | 黄杞属 *Engelhardtia* | 黄杞 | *Engelhardtia roxburghiana* Wall. | 乔木 | | LC | 缙志 | 见到 | 有 |
| 胡桃科 | 胡桃属 *Juglans* | 胡桃* | *Juglans regia* L. | 乔木 | NT | VU | 缙志 | 见到 | |
| 胡桃科 | 化香属 *Platycarya* | 化香树 | *Platycarya strobilacea* Sieb. et Zucc. | 乔木 | | LC | 缙志 | 见到 | |
| 胡桃科 | 化香属 *Platycarya* | 枫杨 | *Pterocarya stenoptera* C. DC. | 乔木 | | LC | 缙志 | 见到 | 有 |
| 杨梅科 | 杨梅属 *Myrica* | 杨梅* | *Myrica rubra*（Lour.）S. et Zucc. | 乔木 | | LC | | 见到 | |
| 杨梅科 | 杨梅属 *Myrica* | 毛杨梅 | *Myrica esculeuta* Buch.-Ham. | 乔木 | | | 缙志 | 见到 | |
| 壳斗科 | 栗属 *Castanea* | 栗 | *Castanea mollissima* Bl. | 乔木 | | | 缙志 | 见到 | 有 |
| 壳斗科 | 栲属 *Castanopsis* | 栲 | *Castanopsis fargesii* Franch. | 乔木 | | LC | 缙志 | 见到 | 有 |
| 壳斗科 | 栲属 *Castanopsis* | 短刺米槠 | *Castanopsis carlesii*（Hemsl.）Hayata var. *spinulosa* Cheng et C. S. Chao | 乔木 | | LC | 缙志 | 见到 | |
| 壳斗科 | 青冈属 *Cyclobalanopsis* | 小叶青冈 | *Cyclobalanopsis myrsinaefolia*（Bl.）Oerst. | 乔木 | | | 缙志 | 见到 | |
| 壳斗科 | 柯属 *Lithocarpus* | 川柯 | *Lithocarpus fangii*（Hu et Cheng）H. Chang | 乔木 | | LC | 缙志 | | |
| 壳斗科 | 柯属 *Lithocarpus* | 木姜叶柯 | *Lithocarpus litseifolius*（Hance）Chun | 乔木 | | LC | 缙志 | 见到 | 有 |
| 壳斗科 | 栎属 *Quercus* | 麻栎 | *Quercus acutissima* Carr. | 乔木 | | | 缙志 | 见到 | |
| 壳斗科 | 栎属 *Quercus* | 白栎 | *Quercus fabri* Hance | 乔木 | | LC | 缙志 | 见到 | 有 |
| 壳斗科 | 栎属 *Quercus* | 乌冈栎 | *Quercus phillyraeoides* A. Gray | 乔木 | | | 缙志 | 见到 | 有 |
| 壳斗科 | 栎属 *Quercus* | 栓皮栎 | *Quercus variabilis* Bl. | 乔木 | | LC | 缙志 | 见到 | |
| 桦木科 | 桤木属 *Alnus* | 桤木 | *Alnus cremastogyne* Burk. | 乔木 | | LC | 缙志 | 见到 | |
| 桦木科 | 桦木属 *Betula* | 亮叶桦 | *Betula luminifera* H. Winkler | 乔木 | | LC | 缙志 | 见到 | 有 |
| 桦木科 | 榛属 *Corylus* | 华榛* | *Corylus chinensis* Franch. | 乔木 | EN | LC | | 见到 | 有 |
| 木麻黄科 | 木麻黄属 *Casuarina* | 木麻黄* | *Casuarina equisetifolia* L. | 乔木 | | | | | |
| 商陆科 | 商陆属 *Phytolacca* | 商陆 | *Phytolacca acinosa* Roxb. | 草本 | | | 缙志 | 见到 | |
| 商陆科 | 商陆属 *Phytolacca* | 垂序商陆 | *Phytolacca americana* L. | 草本 | | | 缙志 | 见到 | |
| 紫茉莉科 | 紫茉莉属 *Mirabilis* | 紫茉莉 | *Mirabilis jalapa* L. | 草本 | | | 缙志 | 见到 | 有 |

续表

| 科名 | 属名 | 中文名 | 拉丁名 | 生活型 | IUCN | 红色名录 | 资料来源 | 本次调查 | 照片 |
|---|---|---|---|---|---|---|---|---|---|
| 紫茉莉科 | 叶子花属 *Bougainvillea* | 光叶子花（九重葛）* | *Bougainvillea glabra* Choisy | 灌木 | | | 缙志 | 见到 | |
| 番杏科 | 生石花属 *Lithops* | 生石花* | *Lithops pseudotruncatella* N. E. Br. | 草本 | | | | 见到 | |
| 番杏科 | 粟米草属 *Mollugo* | 粟米草 | *Mollugo pentaphylla* L. | 草本 | | | 缙志 | 见到 | 有 |
| 仙人掌科 | 仙人掌属 *Opuntia* | 仙人掌* | *Opuntia vulgaris* Mill | 灌木 | | | 缙志 | 见到 | |
| 仙人掌科 | 仙人掌属 *Opuntia* | 绿蟹爪* | *Schlumbergera buckleyi*（T. Moore）D.R. Hunt | 草本 | | | | 见到 | |
| 仙人掌科 | 昙花属 *Epiphyllum* | 昙花* | *Epiphyllum oxypetalum*（DC.）Haw. | 灌木 | LC | LC | 缙志 | | |
| 仙人掌科 | 令箭荷花属 *Napalxochia* | 令箭荷花* | *Napalxochia ackermannii*（Haw.）Kunth | 灌木 | | | 缙志 | | |
| 仙人掌科 | 量天尺属 *Hylocereus* | 量天尺（三棱箭）* | *Hylocereus undatus*（Haw.）Britt. et Rose | 灌木 | DD | DD | 缙志 | | |
| 仙人掌科 | 量天尺属 *Hylocereus* | 鼠尾鞭* | *Aporocactus flagelliformis*（L.）Zucc. | 灌木 | | | 缙志 | | |
| 藜科 | 菠菜属 *Spinacia* | 菠菜* | *Spinacia oleracea* L. | 草本 | | | 缙志 | | |
| 藜科 | 甜菜属 *Beta* | 厚皮菜* | *Beta vulgaris* cv. Cicla | 草本 | CR | CR | 缙志 | | |
| 藜科 | 甜菜属 *Beta* | 甜菜* | *Beta vulgaris* L. | 草本 | CR | CR | 缙志 | | |
| 藜科 | 藜属 *Chenopodium* | 藜 | *Chenopodium album* L. | 草本 | | LC | 缙志 | 见到 | |
| 藜科 | 藜属 *Chenopodium* | 土荆芥 | *Chenopodium ambrosioides* L. | 草本 | | | 缙志 | 见到 | 有 |
| 藜科 | 地肤属 *Kochia* | 地肤 | *Kochia scoparia*（L.）Schrad. | 草本 | | LC | 缙志 | | |
| 苋科 | 牛膝属 *Achyranthes* | 牛膝 | *Achyranthes bidentata* Bl. | 草本 | | LC | 缙志 | 见到 | |
| 苋科 | 牛膝属 *Achyranthes* | 红叶牛膝 | *Achyranthes bidentata* Blume var. *bidentata* f. *rubra* Ho | 草本 | | LC | 缙志 | 见到 | 有 |
| 苋科 | 莲子草属 *Alternanthera* | 喜旱莲子草 | *Alternanthera philoxeroides*（Mart.）Griseb. | 草本 | | | 缙志 | 见到 | |
| 苋科 | 莲子草属 *Alternanthera* | 莲子草 | *Alternanthera sessilis*（L.）DC. | 草本 | LC | LC | 缙志 | | |
| 苋科 | 苋属 *Amaranthus* | 尾穗苋 | *Amaranthus caudatus* L.（*Amaranthus paniculatus* L.） | 草本 | | | 缙志 | 见到 | |
| 苋科 | 苋属 *Amaranthus* | 绿穗苋 | *Amaranthus hybridus* L. | 草本 | | | 缙志 | 见到 | |
| 苋科 | 苋属 *Amaranthus* | 苋 | *Amaranthus tricolor* L. | 草本 | | | 缙志 | 见到 | |
| 苋科 | 苋属 *Amaranthus* | 凹头苋（野苋） | *Amaranthus lividus* L.（*A. sacendens* Lois.） | 草本 | | | 缙志 | 见到 | |
| 苋科 | 苋属 *Amaranthus* | 刺苋 | *Amaranthus spinosus* L. | 草本 | | | 缙志 | 见到 | |
| 苋科 | 苋属 *Amaranthus* | 皱果苋 | *Amaranthus viridis* L. | 草本 | | | 缙志 | | |
| 苋科 | 青葙属 *Celosia* | 青葙 | *Celosia argentea* L. | 草本 | | | 缙志 | 见到 | |
| 苋科 | 青葙属 *Celosia* | 鸡冠花* | *Celosia cristata* L | 草本 | | | 缙志 | 见到 | 有 |
| 苋科 | 千日红属 *Gomphrena* | 千日红* | *Gomphrena globosa* L | 草本 | | | 缙志 | | |
| 马齿苋科 | 马齿苋属 *Portulaca* | 马齿苋 | *Portulaca oleracea* L. | 草本 | | | 缙志 | 见到 | 有 |
| 马齿苋科 | 马齿苋属 *Portulaca* | 大花马齿苋* | *Portulaca grandiflora* Hook. | 草本 | | | 缙志 | 见到 | 有 |
| 马齿苋科 | 土人参属 *Talinum* | 土人参 | *Talinum paniculatum*（Jacq.）Gaertn. | 草本 | | | 缙志 | 见到 | 有 |

续表

| 科名 | 属名 | 中文名 | 拉丁名 | 生活型 | IUCN | 红色名录 | 资料来源 | 本次调查 | 照片 |
|---|---|---|---|---|---|---|---|---|---|
| 落葵科 | 落葵属 *Basella* | 红落葵* | *Basella alba* cv. *rubra* | 草本 | | | 2009年科考 | | |
| 落葵科 | 落葵属 *Basella* | 落葵* | *Basella alba* L. | 草本 | | | 缙志 | 见到 | 有 |
| 落葵科 | 落葵薯属 *Anredera* | 落葵薯 | *Anredera cordifolia*（Tenore）Steenis | 藤本 | | | 缙志 | 见到 | 有 |
| 石竹科 | 无心菜属 *Arenaria* | 蚤缀 | *Arenaria serpyllifolia* L. | 草本 | | LC | 缙志 | 见到 | |
| 石竹科 | 卷耳属 *Cerastium* | 簇生卷耳 | *Cerastium caespitosum* Gilib. | 草本 | | | 缙志 | | |
| 石竹科 | 卷耳属 *Cerastium* | 球序卷耳 | *Cerastium glomeratum* Thuill. | 草本 | | LC | 缙志 | 见到 | |
| 石竹科 | 石竹属 *Dianthus* | 须苞石竹* | *Dianthus barbatus* L. | 草本 | | DD | 缙志 | 见到 | |
| 石竹科 | 石竹属 *Dianthus* | 石竹* | *Dianthus chinensis* L. | 草本 | | LC | 缙志 | 见到 | |
| 石竹科 | 漆姑草属 *Sagina* | 漆姑草 | *Sagina japonica*（Sw.）Ohwi | 草本 | | LC | 缙志 | 见到 | |
| 石竹科 | 剪秋罗属 *Lychnis* | 毛剪秋罗* | *Lychnis coronaria*（L.）Desr. | 草本 | | | 缙志 | | |
| 石竹科 | 蝇子草属 *Silene* | 高雪轮* | *Silene armeria* L. | 草本 | | | 缙志 | 见到 | |
| 石竹科 | 蝇子草属 *Silene* | 大蔓樱草（矮雪轮） | *Silene pendula* L. | 草本 | | | 缙志 | 见到 | |
| 石竹科 | 繁缕属 *Stellaria* | 雀舌草 | *Stellaria alsine* Grimm. ex Grande | 草本 | | DD | 缙志 | 见到 | |
| 石竹科 | 繁缕属 *Stellaria* | 繁缕 | *Stellaria media*（L.）Cyr. | 草本 | | LC | 缙志 | 见到 | 有 |
| 石竹科 | 繁缕属 *Stellaria* | 箐姑草 | *Stellaria vestita* Kurz | 草本 | | LC | 缙志 | 见到 | 有 |
| 石竹科 | 繁缕属 *Stellaria* | 巫山繁缕 | *Stellaria wushanensis* Williams | 草本 | | | 缙志 | 见到 | 有 |
| 蓼科 | 竹节蓼属 *Homalocladium* | 竹节蓼* | *Homalocladium platycladium*（F. Muell. ex Hook.）L.H.Bailey | 草本 | | | 缙志 | | |
| 蓼科 | 金线草属 *Antenoron* | 短毛金线草 | *Antenoron filiforme*（Thunb.）Rob. var. *neofiliforme*（Nakai）A. J. Li | 草本 | | LC | 缙志 | | |
| 蓼科 | 荞麦属 *Fagopyrum* | 金荞麦 | *Fagopyrum dibotrys*（D. Don）Hara [*Fagopyrum cymosum*（Trev.）Meisn.] | 草本 | | LC | 缙志 | 见到 | 有 |
| 蓼科 | 荞麦属 *Fagopyrum* | 荞麦* | *Fagopyrum esculentum* Moench. | 草本 | | | 缙志 | 见到 | |
| 蓼科 | 荞麦属 *Fagopyrum* | 硬枝野荞麦 | *Fagopyrum urophyllum*（Bur. et Franch.）H. Gross | 草本 | | LC | | | 有 |
| 蓼科 | 何首乌属 *Fallopia* | 何首乌 | *Fallopia multiflora*（Thunb.）Harald.（*Polygonum multiflorum* Thunb.） | 草本 | | LC | 缙志 | 见到 | 有 |
| 蓼科 | 蓼属 *Polygonum* | 萹蓄 | *Polygonum aviculare* L.（*P. aviculare* L. var. *vegetum* Ledeb.） | 草本 | | LC | 缙志 | 见到 | |
| 蓼科 | 蓼属 *Polygonum* | 头花蓼 | *Polygonum capitatum* Buch.-Ham.ex D. Don | 草本 | | | 缙志 | 见到 | 有 |
| 蓼科 | 蓼属 *Polygonum* | 火炭母 | *Polygonum chinense* L. | 草本 | | LC | 缙志 | 见到 | 有 |
| 蓼科 | 蓼属 *Polygonum* | 水蓼（辣蓼） | *Polygonum hydropiper* L. | 草本 | LC | LC | 缙志 | 见到 | 有 |
| 蓼科 | 蓼属 *Polygonum* | 蚕茧草 | *Polygonum japonicum* Meisn. | 草本 | | | 缙志 | 见到 | 有 |
| 蓼科 | 蓼属 *Polygonum* | 酸模叶蓼 | *Polygonum lapathifoliym* L. | 草本 | | | 缙志 | 见到 | |
| 蓼科 | 蓼属 *Polygonum* | 长鬃蓼 | *Polygonum longisetum* De Bruyn. | 草本 | | LC | 缙志 | 见到 | |
| 蓼科 | 蓼属 *Polygonum* | 小花蓼 | *Polygonum muricatum* Meisn. | 草本 | | LC | 缙志 | | |
| 蓼科 | 蓼属 *Polygonum* | 尼泊尔蓼 | *Polygonum nepalense* Meisn.（*P. alatum* Buch.-Ham.ex D. Don） | 草本 | | | 缙志 | 见到 | 有 |

续表

| 科名 | 属名 | 中文名 | 拉丁名 | 生活型 | IUCN | 红色名录 | 资料来源 | 本次调查 | 照片 |
| --- | --- | --- | --- | --- | --- | --- | --- | --- | --- |
| 蓼科 | 蓼属 *Polygonum* | 红蓼 | *Polygonum orientale* L. | 草本 | | | 缙志 | 见到 | |
| 蓼科 | 蓼属 *Polygonum* | 杠板归 | *Polygonum perfoliatum* L. | 草本 | | | 缙志 | 见到 | 有 |
| 蓼科 | 蓼属 *Polygonum* | 习见蓼（腋花蓼） | *Polygonum plebeium* R. Br. | 草本 | LC | LC | 缙志 | 见到 | |
| 蓼科 | 蓼属 *Polygonum* | 丛枝蓼 | *Polygonum posumbu* Buch.-ham.ex D. Don | 草本 | | | 缙志 | 见到 | |
| 蓼科 | 虎杖属 *Reynoutria* | 虎杖 | *Reynoutria japonica* Houtt.（*P. cuspidatum* Sieb.et Zucc.） | 草本 | | | 缙志 | 见到 | 有 |
| 蓼科 | 大黄属 *Rheum* | 波叶大黄* | *Rheum undulatum* L.（*Rheum franzenbachii* Munt.） | 草本 | | | 缙志 | 见到 | 有 |
| 蓼科 | 酸模属 *Rumex* | 网果酸模 | *Rumex chalepensis* Mill. | 草本 | | | 缙志 | 见到 | |
| 蓼科 | 酸模属 *Rumex* | 尼泊尔酸模 | *Rumex nepalensis* Spreng. | 草本 | | | 缙志 | 见到 | |
| 蓼科 | 酸模属 *Rumex* | 齿果酸模 | *Rumex dentatus* L. | 草本 | | | 缙志 | 见到 | |
| 蓼科 | 酸模属 *Rumex* | 皱叶酸模 | *Rumex crispus* L. | 草本 | | | | 见到 | 有 |
| 芍药科 | 芍药属 *Paeonia* | 芍药* | *Paeonia lactiflora* Pall. | 草本 | | LC | 缙志 | | |
| 芍药科 | 芍药属 *Paeonia* | 牡丹* | *Paeonia suffruticosa* Andr. | 灌木 | | CR | 缙志 | 见到 | |
| 山茶科 | 杨桐属 *Adinandra* | 川杨桐 | *Adinandra bockiana* Pritz. ex Diels | 乔木 | | LC | 缙志 | 见到 | 有 |
| 山茶科 | 茶梨属 *Anneslea* | 茶梨* | *Anneslea fragrans* Wall. | 乔木 | | LC | 2009科考 | | |
| 山茶科 | 山茶属 *Camellia* | 重庆山茶 | *Camellia chungkingensis* H. T. Chang | 灌木 | | | 缙志 | 见到 | |
| 山茶科 | 山茶属 *Camellia* | 广东山茶* | *Camellia hongkongensis* Seem. | 乔木 | | LC | 2009科考 | | |
| 山茶科 | 山茶属 *Camellia* | 红山茶（山茶，山茶花）* | *Camellia japonica* L. | 灌木 | | NT | 缙志 | 见到 | 有 |
| 山茶科 | 山茶属 *Camellia* | 缙云山茶 | *Camellia jinyunshanica* H. T. Chang et J. H. Xiong | 灌木 | | | 缙志 | | |
| 山茶科 | 山茶属 *Camellia* | 四川毛蕊茶 | *Camellia lawii* Sealy | 灌木 | | LC | 缙志 | 见到 | 有 |
| 山茶科 | 山茶属 *Camellia* | 滇山茶* | *Camellia reticulata* Lindl. | 灌木 | VU | VU | 缙志 | | |
| 山茶科 | 山茶属 *Camellia* | 金花茶* | *Camellia chrysantha*（Hu）Tuyama | 灌木 | VU | VU | 缙志 | | |
| 山茶科 | 山茶属 *Camellia* | 油茶 | *Camellia oleifera* Abel | 灌木 | | LC | 缙志 | | |
| 山茶科 | 山茶属 *Camellia* | 西南红山茶 | *Camellia pitardii* Coh.-St. | 灌木 | | LC | 缙志 | | |
| 山茶科 | 山茶属 *Camellia* | 陕西短柱茶 | *Camellia shensiensis* H. T. Chang | 灌木 | | | 缙志 | 见到 | 有 |
| 山茶科 | 山茶属 *Camellia* | 茶 | *Camellia sinensis*（L.）O. Ktze. | 灌木 | | VU | 缙志 | 见到 | |
| 山茶科 | 山茶属 *Camellia* | 细萼连蕊茶 | *Camellia tsofui* Chien | 灌木 | | | 缙志 | 见到 | |
| 山茶科 | 山茶属 *Camellia* | 瘤果茶 | *Camellia tuberculata* Chien | 灌木 | | LC | 缙志 | 见到 | |
| 山茶科 | 柃木属 *Eurya* | 岗柃 | *Eurya groffii* Merr. | 乔木 | | LC | 缙志 | 见到 | 有 |
| 山茶科 | 柃木属 *Eurya* | 细枝柃 | *Eurya loquaiana* Dunn | 乔木 | | LC | 缙志 | 见到 | 有 |
| 山茶科 | 柃木属 *Eurya* | 细齿叶柃 | *Eurya nitida* Korthls | 乔木 | | LC | 缙志 | 见到 | |
| 山茶科 | 柃木属 *Eurya* | 钝叶柃 | *Eurya obtusifolia* H. T. Chang | 乔木 | | LC | 缙志 | 见到 | 有 |
| 山茶科 | 大头茶属 *Gordonia* | 四川大头茶 | *Gordonia acuminata* H. T. Chang | 乔木 | | | 缙志 | 见到 | 有 |

续表

| 科名 | 属名 | 中文名 | 拉丁名 | 生活型 | IUCN | 红色名录 | 资料来源 | 本次调查 | 照片 |
|---|---|---|---|---|---|---|---|---|---|
| 山茶科 | 木荷属 *Schima* | 银木荷 | *Schima argentea* Pritz. ex Diels | 乔木 | | LC | 缙志 | 见到 | |
| 山茶科 | 厚皮香属 *Ternstroemia* | 四川厚皮香 | *Ternstroemia sichuanensis* L. K. Ling | 灌木 | | NT | 缙志 | 见到 | |
| 山茶科 | 石笔木属 *Tutcheria* | 石笔木* | *Tutcheria spectabilis* Dunn | 灌木 | | | | 见到 | |
| 猕猴桃科 | 猕猴桃属 Actinidia | 中华猕猴桃* | *Actinidia chinensis* Pl. | 藤本 | | LC | 缙志 | 见到 | 有 |
| 猕猴桃科 | 猕猴桃属 Actinidia | 美味猕猴桃* | *Actinidia chinensis* Planch var. *deliciosa*（A Chev.）A Chev. | 藤本 | | | | 见到 | |
| 猕猴桃科 | 猕猴桃属 Actinidia | 革叶猕猴桃 | *Actinidia rubricaulis* Dunn var. *coriacea*（Finet et Gagnep.）C. F. Liang | 藤本 | | LC | 缙志 | 见到 | 有 |
| 藤黄科 | 金丝桃属 *Hypericum* | 扬子小连翘 | *Hypericum faberi* R. Keller | 草本 | | LC | 缙志 | 见到 | |
| 藤黄科 | 金丝桃属 *Hypericum* | 川滇金丝桃* | *Hypericum forrestii*（Chittenden）N. Robson | 灌木 | | LC | 缙志 | | |
| 藤黄科 | 金丝桃属 *Hypericum* | 地耳草 | *Hypericum japonicum* Thunb. ex Murray | 草本 | | | 缙志 | 见到 | 有 |
| 藤黄科 | 金丝桃属 *Hypericum* | 金丝桃 | *Hypericum monogynum* L. | 灌木 | | LC | 缙志 | 见到 | 有 |
| 藤黄科 | 金丝桃属 *Hypericum* | 金丝梅 | *Hypericum patulum* Thunb. | 灌木 | | | 缙志 | 见到 | |
| 藤黄科 | 金丝桃属 *Hypericum* | 贯叶连翘 | *Hypericum perforatum* L. | 草本 | | LC | 缙志 | 见到 | |
| 藤黄科 | 金丝桃属 *Hypericum* | 大叶金丝桃 | *Hypericum prattii* Hemsl. | 灌木 | | LC | 缙志 | | |
| 藤黄科 | 金丝桃属 *Hypericum* | 元宝草 | *Hypericum sampsonii* Hance | 草本 | | | 缙志 | 见到 | |
| 藤黄科 | 金丝桃属 *Hypericum* | 遍地金 | *Hypericum wightianum* Wall. ex Wight et Arn. | 草本 | | LC | 缙志 | | |
| 杜英科 | 杜英属 *Elaeocarpus* | 褐毛杜英（橄榄果杜英） | *Elaeocarpus duclouxii* Gagnep | 乔木 | | | 缙志 | 见到 | 有 |
| 杜英科 | 杜英属 *Elaeocarpus* | 日本杜英（薯豆） | *Elaeocarpus japonicus* Sieb. et Zucc. | 乔木 | | | 缙志 | 见到 | 有 |
| 杜英科 | 杜英属 *Elaeocarpus* | 山杜英 | *Elaeocarpus sylvestris*（Lour.）Poir. | 乔木 | | | 缙志 | 见到 | |
| 杜英科 | 猴欢喜属 *Sloanea* | 薄果猴欢喜（缙云猴欢喜） | *Sloanea leptocarpa* Diels（*S. tsinyunensis* Chien） | 乔木 | | | 缙志 | 见到 | 有 |
| 椴树科 | 田麻属 *Corchoropsis* | 田麻 | *Corchoropsis tomentosa*（Thunb.）Makino | 草本 | | | 缙志 | | |
| 梧桐科 | 梧桐属 Firmiana | 梧桐* | *Firmiana platanifolia*（L.f.）Marsili | 乔木 | | | 缙志 | 见到 | |
| 梧桐科 | 梭罗树属 Reevesia | 梭罗树 | *Reevesia pubescens* Mast. | 乔木 | | | 缙志 | 见到 | 有 |
| 锦葵科 | 苘麻属 *Abutilon* | 苘麻* | *Abutilon theophrasti* Medic. | 草本 | | | 缙志 | 见到 | |
| 锦葵科 | 苘麻属 *Abutilon* | 金铃花* | *Abutilon striatum* Dickson | 灌木 | | | | 见到 | 有 |
| 锦葵科 | 蜀葵属 *Althaea* | 蜀葵 | *Althaea rosea*（L.）Cav. | 草本 | | | 缙志 | 见到 | |
| 锦葵科 | 锦葵属 *Malva* | 冬葵* | *Malva verticillata* L. | 草本 | | LC | 缙志 | 见到 | 有 |
| 锦葵科 | 锦葵属 *Malva* | 锦葵* | *Malva sinensis* Cav. | 草本 | | | 缙志 | 见到 | |
| 锦葵科 | 梵天花属 *Urena* | 地桃花 | *Urena lobata* L. | 草本 | | LC | 缙志 | 见到 | 有 |
| 锦葵科 | 悬铃花属 *Malvaviscus* | 垂花悬铃花* | *Malvaviscus arboreus* Cav. var. *penduliflorus*（DC.）Schery | 草本 | | | 缙志 | 见到 | |
| 锦葵科 | 秋葵属 *Abelmoschus* | 黄蜀葵* | *Abelmoschus manihot*（L.）Medicus | 草本 | | LC | 缙志 | 见到 | 有 |

续表

| 科名 | 属名 | 中文名 | 拉丁名 | 生活型 | IUCN | 红色名录 | 资料来源 | 本次调查 | 照片 |
|---|---|---|---|---|---|---|---|---|---|
| 锦葵科 | 木槿属 *Hibiscus* | 木芙蓉* | *Hibiscus mutabilis* L. | 灌木 | | | 缙志 | 见到 | |
| 锦葵科 | 木槿属 *Hibiscus* | 朱槿* | *Hibiscus rosa-sinensis* L. | 灌木 | | | 缙志 | 见到 | |
| 锦葵科 | 木槿属 *Hibiscus* | 吊灯扶桑* | *Hibiscus schizopetalus*（Masters）Hook. f. | 藤本 | | | 缙志 | 见到 | |
| 锦葵科 | 木槿属 *Hibiscus* | 木槿* | *Hibiscus syriacus* L. | 灌木 | | | 缙志 | 见到 | |
| 大风子科 | 山桐子属 *Idesia* | 山桐子 | *Idesia polycarpa* Maxim. | 乔木 | | LC | 缙志 | 见到 | 有 |
| 大风子科 | 栀子皮属 *Itoa* | 栀子皮* | *Itoa orientalis* Hemsl | 乔木 | | CR | 缙志 | 见到 | 有 |
| 大风子科 | 柞木属 *Xylosma* | 柞木 | *Xylosma japonicum*（Walp.）A. Gray | 灌木 | | | 缙志 | 见到 | 有 |
| 旌节花科 | 旌节花属 *Stachyurus* | 喜马拉雅旌节花 | *Stachyurus himalaicus* Hook. f. et Thoms. | 灌木 | | LC | 缙志 | 见到 | 有 |
| 旌节花科 | 旌节花属 *Stachyurus* | 倒卵叶旌节花 | *Stachyurus obovatus*（Rehd.）Li | 灌木 | | LC | 缙志 | 见到 | |
| 堇菜科 | 堇菜属 *Viola* | 三色堇* | *Viola tricolor* L. | 草本 | | | 缙志 | 见到 | |
| 堇菜科 | 堇菜属 *Viola* | 戟叶堇菜 | *Viola betonicifolia* J. E. Smith | 草本 | | | 缙志 | 见到 | 有 |
| 堇菜科 | 堇菜属 *Viola* | 七星莲 | *Viola diffusa* Ging. | 草本 | | LC | 缙志 | 见到 | 有 |
| 堇菜科 | 堇菜属 *Viola* | 浅圆齿堇菜 | *Viola schneideri* W. Beck. | 草本 | | | 缙志 | 见到 | 有 |
| 堇菜科 | 堇菜属 *Viola* | 堇菜 | *Viola verecunda* A. Gray | 草本 | | | 缙志 | 见到 | 有 |
| 堇菜科 | 堇菜属 *Viola* | 长萼堇菜 | *Viola inconspicua* Bl. | 草本 | | | 缙志 | 见到 | 有 |
| 堇菜科 | 堇菜属 *Viola* | 多花堇菜 | *Viola pseudo-monbeigii* Chang | 草本 | | | 缙志 | | |
| 柽柳科 | 柽柳属 *Tamarix* | 柽柳* | *Tamarix chinensis* Lour. | 乔木 | | | 缙志 | | |
| 柽柳科 | 柽柳属 *Tamarix* | 疏花水柏枝* | *Myricaria laxiflora*（Franch.）P. Y. Zhang et Y. J. Zhang | 灌木 | | EN | | | |
| 葫芦科 | 南瓜属 *Cucurbita* | 西葫芦* | *Cucurbita pepo* L. | 草本 | | | 缙志 | 见到 | |
| 葫芦科 | 南瓜属 *Cucurbita* | 南瓜* | *Cucurbita moschata*（Duch. ex Lam.）Poir. | 草本 | | | 缙志 | 见到 | 有 |
| 葫芦科 | 南瓜属 *Cucurbita* | 笋瓜* | *Cucurbita maxima* Duch. ex Lam. | 藤本 | | | 缙志 | | |
| 葫芦科 | 丝瓜属 *Luffa* | 丝瓜* | *Luffa cylindrica*（L.）Roem. | 藤本 | | | 缙志 | 见到 | |
| 葫芦科 | 冬瓜属 *Benincasa* | 冬瓜* | *Benincasa hispida*（Thunb.）Cogn. | 藤本 | | | 缙志 | 见到 | 有 |
| 葫芦科 | 西瓜属 *Citrullus* | 西瓜* | *Citrullus lanatus*（Thunb.）Mansfeld | 藤本 | | | 缙志 | 见到 | |
| 葫芦科 | 黄瓜属 *Cucumis* | 甜瓜* | *Cucumis melo* L. | 藤本 | | LC | 缙志 | 见到 | |
| 葫芦科 | 黄瓜属 *Cucumis* | 菜瓜* | *Cucumis melo* cv. Conomon | 草本 | | LC | 缙志 | 见到 | |
| 葫芦科 | 黄瓜属 *Cucumis* | 黄瓜* | *Cucumis sativus* L. | 草本 | | | 缙志 | 见到 | 有 |
| 葫芦科 | 佛手瓜属 *Sechium* | 佛手瓜* | *Sechium edule*（Jacq.）Sw. | 藤本 | | | 缙志 | 见到 | |
| 葫芦科 | 绞股蓝属 *Gynostemma* | 绞股蓝 | *Gynostemma pentaphyllum*（Thunb.）Makino | 藤本 | | LC | 缙志 | 见到 | 有 |
| 葫芦科 | 葫芦属 *Lagenaria* | 葫芦* | *Lagenaria siceraria*（Molina）Standl. | 草本 | | | 缙志 | 见到 | 有 |
| 葫芦科 | 葫芦属 *Lagenaria* | 瓠子* | *Lagenaria siceraria*（Molina）Standl. cv. Hispida | 草本 | | | 缙志 | 见到 | |
| 葫芦科 | 苦瓜属 *Momordica* | 苦瓜* | *Momordica charantia* L. | 草本 | | | 缙志 | 见到 | 有 |

续表

| 科名 | 属名 | 中文名 | 拉丁名 | 生活型 | IUCN | 红色名录 | 资料来源 | 本次调查 | 照片 |
|---|---|---|---|---|---|---|---|---|---|
| 葫芦科 | 赤瓟属 *Thladiantha* | 鄂赤瓟 | *Thladiantha oliveri* Cogn. ex Mottet | 草本 | | | 缙志 | 见到 | |
| 葫芦科 | 赤瓟属 *Thladiantha* | 大苞赤瓟 | *Thladiantha cordifolia*（Bl.）Cogn. | 藤本 | | LC | 缙志 | 见到 | |
| 葫芦科 | 栝楼属 *Trichosanthes* | 栝楼 | *Trichosanthes kirilowii* Maxim. | 藤本 | | LC | 缙志 | 见到 | |
| 葫芦科 | 栝楼属 *Trichosanthes* | 全缘栝楼 | *Trichosanthes origera* Bl. | 藤本 | | | 缙志 | | |
| 葫芦科 | 栝楼属 *Trichosanthes* | 中华栝楼 | *Trichosanthes rosthornii* Harms T. *guizhouensis* C. Y. Cheng | 藤本 | | LC | 缙志 | 见到 | 有 |
| 葫芦科 | 马[瓜@交]儿属 *Zehneria* | 钮子瓜 | *Zehneria maysorensis*（Wight et Arn.）Arn. | 藤本 | | | 缙志 | 见到 | |
| 秋海棠科 | 秋海棠属 *Begonia* | 缙云秋海棠 | *Begonia jinyunensis* C.-I Peng，B. Ding & Q. Wang. | 草本 | | | 缙志 | | 有 |
| 秋海棠科 | 秋海棠属 *Begonia* | 四季海棠* | *Begonia semperflorens* Link et Otto | 草本 | | | 缙志 | 见到 | |
| 杨柳科 | 杨属 *Populus* | 响叶杨 | *Populus adenopoda* Maxim. | 乔木 | | LC | 缙志 | 见到 | |
| 杨柳科 | 杨属 *Populus* | 钻天杨* | *Populus nigra* L. var. *italica* Koehne | 乔木 | | LC | 缙志 | | |
| 杨柳科 | 杨属 *Populus* | 毛白杨* | *Populus tomentosa* Carr. | 乔木 | | LC | 缙志 | 见到 | |
| 杨柳科 | 杨属 *Populus* | 加拿大杨* | *Populus* × *canadensis* Moench | 乔木 | | | 缙志 | | |
| 杨柳科 | 柳属 *Salix* | 垂柳* | *Salix babylonica* L. | 乔木 | | LC | 缙志 | 见到 | |
| 杨柳科 | 柳属 *Salix* | 南川柳 | *Salix rosthornii* Seemen | 乔木 | | | | 见到 | |
| 杨柳科 | 柳属 *Salix* | 秋华柳 | *Salix variegata* Franch. | 乔木 | | LC | 缙志 | 见到 | |
| 白花菜科 | 白花菜属 *Cleome* | 西洋白花菜（醉蝶花）* | *Cleome spinosa* Jacq. | 草本 | | | 缙志 | 见到 | 有 |
| 白花菜科 | 鱼木属 *Crateva* | 鱼木* | *Crateva formosensis*（Jacobs）B. S. Sun | 乔木 | | LC | 缙志 | 见到 | 有 |
| 十字花科 | 鼠耳芥属 *Arabidopsis* | 拟南芥 | *Arabidopsis thaliana*（L.）Heynh. | 草本 | | LC | 缙志 | | |
| 十字花科 | 芸薹属 *Brassica* | 大白菜* | *Brassica pekinensis*（Lour.）Rupr. | 草本 | | | 缙志 | 见到 | |
| 十字花科 | 芸薹属 *Brassica* | 塌棵菜* | *Brassica narinosa* L. H. Bailey | 草本 | | | 缙志 | 见到 | |
| 十字花科 | 芸薹属 *Brassica* | 芸苔（油菜）* | *Brassica campestris* L. | 草本 | | | 缙志 | 见到 | 有 |
| 十字花科 | 芸薹属 *Brassica* | 卷心菜（莲花白）* | *Brassica oleracea* L. var. *capitata* L. | 草本 | | | 缙志 | 见到 | |
| 十字花科 | 芸薹属 *Brassica* | 青菜（小白菜）* | *Brassica chinensis* L. | 草本 | | | 缙志 | 见到 | |
| 十字花科 | 芸薹属 *Brassica* | 芥菜* | *Brassica juncea*（L.）Czern. et Coss. | 草本 | | | 缙志 | 见到 | |
| 十字花科 | 芸薹属 *Brassica* | 花椰菜（花菜）* | *Brassica oleracea* L. var. *botrytis* L. | 草本 | | | 缙志 | 见到 | |
| 十字花科 | 芸薹属 *Brassica* | 擘兰（球茎甘兰）* | *Brassica caulorapa*（DC.）Pasq. | 草本 | | | 缙志 | 见到 | |
| 十字花科 | 芸薹属 *Brassica* | 欧洲油菜（胜利油菜）* | *Brassica napus* L. | 草本 | | | 缙志 | 见到 | |
| 十字花科 | 荠属 *Capsella* | 荠 | *Capsella bursa-pastoris*（L.）Medic. | 草本 | | LC | 缙志 | 见到 | |
| 十字花科 | 碎米荠属 *Cardamine* | 弯曲碎米荠 | *Cardamine flexuosa* With. | 草本 | | | 缙志 | 见到 | |
| 十字花科 | 碎米荠属 *Cardamine* | 碎米荠 | *Cardamine hirsuta* L. | 草本 | | | 缙志 | 见到 | 有 |

续表

| 科名 | 属名 | 中文名 | 拉丁名 | 生活型 | IUCN | 红色名录 | 资料来源 | 本次调查 | 照片 |
|---|---|---|---|---|---|---|---|---|---|
| 十字花科 | 碎米荠属 *Cardamine* | 弹裂碎米荠 | *Cardamine impatiens* L. | 草本 | | | 缙志 | 见到 | |
| 十字花科 | 桂竹香属 *Cheiranthus* | 桂竹香* | *Cheiranthus cheiri* L. | 草本 | | | 缙志 | | |
| 十字花科 | 岩荠属 *Cochlearia* | 卵叶岩荠 | *Cochlearia paradoxa*（Hance）O. E. Schulz | 草本 | | | 缙志 | | |
| 十字花科 | 臭荠属 *Coronopus* | 臭荠 | *Coronopus didymus*（L.）J. E. Smith | 草本 | | LC | | 见到 | 有 |
| 十字花科 | 糖芥属 *Erysimum* | 小花糖芥 | *Erysimum cheiranthoides* L. | 草本 | | LC | 缙志 | | |
| 十字花科 | 山嵛菜属 *Eutrema* | 细弱山嵛菜 | *Eutrema yunnanense* Franch. var. *tenerum* O. E. Schulz | 草本 | | LC | 缙志 | 见到 | |
| 十字花科 | 独行菜属 *Lepidium* | 楔叶独行菜 | *Lepidium cuneiforme* C. Y. Wu | 草本 | | | 缙志 | | |
| 十字花科 | 诸葛菜属 *Orychophragmus* | 诸葛菜 | *Orychophragmus violaceus*（L.）O. E. Schulz | 草本 | | LC | 缙志 | 见到 | 有 |
| 十字花科 | 萝卜属 *Raphanus* | 萝卜* | *Raphanus sativus* L. | 草本 | | | 缙志 | 见到 | |
| 十字花科 | 蔊菜属 *Rorippa* | 无瓣蔊菜 | *Rorippa dubia*（Pers.）Hara | 草本 | | LC | 缙志 | 见到 | |
| 十字花科 | 蔊菜属 *Rorippa* | 蔊菜 | *Rorippa indica*（L.）Hiern | 草本 | | LC | 缙志 | 见到 | 有 |
| 十字花科 | 蔊菜属 *Rorippa* | 沼生蔊菜 | *Rorippa islandica*（Oed.）Rorb.［*R. palustris*（Leyss.）Bess.］ | 草本 | | | 缙志 | 见到 | |
| 杜鹃花科 | 白珠树属 *Gaultheria* | 滇白珠 | *Gaultheria leucocarpa* var. *crenulata*（Kurz）T.Z.Hsu | 灌木 | | DD | 缙志 | | |
| 杜鹃花科 | 杜鹃属 *Rhododendron* | 腺萼马银花 | *Rhododendron bachii* Lévl. | 灌木 | | | 缙志 | 见到 | 有 |
| 杜鹃花科 | 杜鹃属 *Rhododendron* | 羊踯躅* | *Rhododendron molle*（Bl.）G. Don | 灌木 | | LC | 缙志 | | |
| 杜鹃花科 | 杜鹃属 *Rhododendron* | 白花杜鹃（毛白杜鹃）* | *Rhododendron mucronatum*（Bl.）G. Don | 灌木 | | | 缙志 | 见到 | 有 |
| 杜鹃花科 | 杜鹃属 *Rhododendron* | 皋月杜鹃（山城杜鹃） | *Rhododendron indicum*（L.）Sweet | 灌木 | | | 缙志 | 见到 | 有 |
| 杜鹃花科 | 杜鹃属 *Rhododendron* | 杜鹃（映山红） | *Rhododendron simsii* Planch. | 灌木 | | LC | 缙志 | 见到 | 有 |
| 杜鹃花科 | 杜鹃属 *Rhododendron* | 长蕊杜鹃 | *Rhododendron stamineum* Franch. | 灌木 | | DD | 缙志 | 见到 | 有 |
| 杜鹃花科 | 越桔属 *Vaccinium* | 江南越橘 | *Vaccinium mandarinorum* Diels | 灌木 | | LC | 缙志 | 见到 | 有 |
| 柿科 | 柿属 *Diospyros* | 乌柿 | *Diospyros cathayensis* Steward | 乔木 | | LC | 缙志 | 见到 | 有 |
| 柿科 | 柿属 *Diospyros* | 柿* | *Diospyros kaki* Thunb. | 乔木 | | LC | 缙志 | 见到 | 有 |
| 柿科 | 柿属 *Diospyros* | 罗浮柿 | *Diospyros morrisiana* Hance | 乔木 | | LC | 缙志 | 见到 | 有 |
| 柿科 | 柿属 *Diospyros* | 油柿* | *Diospyros oleifera* Cheng | 乔木 | | | 缙志 | | |
| 安息香科 | 赤杨叶属 *Alniphyllum* | 赤杨叶 | *Alniphyllum fortunei*（Hemsl.）Makino | 乔木 | | LC | 缙志 | 见到 | 有 |
| 安息香科 | 陀螺果属 *Melliodendron* | 鸦头梨（陀螺果） | *Melliodendron xylocarpum* Hand.-Mazz. | 乔木 | | LC | 缙志 | | |
| 安息香科 | 白辛树属 *Pterostyrax* | 白辛树* | *Pterostyrax psilophyllus* Diels ex Perk. | 乔木 | | NT | 缙志 | 见到 | 有 |
| 安息香科 | 木瓜红属 *Rehderodendron* | 木瓜红* | *Rehderodendron macrocarpum* Hu | 乔木 | NT | VU | 缙志 | 见到 | 有 |
| 安息香科 | 秤锤树属 *Sinojackia* | 长果秤锤树* | *Sinojackia dolichocarpa* C. J. Qi | 乔木 | | EN | 缙志 | | |
| 安息香科 | 秤锤树属 *Sinojackia* | 秤锤树* | *Sinojackia xylocarpa* Hu | 乔木 | VU | EN | 缙志 | | |

续表

| 科名 | 属名 | 中文名 | 拉丁名 | 生活型 | IUCN | 红色名录 | 资料来源 | 本次调查 | 照片 |
|---|---|---|---|---|---|---|---|---|---|
| 安息香科 | 安息香属 *Styrax* | 野茉莉 | *Styrax japonica* Sieb. et Zucc. | 乔木 | | | 缙志 | 见到 | 有 |
| 山矾科 | 山矾属 *Symplocos* | 总状山矾 | *Symplocos botryantha* Franch. | 乔木 | | | 缙志 | 见到 | 有 |
| 山矾科 | 山矾属 *Symplocos* | 光叶山矾 | *Symplocos lancifolia* Sieb. et Zucc. | 乔木 | | LC | 缙志 | 见到 | 有 |
| 山矾科 | 山矾属 *Symplocos* | 黄牛奶树 | *Symplocos laurina*（Retz.）Wall. ex G. Don | 乔木 | | | 缙志 | 见到 | |
| 山矾科 | 山矾属 *Symplocos* | 白檀 | *Symplocos paniculata*（Thunb.）Miq. | 乔木 | | LC | 缙志 | 见到 | |
| 山矾科 | 山矾属 *Symplocos* | 四川山矾 | *Symplocos setchuanensis* Brand. | 乔木 | | | 缙志 | 见到 | 有 |
| 山矾科 | 山矾属 *Symplocos* | 老鼠矢 | *Symplocos stellaris* Brand. | 乔木 | | LC | 缙志 | 见到 | |
| 紫金牛科 | 紫金牛属 *Ardisia* | 北碚紫金牛 | *Ardisia beibeinensis* Z. Y. Zhu | 灌木 | | | 缙志 | | |
| 紫金牛科 | 紫金牛属 *Ardisia* | 九管血 | *Ardisia brevicaulis* Diels | 灌木 | | LC | 缙志 | 见到 | |
| 紫金牛科 | 紫金牛属 *Ardisia* | 朱砂根 | *Ardisia crenata* Sims f. *hortensis*（Migo）W. Z. Fang et K.Yao | 灌木 | | LC | 缙志 | 见到 | 有 |
| 紫金牛科 | 紫金牛属 *Ardisia* | 缙云紫金牛 | *Ardisia jinyunensis* Z. Y. Zhu | 灌木 | | | 缙志 | 见到 | 有 |
| 紫金牛科 | 紫金牛属 *Ardisia* | 大罗伞 | *Ardisia hanceana* Mez. | 灌木 | | LC | 缙志 | | |
| 紫金牛科 | 紫金牛属 *Ardisia* | 百两金 | *Ardisia crispa*（Thunb.）A. DC. | 灌木 | | LC | 缙志 | 见到 | 有 |
| 紫金牛科 | 紫金牛属 *Ardisia* | 月月红 | *Ardisia faberi* Hemsl. | 灌木 | | LC | 缙志 | 见到 | |
| 紫金牛科 | 紫金牛属 *Ardisia* | 紫金牛 | *Ardisia japonica*（Thunb.）Bl. | 灌木 | | LC | 缙志 | 见到 | 有 |
| 紫金牛科 | 酸藤子属 *Embelia* | 网脉酸藤子 | *Embelia rudis* Hand.-Mazz. | 藤本 | | LC | 缙志 | 见到 | 有 |
| 紫金牛科 | 杜茎山属 *Maesa* | 杜茎山 | *Maesa japonica*（Thunb.）Moritzi et Zollinger | 灌木 | | LC | 缙志 | 见到 | 有 |
| 紫金牛科 | 杜茎山属 *Maesa* | 金珠柳 | *Maesa montana* A. DC. | 灌木 | | LC | 缙志 | 见到 | 有 |
| 紫金牛科 | 铁仔属 *Myrsine* | 铁仔 | *Myrsine africana* L. | 灌木 | | LC | 缙志 | 见到 | 有 |
| 紫金牛科 | 铁仔属 *Myrsine* | 针齿铁仔 | *Myrsine semiserrata* Wall. | 灌木 | | LC | 缙志 | | |
| 紫金牛科 | 密花树属 *Rapanea* | 密花树 | *Rapanea neriifolia*（Sieb. et Zucc.）Mez. | 乔木 | | | 缙志 | | |
| 报春花科 | 点地梅属 *Androsace* | 点地梅 | *Androsace umbellata*（Lour.）Merr. | 草本 | | | 缙志 | | |
| 报春花科 | 珍珠菜属 *Lysimachia* | 泽珍珠菜 | *Lysimachia candida* Lindl. | 草本 | | | 缙志 | 见到 | |
| 报春花科 | 珍珠菜属 *Lysimachia* | 细梗香草 | *Lysimachia capillipes* Hemsl. | 草本 | | LC | 缙志 | 见到 | 有 |
| 报春花科 | 珍珠菜属 *Lysimachia* | 过路黄 | *Lysimachia christinae* Hance | 草本 | | | 缙志 | 见到 | 有 |
| 报春花科 | 珍珠菜属 *Lysimachia* | 聚花过路黄（临时救） | *Lysimachia congestiflora* Hemsl. | 草本 | | | 缙志 | 见到 | 有 |
| 报春花科 | 珍珠菜属 *Lysimachia* | 管茎过路黄 | *Lysimachia fistulosa* Hand.-Mazz. | 草本 | | LC | 缙志 | 见到 | |
| 报春花科 | 珍珠菜属 *Lysimachia* | 五岭管茎过路黄 | *Lysimachia fistulosa* Hand.-Mazz. var. *wulingensis* Chen et C. M. Hu | 草本 | | LC | 缙志 | | |
| 报春花科 | 珍珠菜属 *Lysimachia* | 宜昌过路黄 | *Lysimachia henryi* Hemsl. | 草本 | | NT | 缙志 | 见到 | 有 |
| 报春花科 | 珍珠菜属 *Lysimachia* | 琴叶过路黄 | *Lysimachia ophelioides* Hemsl. | 草本 | | NT | 缙志 | 见到 | |
| 报春花科 | 珍珠菜属 *Lysimachia* | 落地梅 | *Lysimachia paridiformis* Franch. | 草本 | | LC | 缙志 | 见到 | 有 |
| 报春花科 | 报春花属 *Primula* | 藏报春* | *Primula sinensis* Sabine ex Lindl. | 草本 | | EN | 缙志 | 见到 | 有 |

续表

| 科名 | 属名 | 中文名 | 拉丁名 | 生活型 | IUCN | 红色名录 | 资料来源 | 本次调查 | 照片 |
|---|---|---|---|---|---|---|---|---|---|
| 报春花科 | 报春花属 *Primula* | 报春花* | *Primula malacoides* Franch. | 草本 | | LC | 缙志 | 见到 | 有 |
| 海桐花科 | 海桐花属 *Pittosporum* | 海桐* | *Pittosporum tobira*（Thunb.）Ait. | 乔木 | | DD | 缙志 | 见到 | |
| 海桐花科 | 海桐花属 *Pittosporum* | 崖花海桐 | *Pittosporum illicioides* Makino | 乔木 | | LC | 缙志 | 见到 | |
| 海桐花科 | 海桐花属 *Pittosporum* | 木果海桐 | *Pittosporum xylocarpum* Hu et Wang | 乔木 | | LC | 缙志 | 见到 | |
| 景天科 | 落地生根属 *Bryophyllum* | 落地生根* | *Bryophyllum pinnatum*（L.f.）Oken | 草本 | | | 缙志 | 见到 | |
| 景天科 | 青锁龙属 *Crassula* | 燕子掌* | *Crassula portulacea* L. | 草本 | | | | 见到 | |
| 景天科 | 伽蓝菜属 *Kalanchoe* | 长寿花* | *Kalanchoe blossfeldiana* V. Poelnitz | 草本 | | | | 见到 | |
| 景天科 | 伽蓝菜属 *Kalanchoe* | 伽蓝菜（裂叶落地生根）* | *Kalanchoe laciniata*（L.）DC. | 草本 | | | 缙志 | 见到 | |
| 景天科 | 景天属 *Sedum* | 费菜* | *Sedum aizoon* L. | 草本 | | | 缙志 | 见到 | |
| 景天科 | 景天属 *Sedum* | 珠芽景天 | *Sedum buibiferum* Makino | 草本 | | | 缙志 | 见到 | 有 |
| 景天科 | 景天属 *Sedum* | 细叶景天 | *Sedum elatinoides* Franch. | 草本 | | LC | 缙志 | 见到 | |
| 景天科 | 景天属 *Sedum* | 石板菜（凹叶景天） | *Sedum emarginatum* Migo | 草本 | | | 缙志 | 见到 | 有 |
| 景天科 | 八宝属 *Hylotelephium* | 八宝* | *Hylotelephium erythrostictum*（Miq.）H. Ohba | 草本 | | | 2009年科考 | | |
| 景天科 | 景天属 *Sedum* | 佛甲草 | *Sedum lineare* Thunb. | 草本 | | | 缙志 | 见到 | 有 |
| 景天科 | 景天属 *Sedum* | 驴尾景天* | *Sedum morganianum* E.Walth. | 草本 | | | 2009年科考 | | |
| 景天科 | 景天属 *Sedum* | 齿叶景天* | *Sedum odontophyllum* Frod. | 草本 | | | 缙志 | | |
| 景天科 | 景天属 *Sedum* | 红葡萄景天* | *Sedum rubrotinctum* Clausen | 草本 | | | 2009年科考 | | |
| 景天科 | 景天属 *Sedum* | 垂盆草 | *Sedum sarmentosum* Bunge | 草本 | | LC | 缙志 | 见到 | |
| 景天科 | 石莲属 *Sinocrassula* | 绿花石莲 | *Sinocrassula indica*（Decne.）Berger var. *viridiflora* K. T. Fu | 草本 | | LC | 缙志 | 见到 | |
| 景天科 | 拟石莲属 *Echeveria* | 石莲花* | *Echeveria secunda* W. B. Booth var. *glauca*（Baker）Otto | 灌木 | | | | 见到 | |
| 虎耳草科 | 溲疏属 *Deutzia* | 齿叶溲疏* | *Deutzia crenata* Sieb. et Zucc.（*Deutzia scabra* auct. non Thunb.） | 灌木 | | | | 见到 | |
| 虎耳草科 | 溲疏属 *Deutzia* | 多花溲疏 | *Deutzia setchuenensis* Franch.var. *corymbiflora*（Lemoine ex Andre）Rehd. | 灌木 | | LC | 缙志 | 见到 | |
| 虎耳草科 | 溲疏属 *Deutzia* | 白花重瓣溲疏* | *Deutzia setchuenensis* sp. | 灌木 | | | | 见到 | 有 |
| 虎耳草科 | 常山属 *Dichroa* | 常山 | *Dichroa febrifuga* Lour. | 灌木 | | LC | 缙志 | 见到 | 有 |
| 虎耳草科 | 绣球属 *Hydrangea* | 绣球* | *Hydrangea macrophylla*（Thunb.）Seringe | 灌木 | | | 缙志 | 见到 | |
| 虎耳草科 | 绣球属 *Hydrangea* | 大花绣球* | *Hydrangea macrophylla*（Thunb.）Seringe cv. *grandiflora* | 灌木 | | | | 见到 | |
| 虎耳草科 | 绣球属 *Hydrangea* | 腊莲绣球 | *Hydrangea strigosa* Rehd.（*H. strigosa* Rehd.var. *angustifolia* Rehd.） | 灌木 | | LC | 缙志 | 见到 | |
| 虎耳草科 | 绣球属 *Hydrangea* | 山绣球 | *Hydrangea macrophylla*（Thunb.）Ser. var. *normalis* Wils. | 灌木 | | | 缙志 | 见到 | 有 |
| 虎耳草科 | 鼠刺属 *Itea* | 矩圆叶鼠刺 | *Itea chinensis* Hook et Arn.var. *oblonga*（Hand.-Mazz.） | 灌木 | | LC | 缙志 | 见到 | 有 |

续表

| 科名 | 属名 | 中文名 | 拉丁名 | 生活型 | IUCN | 红色名录 | 资料来源 | 本次调查 | 照片 |
| --- | --- | --- | --- | --- | --- | --- | --- | --- | --- |
| 虎耳草科 | 鼠刺属 *Itea* | 冬青叶鼠刺 | *Itea ilicifolia* Oliv. | 灌木 | | | | 见到 | |
| 虎耳草科 | 山梅花属 *Philadelphus* | 山梅花* | *Philadelphus incanus* Koehne | 灌木 | | LC | 缙志 | | |
| 虎耳草科 | 盖冠腾属 *Pileostegia* | 冠盖藤 | *Pileostegia viburnoides* Hook.f.et Thoms | 灌木 | | LC | 缙志 | 见到 | 有 |
| 虎耳草科 | 虎耳草属 *Saxifraga* | 虎耳草 | *Saxifraga stolonifera* Curt. [*S. stolonifera* var. *immaculata*（Diels.）Hand.-Mazz] | 草本 | | LC | 缙志 | 见到 | 有 |
| 蔷薇科 | 龙芽草属 *Agrimonia* | 龙芽草 | *Agrimonia pilosa* Ldb. | 草本 | | LC | 缙志 | 见到 | |
| 蔷薇科 | 龙芽草属 *Agrimonia* | 黄龙尾 | *Agrimonia pilosa* Ldb. var. *nepalensis*（D. Don）Nakai | 草本 | | | 缙志 | | |
| 蔷薇科 | 桃属 *Amygdalus* | 桃* | *Prunus persica*（L.）Batsch. | 乔木 | | | 缙志 | 见到 | 有 |
| 蔷薇科 | 杏属 *Armeniaca* | 杏* | *Armeniaca vulgaris* Lam. | 乔木 | EN | NT | 缙志 | 见到 | |
| 蔷薇科 | 李属 *Prunus* | 红叶李* | *Prunus cerasifera* Ehrh.f. *atropurpurea*（Jacq.）Rehd. | 乔木 | | LC | 缙志 | 见到 | 有 |
| 蔷薇科 | 李属 *Prunus* | 李* | *Prunus salicina* Lindl. | 乔木 | | LC | 缙志 | 见到 | 有 |
| 蔷薇科 | 李属 *Prunus* | 梅* | *Armeniaca mume* Sieb. | 乔木 | | LC | 缙志 | 见到 | |
| 蔷薇科 | 樱属 *Cerasus* | 日本晚樱* | *Cerasus serrulata*（Lindl.）G. Don ex London var. *lannesiana*（Carr.）Makino | 乔木 | | LC | 缙志 | 见到 | |
| 蔷薇科 | 樱属 *Cerasus* | 华中樱桃 | *Cerasus conradina*（Koehne）Yu et C. L. Li | 乔木 | | LC | 缙志 | | |
| 蔷薇科 | 樱属 *Cerasus* | 尾叶樱 | *Cerasus dielsiana*（Schneid.）Yu et C. L. Li | 乔木 | | LC | 缙志 | 见到 | |
| 蔷薇科 | 樱属 *Cerasus* | 钟花樱（福建山樱花）* | *Cerasus campanulata*（Maxim.）Yu et Li | 乔木 | | LC | 缙志 | 见到 | |
| 蔷薇科 | 樱属 *Cerasus* | 樱桃* | *Cerasus pseudocerasus*（Lindl.）G. Don | 乔木 | | LC | 缙志 | 见到 | 有 |
| 蔷薇科 | 樱属 *Cerasus* | 麦李* | *Cerasus glandulosa*（Thunb.）Lois. | 灌木 | | | 缙志 | 见到 | |
| 蔷薇科 | 木瓜属 *Chaenomeles* | 皱皮木瓜（贴梗海棠）* | *Chaenomeles speciosa*（Sweet）Nakai | 灌木 | | | 缙志 | 见到 | |
| 蔷薇科 | 木瓜属 *Chaenomeles* | 日本木瓜* | *Chaenomeles japonica*（Thunb.）Lindl. ex Spach. | 灌木 | | | 缙志 | | |
| 蔷薇科 | 蛇莓属 *Duchesnea* | 皱果蛇莓 | *Duchesnea chrysantha*（Zool.et Mor.）Miq. | 草本 | | LC | 缙志 | 见到 | |
| 蔷薇科 | 蛇莓属 *Duchesnea* | 蛇莓 | *Duchesnea indica*（Andr.）Focke | 草本 | | LC | 缙志 | 见到 | 有 |
| 蔷薇科 | 枇杷属 *Eriobotrya* | 大花枇杷 | *Eriobotrya cavaleriei*（Lévl.）Rehd. | 乔木 | | LC | 缙志 | 见到 | 有 |
| 蔷薇科 | 枇杷属 *Eriobotrya* | 枇杷* | *Eriobotrya japonica* Lindl. | 乔木 | | | 缙志 | 见到 | 有 |
| 蔷薇科 | 路边青属 *Geum* | 柔毛路边青 | *Geum japonicum* Thunb. var. *chinense* F. Bolle | 草本 | | LC | 缙志 | 见到 | |
| 蔷薇科 | 棣棠花属 *Kerria* | 棣棠* | *Kerria japonica*（L.）DC. | 灌木 | | LC | 缙志 | 见到 | 有 |
| 蔷薇科 | 棣棠花属 *Kerria* | 重瓣棣棠* | *Kerria japonica*（L.）DC. f. *pleniflora*（Witte）Rehd. | 灌木 | | | 缙志 | | |
| 蔷薇科 | 桂樱属 *Laurocerasus* | 刺叶桂樱 | *Laurocerasus spinulosa*（Sieb. et Zucc.）Schneid. | 乔木 | | LC | 缙志 | 见到 | |
| 蔷薇科 | 桂樱属 *Laurocerasus* | 大叶桂樱 | *Laurocerasus zippeliana*（Miq.）Yu et Lu | 乔木 | | LC | 缙志 | 见到 | 有 |
| 蔷薇科 | 苹果属 *Malus* | 垂丝海棠* | *Malus halliana* Koehne | 灌木 | | | 缙志 | 见到 | |
| 蔷薇科 | 苹果属 *Malus* | 苹果* | *Malus pumila* Mill. | 乔木 | | EN | 缙志 | 见到 | |
| 蔷薇科 | 苹果属 *Malus* | 湖北海棠* | *Malus hupehensis*（Pamp.）Rehd. | 灌木 | | LC | 缙志 | 见到 | |

续表

| 科名 | 属名 | 中文名 | 拉丁名 | 生活型 | IUCN | 红色名录 | 资料来源 | 本次调查 | 照片 |
|---|---|---|---|---|---|---|---|---|---|
| 蔷薇科 | 草莓属 *Fragaria* | 草莓* | *Fragaria ananassa* Duch. | 藤本 | | | 缙志 | 见到 | |
| 蔷薇科 | 石楠属 *Photinia* | 椤木石楠 | *Photinia davidsoniae* Rehd. et Wils. | 乔木 | | | 缙志 | 见到 | |
| 蔷薇科 | 石楠属 *Photinia* | 光叶石楠 | *Photinia glabra*（Thunb.）Maxim. | 乔木 | | LC | 缙志 | 见到 | |
| 蔷薇科 | 石楠属 *Photinia* | 石楠 | *Photinia serrulata* Lindl. | 灌木 | | | 缙志 | 见到 | |
| 蔷薇科 | 委陵菜属 *Potentilla* | 翻白草 | *Potentilla discolor* Bunge | 草本 | | LC | 缙志 | | |
| 蔷薇科 | 委陵菜属 *Potentilla* | 三叶委陵菜 | *Potentilla freyniana* Bornm. | 草本 | | LC | 缙志 | 见到 | |
| 蔷薇科 | 委陵菜属 *Potentilla* | 绢毛匍匐委陵菜 | *Potentilla reptans* L. var. *sericophylla* Franch. | 草本 | | | 缙志 | | |
| 蔷薇科 | 委陵菜属 *Potentilla* | 蛇含委陵菜 | *Potentilla kleiniana* Wight et Arn. | 草本 | | | 缙志 | 见到 | 有 |
| 蔷薇科 | 火棘属 *Pyracantha* | 火棘 | *Pyracantha fortuneana*（Maxim.）Li | 灌木 | | LC | 缙志 | 见到 | 有 |
| 蔷薇科 | 火棘属 *Pyracantha* | 欧洲火棘* | *Pyracantha coccinea* Roem. | 灌木 | | | 缙志 | | |
| 蔷薇科 | 梨属 *Pyrus* | 沙梨* | *Pyrus pyrifolia*（Burm.f.）Nakai | 乔木 | | LC | 缙志 | 见到 | 有 |
| 蔷薇科 | 梨属 *Pyrus* | 豆梨* | *Pyrus calleryana* Decne. | 乔木 | | LC | 缙志 | | |
| 蔷薇科 | 梨属 *Pyrus* | 川梨* | *Pyrus pashia* Buch.-Ham.ex D. Don | 乔木 | | LC | 缙志 | | |
| 蔷薇科 | 蔷薇属 *Rosa* | 香水月季* | *Rosa odorata*（Andr.）Sweet | 灌木 | | LC | 缙志 | | |
| 蔷薇科 | 蔷薇属 *Rosa* | 月季花* | *Rosa chinensis* Jacq. | 灌木 | | LC | 缙志 | 见到 | 有 |
| 蔷薇科 | 蔷薇属 *Rosa* | 小果蔷薇 | *Rosa cymosa* Tratt. | 灌木 | | LC | 缙志 | 见到 | |
| 蔷薇科 | 蔷薇属 *Rosa* | 金樱子 | *Rosa laevigata* Michx. | 灌木 | | | 缙志 | 见到 | 有 |
| 蔷薇科 | 蔷薇属 *Rosa* | 野蔷薇 | *Rosa multiflora* Thunb. | 灌木 | | | 缙志 | 见到 | 有 |
| 蔷薇科 | 蔷薇属 *Rosa* | 七姊妹 | *Rosa multiflora* Thunb.var. *carnea* Thory | 灌木 | | | 缙志 | 见到 | |
| 蔷薇科 | 蔷薇属 *Rosa* | 粉团蔷薇 | *Rosa multiflora* Thunb.var. *cathayensis* Rehd.et Wils. | 灌木 | | LC | 缙志 | 见到 | |
| 蔷薇科 | 蔷薇属 *Rosa* | 单瓣缫丝花 | *Rosa roxburghii* Tratt.f. *normalis* Rehd. et Wils. | 灌木 | | NT | 缙志 | 见到 | 有 |
| 蔷薇科 | 蔷薇属 *Rosa* | 悬钩子蔷薇 | *Rosa rubus* Lévl.et Vant. | 灌木 | | LC | 缙志 | 见到 | |
| 蔷薇科 | 悬钩子属 *Rubus* | 西南悬钩子 | *Rubus assamensis* Focke | 灌木 | | LC | 缙志 | 见到 | |
| 蔷薇科 | 悬钩子属 *Rubus* | 寒莓 | *Rubus buergeri* Miq. | 灌木 | | LC | 缙志 | 见到 | 有 |
| 蔷薇科 | 悬钩子属 *Rubus* | 山莓 | *Rubus corchorifolius* L. f. | 灌木 | | LC | 缙志 | 见到 | 有 |
| 蔷薇科 | 悬钩子属 *Rubus* | 插田泡 | *Rubus coreanus* Miq. | 灌木 | | LC | | 见到 | |
| 蔷薇科 | 悬钩子属 *Rubus* | 宜昌悬钩子 | *Rubus ichangensis* Hemsl.et Ktze. | 灌木 | | LC | 缙志 | 见到 | 有 |
| 蔷薇科 | 悬钩子属 *Rubus* | 拟覆盆子 | *Rubus idaeopsis* Focke | 灌木 | | | 缙志 | | |
| 蔷薇科 | 悬钩子属 *Rubus* | 光叶高粱泡 | *Rubus lambertiamus* Ser. var. *glaber* Hemsl. | 灌木 | | | 缙志 | 见到 | |
| 蔷薇科 | 悬钩子属 *Rubus* | 棠叶悬钩子 | *Rubus malifolius* Focke | 灌木 | | LC | 缙志 | 见到 | 有 |
| 蔷薇科 | 悬钩子属 *Rubus* | 乌泡子 | *Rubus parkeri* Hance | 灌木 | | LC | 缙志 | 见到 | |
| 蔷薇科 | 悬钩子属 *Rubus* | 茅莓 | *Rubus parvifolius* L. | 灌木 | | | 缙志 | 见到 | 有 |

续表

| 科名 | 属名 | 中文名 | 拉丁名 | 生活型 | IUCN | 红色名录 | 资料来源 | 本次调查 | 照片 |
| --- | --- | --- | --- | --- | --- | --- | --- | --- | --- |
| 蔷薇科 | 悬钩子属 *Rubus* | 陕西悬钩子 | *Rubus piluliferus* Focke | 灌木 | | LC | 缙志 | 见到 | |
| 蔷薇科 | 悬钩子属 *Rubus* | 红毛悬钩子 | *Rubus pinfaensis* Lévl.et Vant. | 灌木 | | LC | 缙志 | 见到 | |
| 蔷薇科 | 悬钩子属 *Rubus* | 五叶鸡爪茶 | *Rubus playfairianus* Hemsl.ex Focke | 灌木 | | LC | 缙志 | | |
| 蔷薇科 | 悬钩子属 *Rubus* | 空心泡 | *Rubus rosaefolius* Smith | 灌木 | | LC | 缙志 | 见到 | 有 |
| 蔷薇科 | 悬钩子属 *Rubus* | 川莓 | *Rubus setchuenensis* Bur.et Franch. | 灌木 | | LC | 缙志 | 见到 | 有 |
| 蔷薇科 | 悬钩子属 *Rubus* | 红腺悬钩子 | *Rubus sumatranus* Miq. | 灌木 | | LC | 缙志 | 见到 | |
| 蔷薇科 | 花楸属 *Sorbus* | 美脉花楸 | *Sorbus caloneura*（Stapf）Rehd. | 乔木 | | LC | 缙志 | | |
| 蔷薇科 | 花楸属 *Sorbus* | 石灰花楸 | *Sorbus folgneri*（Schneid.）Rehd. | 乔木 | | LC | 缙志 | | |
| 蔷薇科 | 绣线菊属 *Spiraea* | 麻叶绣线菊* | *Spiraea cantonensis* Lour. | 灌木 | | | 缙志 | 见到 | 有 |
| 蔷薇科 | 绣线菊属 *Spiraea* | 无毛粉花绣线菊* | *Spiraea japonica* L. f. var. *glabra*（Regel）Koidz. | 灌木 | | LC | 缙志 | 见到 | |
| 蔷薇科 | 红果树属 *Stranvaesia* | 波叶红果树 | *Stranvaesia davidiana* Dcne. var. *undulate*（Dcne.）Rehd. et Wils.（*S. undulata* Dcne.） | 灌木 | | LC | 缙志 | | |
| 蔷薇科 | 红果树属 *Stranvaesia* | 绒毛红果树 | *Stranvaesia tomentosa* Yu et Ku | 灌木 | NT | LC | 缙志 | 见到 | 有 |
| 含羞草科 | 金合欢属 *Acacia* | 藤金合欢 | *Acacia sinuata*（Lour.）Merr. | 藤本 | | LC | 缙志 | | |
| 含羞草科 | 金合欢属 *Acacia* | 台湾相思* | *Acacia confusa* Merr. | 乔木 | | | 缙志 | | |
| 含羞草科 | 金合欢属 *Acacia* | 黑荆（澳洲金合欢）* | *Acacia mearnsii* De Wilde | 乔木 | | | 缙志 | 见到 | 有 |
| 含羞草科 | 合欢属 *Albizia* | 山槐 | *Albizia kalkora*（Roxb.）Prain | 乔木 | | LC | 缙志 | 见到 | |
| 含羞草科 | 含羞草属 *Mimosa* | 含羞草* | *Mimosa pudica* L. | 草本 | LC | | 缙志 | | |
| 含羞草科 | 含羞草属 *Mimosa* | 光荚含羞树* | *Mimosa sepiaria* Benth. | 灌木 | | | 缙志 | | |
| 含羞草科 | 猴耳环属 *Pithecellobium* | 亮叶猴耳环 | *Pithecellobium lucidum* Benth. | 乔木 | | LC | 缙志 | 见到 | 有 |
| 云实科 | 任豆属 *Zenia* | 任木* | *Zenia insignis* Chun | 乔木 | | | | 见到 | 有 |
| 云实科 | 黄耆属 *Astragalus* | 紫云英 | *Astragalus sinicus* L. | 草本 | | | 缙志 | | |
| 云实科 | 羊蹄甲属 *Bauhinia* | 鄂羊蹄甲 | *Bauhinia glauca*（Wall. ex Benth.）Benth. subsp. *hupehana*（Craib）T.Chen | 乔木 | | | 缙志 | 见到 | |
| 云实科 | 云实属 *Caesalpinia* | 华南云实 | *Caesalpinia crista* L.（*Caesalpinia szechuanensis* Craib） | 灌木 | | | 缙志 | 见到 | 有 |
| 云实科 | 云实属 *Caesalpinia* | 云实 | *Caesalpinia decapetala*（Roth）Alston（*C. sepiaria* Roxb.） | 灌木 | | LC | 缙志 | 见到 | |
| 云实科 | 云实属 *Caesalpinia* | 紫荆 | *Cercis chinensis* Bunge | 灌木 | LC | LC | 缙志 | 见到 | |
| 云实科 | 决明属 *Cassia* | 双荚决明 | *Cassia bicapsularis* L. | 灌木 | | | | 见到 | 有 |
| 云实科 | 皂荚属 *Gleditsia* | 皂荚 | *Gleditsia sinensis* Lam. | 乔木 | | LC | 缙志 | 见到 | 有 |
| 蝶形花科 | 合萌属 *Aeschynomene* | 合萌 | *Aeschynomene indica* L. | 草本 | | | 缙志 | 见到 | 有 |
| 蝶形花科 | 紫穗槐属 *Amorpha* | 紫穗槐* | *Amorpha fruticosa* L. | 乔木 | | | 缙志 | 见到 | 有 |
| 蝶形花科 | 落花生属 *Arachis* | 落花生* | *Arachis hypogaea* L. | 草本 | | | 缙志 | 见到 | |
| 蝶形花科 | 杭子梢属 *Campylotropis* | 杭子梢（宜昌杭子梢） | *Campylotropis macrocarpa*（Bunge）Rehd. | 灌木 | | LC | 缙志 | 见到 | |

续表

| 科名 | 属名 | 中文名 | 拉丁名 | 生活型 | IUCN | 红色名录 | 资料来源 | 本次调查 | 照片 |
|---|---|---|---|---|---|---|---|---|---|
| 蝶形花科 | 锦鸡儿属 *Caragana* | 锦鸡儿 | *Caragana sinica*（Buchoz）Rehd. | 灌木 | | LC | 缙志 | 见到 | 有 |
| 蝶形花科 | 猪屎豆属 *Crotalaria* | 假地蓝 | *Crotalaria ferruginea* Grah. ex Benth. | 草本 | | | 缙志 | | |
| 蝶形花科 | 黄檀属 *Dalbergia* | 南岭黄檀 | *Dalbergia balansae* Prain. | 乔木 | VU | | 缙志 | | |
| 蝶形花科 | 黄檀属 *Dalbergia* | 大金刚藤 | *Dalbergia dyeriana* Prain. ex Harms | 藤本 | | | 缙志 | | |
| 蝶形花科 | 黄檀属 *Dalbergia* | 黄檀 | *Dalbergia hupeana* Hance | 灌木 | | NT | 缙志 | 见到 | |
| 蝶形花科 | 山蚂蝗属 *Desmodium* | 小槐花 | *Desmodium caudatum*（Thunb.）DC. | 灌木 | | LC | 缙志 | 见到 | 有 |
| 蝶形花科 | 山蚂蝗属 *Desmodium* | 长波叶山蚂蝗 | *Desmodium sesquax* Wall | 灌木 | | | 缙志 | 见到 | 有 |
| 蝶形花科 | 山黑豆属 *Dumasia* | 柔毛山黑豆 | *Dumasia villosa* DC. | 藤本 | LC | LC | 缙志 | 见到 | 有 |
| 蝶形花科 | 刺桐属 *Erythrina* | 刺桐* | *Erythrina arborescens* Roxb. | 乔木 | | | 缙志 | 见到 | |
| 蝶形花科 | 刺桐属 *Erythrina* | 龙牙花* | *Erythrina corallodendron* L. | 灌木 | | | 缙志 | 见到 | 有 |
| 蝶形花科 | 大豆属 *Glycine* | 大豆（黄豆）* | *Glycine max*（L.）Merr. | 草本 | | | 缙志 | 见到 | |
| 蝶形花科 | 木蓝属 *Indigofera* | 马棘 | *Indigofera pseudotinctoria* Mats. | 灌木 | | | 缙志 | | |
| 蝶形花科 | 鸡眼草属 *Kummerowia* | 长萼鸡眼草 | *Kummerowia stipulacea*（Maxim.）Makino | 草本 | | | 缙志 | 见到 | |
| 蝶形花科 | 鸡眼草属 *Kummerowia* | 鸡眼草 | *Kummerowia striata*（Thunb.）Schindl. | 草本 | | | 缙志 | 见到 | |
| 蝶形花科 | 扁豆属 *Lablab* | 扁豆 | *Lablab purpureus*（L.）Sweet（*Dolichos labrab* L.） | 藤本 | | | 缙志 | 见到 | |
| 蝶形花科 | 胡枝子属 *Lespedeza* | 截叶铁扫帚 | *Lespedeza cuneata*（Dum.-Cours.）G. Don［*L. juncea* Pers.var. *sericea*（Thunb.）Hemsl.］ | 灌木 | | | 缙志 | 见到 | 有 |
| 蝶形花科 | 胡枝子属 *Lespedeza* | 多花胡枝子 | *Lespedeza floribunda* Bunge | 灌木 | LC | LC | 缙志 | 见到 | |
| 蝶形花科 | 胡枝子属 *Lespedeza* | 铁马鞭 | *Lespedeza pilosa*（Thunb.）Sieb.et Zucc. | 草本 | | VU | 缙志 | 见到 | |
| 蝶形花科 | 苜蓿属 *Medicago* | 天蓝苜蓿 | *Medicago lupulina* L. | 草本 | | | 缙志 | 见到 | |
| 蝶形花科 | 草木犀属 *Melilotus* | 草木犀 | *Melilotus officinalis* | 草本 | | | 缙志 | 见到 | |
| 蝶形花科 | 崖豆藤属 *Millettia* | 厚果崖豆藤 | *Millettia pachycarpa* Benth. | 藤本 | | LC | 缙志 | 见到 | 有 |
| 蝶形花科 | 崖豆藤属 *Millettia* | 香花崖豆藤 | *Millettia dielsiana* Harms | 藤本 | | | 缙志 | 见到 | 有 |
| 蝶形花科 | 黧豆属 *Mucuna* | 常春油麻藤 | *Mucuna sempervirens* Hemsl. | 藤本 | | LC | 缙志 | 见到 | 有 |
| 蝶形花科 | 红豆属 *Ormosia* | 花榈木* | *Ormosia henryi* Prain | 乔木 | | VU | 缙志 | | |
| 蝶形花科 | 红豆属 *Ormosia* | 红豆树* | *Ormosia hosiei* Hemsl.et Wils. | 乔木 | | EN | 缙志 | 见到 | 有 |
| 蝶形花科 | 豆薯属 *Pachyrhizus* | 豆薯（地瓜）* | *Pachyrhizus erosus*（L.）Urban | 藤本 | | | 缙志 | 见到 | |
| 蝶形花科 | 菜豆属 *Phaseolus* | 菜豆（四季豆）* | *Phaseolus vulgaris* L. | 草本 | | | 缙志 | 见到 | |
| 蝶形花科 | 豌豆属 *Pisum* | 豌豆* | *Pisum sativum* L. | 草本 | | | 缙志 | 见到 | 有 |
| 蝶形花科 | 长柄山蚂蝗属 *Podocarpium* | 宽卵叶长柄山蚂蝗 | *Podocarpium fallax* Schindl. | 草本 | | | 缙志 | 见到 | |
| 蝶形花科 | 长柄山蚂蝗属 *Podocarpium* | 长柄山蚂蝗 | *Podocarpium podocarpum*（DC.）Yang et Huang | 草本 | | | 缙志 | 见到 | 有 |
| 蝶形花科 | 长柄山蚂蝗属 *Podocarpium* | 尖叶长柄山蚂蝗 | *Podocarpium podocarpum*（DC.）Yang et Huang var. *oxyphyllum*（DC.）Yang et Huang | 草本 | | | 缙志 | 见到 | |

续表

| 科名 | 属名 | 中文名 | 拉丁名 | 生活型 | IUCN | 红色名录 | 资料来源 | 本次调查 | 照片 |
|---|---|---|---|---|---|---|---|---|---|
| 蝶形花科 | 葛属 *Pueraria* | 野葛 | *Pueraria lobata*（Willd.）Ohwi | 藤本 | | | 缙志 | 见到 | |
| 蝶形花科 | 鹿藿属 *Rhynchosia* | 紫脉花鹿藿 | *Rhynchosia craibiana* Rehd. | 草本 | | LC | 缙志 | | |
| 蝶形花科 | 鹿藿属 *Rhynchosia* | 鹿藿 | *Rhynchosia volubilis* Lour. | 藤本 | | | 缙志 | | |
| 蝶形花科 | 刺槐属 *Robinia* | 刺槐* | *Robinia pseudoacacia* L. | 乔木 | LC | | 缙志 | 见到 | |
| 蝶形花科 | 槐属 *Sophora* | 白花槐 | *Sophora albescens*（Rehd.）C. Y. Ma | 灌木 | | LC | 缙志 | | |
| 蝶形花科 | 槐属 *Sophora* | 槐* | *Sophora japonia* L. | 乔木 | | | 缙志 | 见到 | |
| 蝶形花科 | 槐属 *Sophora* | 龙爪槐* | *Sophora japonica* L. cv. Pendula | 乔木 | | LC | 缙志 | 见到 | 有 |
| 蝶形花科 | 车轴草属 *Trifolium* | 红车轴草* | *Trifolium pratense* L. | 草本 | LC | | 缙志 | 见到 | |
| 蝶形花科 | 车轴草属 *Trifolium* | 白车轴草 | *Trifolium repens* L. | 草本 | | | 缙志 | 见到 | |
| 蝶形花科 | 野豌豆属 *Vicia* | 蚕豆* | *Vicia faba* L. | 草本 | | | 缙志 | 见到 | 有 |
| 蝶形花科 | 野豌豆属 *Vicia* | 小巢菜 | *Vicia hirsute*（L.）S. F. Gray | 草本 | | | 缙志 | 见到 | |
| 蝶形花科 | 野豌豆属 *Vicia* | 救荒野豌豆 | *Vicia sativa* L. | 草本 | | | 缙志 | 见到 | 有 |
| 蝶形花科 | 野豌豆属 *Vicia* | 四籽野豌豆 | *Vicia tetrasperma* Moench | 草本 | | LC | 缙志 | 见到 | |
| 蝶形花科 | 豌豆属 *Vigna* | 绿豆* | *Vigna radidta*（L.）Wilczek | 草本 | | | 缙志 | 见到 | |
| 蝶形花科 | 豌豆属 *Vigna* | 赤豆（红豆）* | *Vigna angularis*（Willd.）Ohwi et Ohashi* | 草本 | | | 缙志 | | |
| 蝶形花科 | 豌豆属 *Vigna* | 豇豆* | *Vigna unguiculata*（L.）Walp. | 藤本 | | | 缙志 | 见到 | 有 |
| 蝶形花科 | 豌豆属 *Vigna* | 长豇豆* | *Vigna unguiculata*（L.）Walp. subsp. *sesquipedalis*（L.）Verdc. | 藤本 | | | 缙志 | 见到 | |
| 蝶形花科 | 紫藤属 *Wisteria* | 紫藤* | *Wisteria sinensis* Sweet | 藤本 | | LC | 缙志 | 见到 | 有 |
| 蝶形花科 | 紫藤属 *Wisteria* | 白花紫藤* | *Wisteria sinensis* var. *alba*（Lindl.）Rehd. et Wils. | 藤本 | | | 缙志 | 见到 | |
| 胡颓子科 | 胡颓子属 *Elaeagnus* | 长叶胡颓子 | *Elaeagnus bockii* Diels | 灌木 | | LC | 缙志 | 见到 | |
| 胡颓子科 | 胡颓子属 *Elaeagnus* | 蔓胡颓子 | *Elaeagnus glabra* Thunb. | 灌木 | | LC | 缙志 | | |
| 胡颓子科 | 胡颓子属 *Elaeagnus* | 宜昌胡颓子 | *Elaeagnus henryi* Warb. | 灌木 | | LC | 缙志 | 见到 | |
| 胡颓子科 | 胡颓子属 *Elaeagnus* | 牛奶子 | *Elaeagnus umbellata* Thunb. | 灌木 | | LC | 缙志 | 见到 | |
| 胡颓子科 | 胡颓子属 *Elaeagnus* | 星毛羊奶子 | *Elaeagnus stellipila* Rehd. | 灌木 | | LC | 缙志 | 见到 | |
| 山龙眼科 | 山龙眼属 *Helicia* | 小果山龙眼 | *Helicia cochinchinensis* Lour. | 灌木 | | LC | 缙志 | 见到 | |
| 山龙眼科 | 银桦属 *Grevillea* | 银桦* | *Grevillea robusta* A.Cunn. ex R.Br. | 乔木 | | | 缙志 | 见到 | |
| 小二仙草科 | 小二仙草属 *Haloragis* | 小二仙草 | *Haloragis micrantha* R. Br. | 草本 | | | 缙志 | 见到 | 有 |
| 小二仙草科 | 狐尾藻属 *Myriophyllum* | 狐尾藻 | *Myriophyllum verticillatum* L. | 草本 | LC | | 缙志 | 见到 | |
| 千屈菜科 | 紫薇属 *Lagerstroemia* | 紫薇* | *Lagerstroemia indica* L. | 灌木 | | | 缙志 | 见到 | |
| 千屈菜科 | 紫薇属 *Lagerstroemia* | 节节菜 | *Rotala indica*（Willd.）Koehne | 灌木 | | | 缙志 | 见到 | 有 |
| 千屈菜科 | 紫薇属 *Lagerstroemia* | 圆叶节节菜 | *Rotala rotundifolia*（Buch.-Ham.ex Roxb.）Koehne | 灌木 | | | 缙志 | 见到 | 有 |

续表

| 科名 | 属名 | 中文名 | 拉丁名 | 生活型 | IUCN | 红色名录 | 资料来源 | 本次调查 | 照片 |
|---|---|---|---|---|---|---|---|---|---|
| 千屈菜科 | 紫薇属 *Lagerstroemia* | 细叶萼距花* | *Cuphea hyssopifolia* H.B.K. | 灌木 | | | 缙志 | 见到 | |
| 千屈菜科 | 紫薇属 *Lagerstroemia* | 南紫薇* | *Lagerstroemia subcostata* Koehne | 灌木 | | LC | | 见到 | |
| 瑞香科 | 瑞香属 *Daphne* | 缙云瑞香 | *Daphne jinyunensis* C. Y. Chang | 灌木 | | LC | 缙志 | | |
| 瑞香科 | 瑞香属 *Daphne* | 毛柱瑞香 | *Daphne jinyunensis* C. Y. Chang var. *ptilostyla* C. Y. Chang | 灌木 | | LC | 缙志 | | |
| 瑞香科 | 结香属 *Edgeworthia* | 结香* | *Edgeworthia chrysantha* Lindl. | 灌木 | | | 缙志 | 见到 | |
| 瑞香科 | 荛花属 *Wikstroemia* | 小黄构 | *Wikstroemia micrantha* Hemsl. | 灌木 | | | 缙志 | 见到 | 有 |
| 桃金娘科 | 桉属 *Eucalyptus* | 赤桉* | *Eucalyptus camaldulensis* Dehnh. | 乔木 | | | 缙志 | 见到 | |
| 桃金娘科 | 桉属 *Eucalyptus* | 蜜味桉* | *Eucalyptus melliodora* A.Cunn. | 乔木 | | | 缙志 | | |
| 桃金娘科 | 桉属 *Eucalyptus* | 桉* | *Eucalyptus robusta* Smith. | 乔木 | | | 缙志 | 见到 | 有 |
| 桃金娘科 | 桉属 *Eucalyptus* | 巨桉* | *Eucalyptus grandis* Hill ex Maiden | 乔木 | | | | 见到 | |
| 桃金娘科 | 桉属 *Eucalyptus* | 葡萄桉* | *Eucalyptus botryoides* Smith. | 乔木 | | | 缙志 | | |
| 桃金娘科 | 红千层属 *Callisteman* | 红千层* | *Callisteman rigidus* R.Br. | 灌木 | | | 缙志 | 见到 | |
| 桃金娘科 | 蒲桃属 *Syzygium* | 四川蒲桃 | *Syzygium szechuanense* H. T. Chang et Miau | 乔木 | | NT | 缙志 | 见到 | 有 |
| 桃金娘科 | 蒲桃属 *Syzygium* | 蒲桃* | *Syzygium jambos*（L.）Alston | 乔木 | | DD | 缙志 | 见到 | 有 |
| 安石榴科 | 石榴属 *Punica* | 石榴* | *Punica granatum* L. | 灌木 | LC | | 缙志 | 见到 | |
| 石榴科 | 石榴属 *Punica* | 千瓣红石榴* | *Punica granatum* cv. Pleniflora | 灌木 | LC | | | 见到 | |
| 柳叶菜科 | 倒挂金钟属 *Fuchsia* | 倒挂金钟* | *Fuchsia hybrida* Voss. | 草本 | | | 缙志 | 见到 | 有 |
| 柳叶菜科 | 月见草属 *Oenothera* | 月见草* | *Oenothera biennis* L. | 草本 | | LC | 缙志 | 见到 | 有 |
| 柳叶菜科 | 月见草属 *Oenothera* | 待宵草* | *Oenothera odorata* Jacq. | 草本 | | | 缙志 | | |
| 柳叶菜科 | 丁香蓼属 *Ludwigia* | 假柳叶菜 | *Ludwigia epilobioides* Maxim. | 草本 | | | 缙志 | 见到 | |
| 柳叶菜科 | 柳叶菜属 *Epilobium* | 毛脉柳叶菜 | *Epilobium amurense* Hausskn. | 草本 | | LC | | 见到 | |
| 野牡丹科 | 异药花属 *Fordiophyton* | 异药花 | *Fordiophyton faberi* Stapf | 草本 | | LC | 缙志 | 见到 | 有 |
| 野牡丹科 | 野牡丹属 *Melastoma* | 展毛野牡丹 | *Melastoma normale* D. Don | 灌木 | | LC | 缙志 | 见到 | 有 |
| 野牡丹科 | 锦香草属 *Phyllagathis* | 小花叶底红 | *Phyllagathis fordi*（Hance）C. Chen var. *micrantha* C. Chen | 草本 | | | 缙志 | 见到 | 有 |
| 野牡丹科 | 肉穗草属 *Sarcopyramis* | 肉穗草 | *Sarcopyramis bodiniari* Lévl. et Vant. | 草本 | | LC | 缙志 | 见到 | |
| 使君子科 | 使君子属 *Quisqualis* | 使君子 | *Quisqualis indica* L. | 灌木 | | LC | 缙志 | | |
| 八角枫科 | 八角枫属 *Alangium* | 八角枫 | *Alangium chinense*（Lour.）Harms | 乔木 | | LC | 缙志 | 见到 | 有 |
| 八角枫科 | 八角枫属 *Alangium* | 小花八角枫 | *Alangium faberi* Oliv. | 乔木 | | LC | 缙志 | 见到 | |
| 蓝果树科 | 喜树属 *Camptotheca* | 喜树 | *Camptotheca acuminata* Decne. | 乔木 | | LC | 缙志 | 见到 | |
| 蓝果树科 | 蓝果树属 *Nyssa* | 蓝果树* | *Nyssa sinensis* Oliv. | 乔木 | | LC | 2003 年科考 | | |
| 蓝果树科 | 珙桐属 *Davidia Baih.* | 光叶珙桐* | *Davidia involucrata* Baill. var. *vilmoriniana* | 乔木 | | | | 见到 | |

续表

| 科名 | 属名 | 中文名 | 拉丁名 | 生活型 | IUCN | 红色名录 | 资料来源 | 本次调查 | 照片 |
|---|---|---|---|---|---|---|---|---|---|
| 山茱萸科 | 桃叶珊瑚属 *Aucuba* | 花叶青木（洒金榕）* | *Aucuba japonica* Thunb. cv. *variegata* | 灌木 | | | 缙志 | 见到 | |
| 山茱萸科 | 桃叶珊瑚属 *Aucuba* | 喜马拉雅珊瑚 | *Aucuba himalaica* Hook. f. et Thoms | 灌木 | | LC | 缙志 | 见到 | |
| 山茱萸科 | 桃叶珊瑚属 *Aucuba* | 长叶珊瑚 | *Aucuba himalaica* Hook. f. et Thoms. var. *dolichophylla* Fang et Soong | 灌木 | | LC | 缙志 | 见到 | 有 |
| 山茱萸科 | 桃叶珊瑚属 *Aucuba* | 峨眉桃叶珊瑚* | *Aucuba cheninsis* Benth. subsp. *omeiensis*（Fang）Fang et Soong | 灌木 | | | 缙志 | | |
| 山茱萸科 | 桃叶珊瑚属 *Aucuba* | 倒心叶珊瑚 | *Aucuba obcordata*（Rehd.）Fu | 灌木 | | LC | 缙志 | 见到 | |
| 山茱萸科 | 山茱萸属 *Cornus* | 灯台树 | *Cornus controversa* Hemsl. | 乔木 | | LC | 缙志 | 见到 | 有 |
| 山茱萸科 | 梾木属 *Swida* | 小梾木 | *Swida paucinervis*（Hance）Sojak | 灌木 | | LC | 缙志 | 见到 | |
| 山茱萸科 | 四照花属 *Dendrobenthamia* | 缙云四照花 | *Dendrobenthamia ferruginea* var. *jinyunensis*（Fang et W. K. Hu）Fang et W. K. Hu. | 乔木 | | | 缙志 | 见到 | 有 |
| 山茱萸科 | 四照花属 *Dendrobenthamia* | 峨眉四照花* | *Dendrobenthamia capitata*（Wall.）Hutch. var. *emeiensis*（Fang et Hsieh）Fang et W. K. Hu. | 乔木 | | | 缙志 | 见到 | 有 |
| 檀香科 | 檀梨属 *Pyrularia* | 四川檀梨 | *Pyrularia inermis* Chien | 乔木 | | | 缙志 | 见到 | 有 |
| 桑寄生科 | 鞘花属 *Macrosolen* | 鞘花 | *Macrosolen cochinchinensis*（Lour.）V. Tiegh. | 灌木 | | | 缙志 | | |
| 桑寄生科 | 梨果寄生属 *Scurrula* | 红花寄生 | *Scurrula parasitica* L. | 灌木 | | | 缙志 | | |
| 桑寄生科 | 钝果寄生属 *Taxillus* | 毛叶钝果寄生 | *Taxillus nigrans*（Hance）Danser | 灌木 | | | 缙志 | | |
| 桑寄生科 | 钝果寄生属 *Taxillus* | 桑寄生 | *Taxillus sutchuenensis*（Lec.）Danser（*Loranthus sutchenensii* Lec.） | 灌木 | | LC | 缙志 | | |
| 桑寄生科 | 槲寄生属 *Viscum* | 枫香槲寄生 | *Viscum liquidambaricolum* Hayata | 灌木 | | | 缙志 | | |
| 蛇菰科 | 蛇菰属 *Balanophora* | 红冬蛇菰 | *Balanophora harlandii* Hook.f. | 草本 | | | 缙志 | 见到 | 有 |
| 蛇菰科 | 蛇菰属 *Balanophora* | 皱球蛇菰 | *Balanophora rugosa* Tam | 草本 | | | 缙志 | | |
| 卫矛科 | 南蛇藤属 *Celastrus* | 青江藤 | *Celastrus hindsii* Benth. | 藤本 | | LC | 缙志 | 见到 | |
| 卫矛科 | 南蛇藤属 *Celastrus* | 短柄南蛇藤 | *Celastrus rosthornianus* Loes. | 藤本 | | | 缙志 | | |
| 卫矛科 | 卫矛属 *Euonymus* | 卫矛 | *Euonymus alatus*（Thun.）Sieb. | 灌木 | | | 缙志 | 见到 | |
| 卫矛科 | 卫矛属 *Euonymus* | 陕西卫矛 | *Euonymus schensianus* Maxim. | 灌木 | | LC | 缙志 | | |
| 卫矛科 | 卫矛属 *Euonymus* | 百齿卫矛 | *Euonymus centidens* Lévl. | 灌木 | | LC | 缙志 | 见到 | 有 |
| 卫矛科 | 卫矛属 *Euonymus* | 扶芳藤 | *Euonymus fortunei*（Turcz）Hand.-Mazz. | 灌木 | | | 缙志 | 见到 | |
| 卫矛科 | 卫矛属 *Euonymus* | 冬青卫矛* | *Euonymus japonicus* L. | 灌木 | | LC | 缙志 | 见到 | |
| 卫矛科 | 卫矛属 *Euonymus* | 无柄卫矛 | *Euonymus subsessilis* Sprague | 灌木 | | | 缙志 | 见到 | |
| 卫矛科 | 卫矛属 *Euonymus* | 披针叶卫矛 | *Euonymus hamiltonianus* Wall. f. *lanceifolius*（Loes.）C. Y. Cheng | 乔木 | | | 缙志 | 见到 | 有 |
| 卫矛科 | 卫矛属 *Euonymus* | 缙云卫矛 | *Euonymus chloranthoides* Yang | 灌木 | | EN | 缙志 | 见到 | 有 |
| 卫矛科 | 美登木属 *Maytenus* | 刺茶美登木 | *Maytenus variabilis*（Hemsl.）C. Y. Cheng | 灌木 | | | 缙志 | 见到 | |
| 卫矛科 | 假卫矛属 *Microtropis* | 三花假卫矛 | *Microtropis triflora* Merr. et Freem. | 灌木 | | LC | 缙志 | | |
| 冬青科 | 冬青属 *Ilex* | 冬青 | *Ilex chinensis* Sims | 乔木 | | LC | 缙志 | 见到 | |

续表

| 科名 | 属名 | 中文名 | 拉丁名 | 生活型 | IUCN | 红色名录 | 资料来源 | 本次调查 | 照片 |
|---|---|---|---|---|---|---|---|---|---|
| 冬青科 | 冬青属 *Ilex* | 刺睫冬青 | *Ilex ciliospinosa* Loes. | 乔木 | | | | | |
| 冬青科 | 冬青属 *Ilex* | 刺叶珊瑚冬青 | *Ilex corallina* Franch.var. *aberrans* Hand.-Mazz | 乔木 | | LC | 缙志 | 见到 | 有 |
| 冬青科 | 冬青属 *Ilex* | 台湾冬青 | *Ilex formosana* Maxim. | 乔木 | | LC | 缙志 | | |
| 冬青科 | 冬青属 *Ilex* | 缙云冬青 | *Ilex jinyunensis* Z. M. Tan | 乔木 | | LC | 缙志 | 见到 | |
| 冬青科 | 冬青属 *Ilex* | 大果冬青 | *Ilex macrocarpa* Oliv. | 乔木 | | LC | 缙志 | | |
| 冬青科 | 冬青属 *Ilex* | 小果冬青 | *Ilex micrococca* Maxim. | 乔木 | | LC | 缙志 | | |
| 冬青科 | 冬青属 *Ilex* | 四川冬青 | *Ilex szechwanensis* Loes. | 乔木 | | LC | 缙志 | | |
| 冬青科 | 冬青属 *Ilex* | 灰叶冬青 | *Ilex tephrophylia*（Loes.）S. Y. Hu | 乔木 | | LC | 缙志 | | |
| 冬青科 | 冬青属 *Ilex* | 三花冬青 | *Ilex trifflora* Bl. | 乔木 | | LC | 缙志 | 见到 | 有 |
| 茶茱萸科 | 假柴龙树属 *Nothapodytes* | 马比木 | *Nothapodytes pittosporoides*（Oliv.）Sleumer | 灌木 | | LC | 缙志 | 见到 | |
| 黄杨科 | 黄杨属 *Buxus* | 黄杨 | *Buxus sinica*（Rehd. et Wils.）Cheng | 灌木 | | | 缙志 | 见到 | |
| 黄杨科 | 黄杨属 *Buxus* | 尖叶黄杨* | *Buxus sinica*（Rehd. et Wils.）Cheng ssp. *aemulans*（Rehd. et Wils.）M. Cheng | 灌木 | | | 缙志 | | |
| 黄杨科 | 黄杨属 *Buxus* | 小叶黄杨 | *Buxus sinica*（Rehd. et Wils.）Cheng var. *parvifolia* M. Cheng | 灌木 | | | | 见到 | |
| 大戟科 | 铁苋菜属 *Acalypha* | 铁苋菜 | *Acalypha australis* L. | 草本 | | LC | 缙志 | 见到 | |
| 大戟科 | 山麻杆属 *Alchornea* | 山麻杆 | *Alchornea davidii* Franch. | 灌木 | | LC | 缙志 | 见到 | 有 |
| 大戟科 | 五月茶属 *Antidesma* | 日本五月茶 | *Antidesma japonicum* Sieb. et Zucc. | 乔木 | | | 缙志 | 见到 | 有 |
| 大戟科 | 秋枫属 *Bischofia* | 重阳木* | *Bischofia polycarpa*（Levl.）Airy Shaw | 乔木 | | LC | | 见到 | |
| 大戟科 | 秋枫属 *Bischofia* | 秋枫* | *Bischofia javanica* Bl. | 乔木 | | LC | | 见到 | |
| 大戟科 | 土蜜树属 *Bridelia* | 禾串树 | *Bridelia insulana* Hance | 乔木 | | LC | 缙志 | 见到 | 有 |
| 大戟科 | 巴豆属 *Croton* | 巴豆 | *Croton tiglium* L. | 灌木 | | LC | 缙志 | 见到 | 有 |
| 大戟科 | 假奓包叶属 *Discocleidion* | 假奓包叶 | *Discocleidion rufescens*（Franch.）Pax et Hoffm. | 灌木 | | | 缙志 | | |
| 大戟科 | 大戟属 *Euphorbia* | 泽漆 | *Euphorbia helioscopia* L. | 草本 | | | 缙志 | 见到 | 有 |
| 大戟科 | 大戟属 *Euphorbia* | 地锦 | *Euphorbia humifusa* Willd. ex Schlecht. | 草本 | | LC | 缙志 | 见到 | |
| 大戟科 | 大戟属 *Euphorbia* | 斑地锦 | *Euphorbia maculata* L. | 草本 | | | | 见到 | 有 |
| 大戟科 | 大戟属 *Euphorbia* | 奶通草 | *Euphorbia hypericifllia* L. | 草本 | | | 缙志 | | |
| 大戟科 | 大戟属 *Euphorbia* | 银边翠* | *Euphorbia marginata* Pursh. | 草本 | | | 缙志 | | |
| 大戟科 | 大戟属 *Euphorbia* | 钩腺大戟 | *Euphorbia sieboldiana* Morr.et Decne. | 草本 | | | 缙志 | 见到 | |
| 大戟科 | 大戟属 *Euphorbia* | 一品红* | *Euphorbia pulcherrima* Willd. ex Klotz. | 草本 | | | 缙志 | 见到 | 有 |
| 大戟科 | 大戟属 *Euphorbia* | 铁海棠* | *Euphorbia milii* Ch.des Moulins | 灌木 | DD | | 缙志 | 见到 | |
| 大戟科 | 大戟属 *Euphorbia* | 霸王鞭* | *Euphorbia antiquorum* L. | 灌木 | | | 缙志 | 见到 | |
| 大戟科 | 大戟属 *Euphorbia* | 猩猩草* | *Euphorbia heterophylla* L. | 草本 | | | 缙志 | | |
| 大戟科 | 海漆属 *Excoecaria* | 红背桂* | *Excoecaria cochinchinensis* Lour. | 灌木 | | | 缙志 | 见到 | |

续表

| 科名 | 属名 | 中文名 | 拉丁名 | 生活型 | IUCN | 红色名录 | 资料来源 | 本次调查 | 照片 |
|---|---|---|---|---|---|---|---|---|---|
| 大戟科 | 算盘子属 *Glochidion* | 算盘子 | *Glochidion puberum*（L.）Hutch. | 灌木 | | LC | 缙志 | 见到 | 有 |
| 大戟科 | 野桐属 *Mallotus* | 野桐 | *Mallotus japonicus*（Thunb.）Muell.-Arg. var. *floccosus*（Muell.-Arg.）S.M.Hwang | 灌木 | | | 缙志 | 见到 | 有 |
| 大戟科 | 野桐属 *Mallotus* | 毛桐 | *Mallotus barbatus*（Wall.）Muell.-Arg. | 乔木 | | LC | 缙志 | 见到 | 有 |
| 大戟科 | 野桐属 *Mallotus* | 粗糠柴 | *Mallotus philippensis*（Lam.）Muell.-Arg. | 灌木 | | LC | 缙志 | 见到 | 有 |
| 大戟科 | 野桐属 *Mallotus* | 石岩枫 | *Mallotus repandus*（Willd.）Muell.-Arg. | 灌木 | | LC | 缙志 | 见到 | 有 |
| 大戟科 | 珠子木属 *Phyllanthus* | 密柑草 | *Phyllanthus matsumurae* Hayata | 草本 | | | 缙志 | | |
| 大戟科 | 珠子木属 *Phyllanthus* | 叶下珠 | *Phyllanthus urinaria* L. | 草本 | | | 缙志 | 见到 | |
| 大戟科 | 蓖麻属 *Ricinus* | 蓖麻* | *Ricinus communis* L. | 灌木 | | | 缙志 | 见到 | 有 |
| 大戟科 | 乌桕属 *Sapium* | 山乌桕 | *Sapium discolor*（Champ. ex Benth.）Muell.-Arg. | 乔木 | | LC | 缙志 | 见到 | |
| 大戟科 | 乌桕属 *Sapium* | 白木乌桕（白乳木） | *Sapium japonicum*（Sieb. et Zucc.）Pax et Hoffm. | 乔木 | | LC | 缙志 | | |
| 大戟科 | 乌桕属 *Sapium* | 乌桕 | *Sapium sebiferum*（L.）Roxb. | 乔木 | | LC | 缙志 | 见到 | 有 |
| 大戟科 | 地构叶属 *Speranskia* | 地构叶 | *Speranskia tuberculata*（Bunge）Baill. | 草本 | | LC | 缙志 | | |
| 大戟科 | 油桐属 *Vernicia* | 油桐 | *Vernicia fordii*（Hemsl.）Airy-Shaw | 乔木 | | LC | 缙志 | 见到 | 有 |
| 大戟科 | 油桐属 *Vernicia* | 木油桐 | *Vcmicia Montana* Lour. | 乔木 | | | | 见到 | 有 |
| 鼠李科 | 勾儿茶属 *Berchemia* | 光枝勾儿茶 | *Berchemia polyphylla* Wall. ex Laws. var. *leioclada* Hand.-Mazz. | 灌木 | | LC | 缙志 | 见到 | |
| 鼠李科 | 枳椇属 *Hovenia* | 枳椇 | *Hovenia acerba* Lindl. | 乔木 | | LC | 缙志 | 见到 | |
| 鼠李科 | 马甲子属 *Paliurus* | 马甲子 | *Paliurus ramosissimus*（Lour.）Poir | 灌木 | | LC | 缙志 | 见到 | 有 |
| 鼠李科 | 鼠李属 *Rhamnus* | 贵州鼠李 | *Rhamnus esquirolii* Lévl. | 灌木 | | LC | 缙志 | 见到 | 有 |
| 鼠李科 | 鼠李属 *Rhamnus* | 异叶鼠李 | *Rhamnus heterophylla* Oliv. | 灌木 | | | 缙志 | 见到 | 有 |
| 鼠李科 | 枣属 *Ziziphus* | 枣* | *Ziziphus jujuba* Mill. | 乔木 | LC | LC | 缙志 | 见到 | |
| 鼠李科 | 枣属 *Ziziphus* | 酸枣 | *Ziziphus jujuba* Mill. var. *spinosa*（Bunge）Hu ex H. F. Chow | 乔木 | | | 缙志 | 见到 | |
| 葡萄科 | 蛇葡萄属 *Ampelopsis* | 三裂叶蛇葡萄 | *Ampelopsis delavayana* Planch. | 藤本 | | | 缙志 | 见到 | |
| 葡萄科 | 乌蔹莓属 *Cayratia* | 乌蔹莓 | *Cayratia japonica*（Thunb.）Gagnep. | 藤本 | | | 缙志 | 见到 | |
| 葡萄科 | 乌蔹莓属 *Cayratia* | 毛乌蔹莓 | *Cayratia japonica* var. *mollis*（Wall.）Planch. | 藤本 | | LC | 缙志 | 见到 | |
| 葡萄科 | 乌蔹莓属 *Cayratia* | 尖叶乌蔹莓 | *Cayratia japonica* var. *pseudotrifolia*（W. T. Wang）C. L. Li | 藤本 | | LC | 缙志 | 见到 | |
| 葡萄科 | 白粉腾属 *Cissus* | 苦郎藤 | *Cissus assamica*（Laws.）Craib | 藤本 | | LC | 缙志 | | |
| 葡萄科 | 地锦属 *Parthenocissus* | 爬山虎 | *Parthenocissus tricuspidata*（Sieb. et Zucc.）Planch. | 藤本 | | | 缙志 | 见到 | 有 |
| 葡萄科 | 地锦属 *Parthenocissus* | 川鄂爬山虎 | *Parthenocissus henryana*（Hemsl.）Diels et Gilg | 藤本 | | | 缙志 | 见到 | |
| 葡萄科 | 崖爬藤属 *Tetrastigma* | 三叶崖爬藤 | *Tetrastigma hemsleyanum* Diels et Gilg | 藤本 | | LC | 缙志 | 见到 | 有 |
| 葡萄科 | 崖爬藤属 *Tetrastigma* | 崖爬藤 | *Tetrastigma obtectum*（Wall.）Planch. | 藤本 | | LC | 缙志 | 见到 | |

续表

| 科名 | 属名 | 中文名 | 拉丁名 | 生活型 | IUCN | 红色名录 | 资料来源 | 本次调查 | 照片 |
|---|---|---|---|---|---|---|---|---|---|
| 葡萄科 | 崖爬藤属 *Tetrastigma* | 毛叶崖爬藤 | *Tetrastigma obtectum* Planch. var. *pilosum* Gagnep. | 藤本 | | LC | 缙志 | | |
| 葡萄科 | 崖爬藤属 *Tetrastigma* | 扁担藤* | *Tetrastigma planicaule*（Hook.f.）Gagnep. | 藤本 | | | 缙志 | 见到 | |
| 葡萄科 | 葡萄属 *Vitis* | 葡萄* | *Vitis vinifera* L. | 藤本 | LC | | 缙志 | 见到 | |
| 葡萄科 | 葡萄属 *Vitis* | 刺葡萄 | *Vitis davidii* Foex. | 藤本 | | LC | 缙志 | 见到 | 有 |
| 葡萄科 | 葡萄属 *Vitis* | 美洲葡萄* | *Vitis labrusca* L. | 藤本 | | | 缙志 | | |
| 葡萄科 | 葡萄属 *Vitis* | 葛藟 | *Vitis flexuosa* Thunb. | 藤本 | | | 缙志 | 见到 | |
| 葡萄科 | 葡萄属 *Vitis* | 毛葡萄 | *Vitis quinquangularis* Rehd. | 藤本 | | LC | 缙志 | | |
| 葡萄科 | 葡萄属 *Vitis* | 网脉葡萄 | *Vitis wilsonae* Veitch | 藤本 | | LC | 缙志 | | |
| 葡萄科 | 俞藤属 *Yua* | 俞藤 | *Yua thomsoni*（Laws.）C. L. Li［*Parthenocissus thomsoni*（Laws.）Planch.］ | 藤本 | | LC | 缙志 | 见到 | 有 |
| 亚麻科 | 石海椒属 *Reinwardtia* | 石海椒 | *Reinwardtia trigyna*（Roxb.）Planch. | 灌木 | | LC | 缙志 | 见到 | 有 |
| 远志科 | 远志属 *Polygala* | 瓜子金 | *Polygala japonica* Houtt. | 草本 | | LC | 缙志 | 见到 | |
| 远志科 | 远志属 *Polygala* | 长毛籽远志 | *Polygala wattersii* Hance | 草本 | | | 缙志 | 见到 | |
| 省沽油科 | 野鸦椿属 *Euscaphis* | 野鸦椿 | *Euscaphis japonica*（Thunb.）Dippel | 乔木 | | LC | 缙志 | 见到 | 有 |
| 省沽油科 | 瘿椒树属 *Tapiscia* | 瘿椒树* | *Tapiscia sinensis* Oliv. | 乔木 | VU | LC | 缙志 | 见到 | 有 |
| 省沽油科 | 山香圆属 *Turpinia* | 硬毛山香圆 | *Turpinia affinis* Merr.et Perry（*Turpinia nepalensis* wall.） | 乔木 | | LC | 缙志 | 见到 | 有 |
| 钟萼木科 | 伯乐树属 *Tsoongia* | 伯乐树 | *Tsoongia axillariflora* Merr. | 乔木 | | | 缙志 | 见到 | 有 |
| 无患子科 | 倒地铃属 *Cardiospermum* | 倒地铃* | *Cardiospermum halicacabum* L. | 灌木 | | | 缙志 | | |
| 无患子科 | 栾树属 *Koelreuteria* | 复羽叶栾树 | *Koelreuteria bipinnata* Franch. | 乔木 | | | 缙志 | 见到 | |
| 无患子科 | 无患子属 *Sapindus* | 无患子* | *Sapindus mukorossi* Gaertn. | 乔木 | | LC | 缙志 | 见到 | 有 |
| 七叶树科 | 七叶树属 *Aesculus* | 七叶树* | *Aesculus chinensis* Bunge | 乔木 | | LC | 缙志 | 见到 | |
| 七叶树科 | 七叶树属 *Aesculus* | 天师栗 | *Aesculus wilsonii* Rehd. | 乔木 | | LC | 缙志 | 见到 | 有 |
| 槭树科 | 槭属 *Acer* | 梓叶槭* | *Acer catalpifolium* Rehd. | 乔木 | | | 缙志 | | |
| 槭树科 | 槭属 *Acer* | 青榨槭 | *Acer davidii* Franch. | 乔木 | | | 缙志 | 见到 | 有 |
| 槭树科 | 槭属 *Acer* | 罗浮槭 | *Acer fabri* Hance | 乔木 | | | 缙志 | 见到 | 有 |
| 槭树科 | 槭属 *Acer* | 五裂槭* | *Acer oliverianum* Pax | 乔木 | | | | 见到 | |
| 槭树科 | 槭属 *Acer* | 鸡爪槭* | *Acer palmatum* Thunb. | 乔木 | | VU | | 见到 | 有 |
| 槭树科 | 槭属 *Acer* | 红枫* | *Acer palmatum* 'Atropurpureum' | 乔木 | | | | 见到 | |
| 槭树科 | 槭属 *Acer* | 北碚槭 | *Acer pehpeiense* Fang et Su | 乔木 | | | 缙志 | 见到 | |
| 槭树科 | 槭属 *Acer* | 缙云槭 | *Acer wangchii* Fang ssp. *tsinyunense* Fang | 乔木 | | | 缙志 | 见到 | 有 |
| 槭树科 | 槭属 *Acer* | 三角枫 | *acer buergerianum* Miq. | 乔木 | | LC | 缙志 | 见到 | 有 |
| 漆树科 | 南酸枣属 *Choerospondias* | 毛脉南酸枣 | *Choerospondias axillaries*（Roxb.）Burtt et Hill var. *pubinervis*（Rehd. et Wils.）Burtt et Hill | 乔木 | | VU | 缙志 | 见到 | |

续表

| 科名 | 属名 | 中文名 | 拉丁名 | 生活型 | IUCN | 红色名录 | 资料来源 | 本次调查 | 照片 |
|---|---|---|---|---|---|---|---|---|---|
| 漆树科 | 黄连木属 *Pistacia* | 黄连木 | *Pistacia chinensis* Bunge | 乔木 | | LC | 缙志 | 见到 | |
| 漆树科 | 盐肤木属 *Rhus* | 盐肤木 | *Rhus chinensis* Mill. | 乔木 | | | 缙志 | 见到 | 有 |
| 漆树科 | 漆属 *Toxicodendron* | 野漆 | *Toxicodendron succedaneum*（L.）O. Kuntze | 乔木 | | LC | 缙志 | 见到 | |
| 漆树科 | 漆属 *Toxicodendron* | 木蜡树 | *Toxicodendron sylvestres*（Sieb.et Zucc.）O. Kuntze | 乔木 | | LC | 缙志 | | |
| 苦木科 | 臭椿属 *Ailanthus* | 臭椿 | *Ailanthus altissima*（Mill.）Swingle | 乔木 | | | 缙志 | 见到 | 有 |
| 苦木科 | 苦木属 *Picrasma* | 苦木 | *Picrasma quassioides*（D. Don）Benn. | 乔木 | | | 缙志 | 见到 | 有 |
| 楝科 | 米仔兰属 *Aglaia* | 米仔兰* | *Aglaia odorata* Lour. | 灌木 | NT | LC | 缙志 | 见到 | |
| 楝科 | 楝属 *Melia* | 川楝 | *Melia toosendan* Sieb.et Zucc. | 乔木 | | | 缙志 | 见到 | 有 |
| 楝科 | 楝属 *Melia* | 楝* | *Melia azedarach* L. | 乔木 | | LC | | 见到 | |
| 楝科 | 香椿属 *Toona* | 香椿 | *Toona sinensis*（A. Juss.）Roem. | 乔木 | | LC | 缙志 | 见到 | |
| 楝科 | 香椿属 *Toona* | 红椿* | *Toona sureni*（Bl.）Merr. | 乔木 | | VU | 缙志 | | |
| 芸香科 | 柑橘属 *Citrus* | 柚* | *Citrus grandis*（L.）Osb. | 乔木 | | | 缙志 | 见到 | |
| 芸香科 | 柑橘属 *Citrus* | 橙* | *Citrus sinensis*（L.）Osb. | 乔木 | | | 缙志 | 见到 | |
| 芸香科 | 柑橘属 *Citrus* | 酸橙* | *Citrus aurantium* L. | 乔木 | | | 缙志 | 见到 | |
| 芸香科 | 柑橘属 *Citrus* | 柠檬* | *Citrus limon*（L.）Burm. | 乔木 | | | 缙志 | 见到 | |
| 芸香科 | 柑橘属 *Citrus* | 桔* | *Citrus reticulata* Blanco | 乔木 | | | 缙志 | 见到 | |
| 芸香科 | 芸香属 *Ruta* | 芸香（臭草）* | *Ruta graveolens* L. | 灌木 | | LC | 缙志 | | |
| 芸香科 | 吴茱萸属 *Evodia* | 臭辣吴萸 | *Evodia fagesii* Dode | 乔木 | | | 缙志 | 见到 | |
| 芸香科 | 吴茱萸属 *Evodia* | 吴茱萸* | *Evodia rutaecarpa*（Juss.）Benth. | 灌木 | | LC | 缙志 | 见到 | |
| 芸香科 | 吴茱萸属 *Evodia* | 少毛石虎 | *Evodia rutaecarpa*（Juss.）Benth. var. *bodinieri*（Dode）Huang | 乔木 | | | 缙志 | | |
| 芸香科 | 金橘属 *Fortunella* | 山桔* | *Fortunella hindsii*（Champ.）Swingle | 乔木 | | | 缙志 | | |
| 芸香科 | 臭常山属 *Orixa* | 臭常山 | *Orixa japonica* Thunb. | 灌木 | | LC | 缙志 | | |
| 芸香科 | 黄檗属 *Phellodendron* | 秃叶黄檗* | *Phellodendron chinense* Schneid. var. *glabriusculum* Schneid. | 乔木 | | | 缙志 | 见到 | |
| 芸香科 | 枳属 *Poncirus* | 枳* | *Poncirus trifoliata*（L.）Raf. | 灌木 | | | 缙志 | 见到 | 有 |
| 芸香科 | 裸芸香属 *Psilopeganum* | 裸芸香（山麻黄） | *Psilopeganum sinense* Hemsl. | 灌木 | | EN | 缙志 | | |
| 芸香科 | 花椒属 *Zanthoxylum* | 刺壳花椒 | *Zanthoxylum echinocarpum* Hemsl. | 藤本 | | LC | 缙志 | 见到 | 有 |
| 芸香科 | 花椒属 *Zanthoxylum* | 异叶花椒 | *Zanthoxylum ovalifolium* Wight | 灌木 | | LC | 缙志 | 见到 | |
| 芸香科 | 花椒属 *Zanthoxylum* | 竹叶花椒 | *Zanthoxylum planispinum* Sieb. et Zucc. | 灌木 | | | 缙志 | 见到 | |
| 芸香科 | 花椒属 *Zanthoxylum* | 毛竹叶花椒 | *Zanthoxylum planispinum* Sieb. et Zucc. f. *ferrugineum* | 灌木 | | LC | 缙志 | 见到 | |
| 芸香科 | 花椒属 *Zanthoxylum* | 蚬壳花椒 | *Zanthoxylum dissitum* Hemsl. | 灌木 | | LC | | 见到 | |
| 酢浆草科 | 酢浆草属 *Oxalis* | 酢浆草 | *Oxalis corniculata* L. | 草本 | | | 缙志 | 见到 | 有 |
| 酢浆草科 | 酢浆草属 *Oxalis* | 红花酢浆草 | *Oxalis corymbosa* DC. | 草本 | | | 缙志 | 见到 | 有 |

续表

| 科名 | 属名 | 中文名 | 拉丁名 | 生活型 | IUCN | 红色名录 | 资料来源 | 本次调查 | 照片 |
| --- | --- | --- | --- | --- | --- | --- | --- | --- | --- |
| 酢浆草科 | 酢浆草属 *Oxalis* | 山酢浆 | *Oxalis acetosella* L. subsp. *Griffithii*（Edgew. et HK. f.）Hara | 草本 | | | | 见到 | |
| 牻牛儿苗科 | 老鹳草属 *Geranium* | 野老鹳草 | *Geranium carolinianum* L. | 草本 | | | 缙志 | 见到 | 有 |
| 牻牛儿苗科 | 老鹳草属 *Geranium* | 尼泊尔老鹳草 | *Geranium nepalense* Sw. | 草本 | | | 缙志 | 见到 | 有 |
| 牻牛儿苗科 | 天竺葵属 *Pelargonium* | 天竺葵* | *Pelargonium hortorum* Bailey | 草本 | | | 缙志 | 见到 | 有 |
| 旱金莲科 | 旱金莲属 *Tropaeolum* | 旱金莲* | *Tropaeolum majus* L. | 草本 | | | 缙志 | 见到 | 有 |
| 凤仙花科 | 凤仙花属 *Impatiens* | 凤仙花* | *Impatiens balsamina* L. | 草本 | | | 缙志 | 见到 | |
| 凤仙花科 | 凤仙花属 *Impatiens* | 湖北凤仙花 | *Impatiens pritzelii* Hook. f. | 草本 | EN | VU | 缙志 | 见到 | 有 |
| 凤仙花科 | 凤仙花属 *Impatiens* | 山地凤仙花 | *Impatiens monticolo* Hook.f. | 草本 | | LC | 缙志 | | |
| 五加科 | 五加属 *Acanthopanax* | 白簕 | *Acanthopanax trifoliatus*（L.）Merr. | 灌木 | | | 缙志 | 见到 | |
| 五加科 | 五加属 *Acanthopanax* | 五加* | *Acanthopanax gracilistylus* W. W. Smith | 灌木 | | | 缙志 | 见到 | |
| 五加科 | 楤木属 *Aralia* | 楤木 | *Aralia chinensis* L. | 乔木 | VU | LC | 缙志 | 见到 | |
| 五加科 | 常春藤属 *Hedera* | 常春藤 | *Hedera nepalensis* var. *sinensis*(Tobl.)Rehd. | 灌木 | | LC | 缙志 | 见到 | 有 |
| 五加科 | 常春藤属 *Hedera* | 洋常春藤* | *Hedera helix* L. | 灌木 | | | 缙志 | 见到 | |
| 五加科 | 鹅掌柴属 *Schefflera* | 穗序鹅掌柴 | *Schefflera delavayi*(Franch.)Harms ex Diels | 灌木 | | LC | 缙志 | 见到 | 有 |
| 五加科 | 通脱木属 *Tetrapanax* | 通脱木 | *Tetrapanax papyrifer*（Hook.）K. Koch | 灌木 | | LC | 缙志 | 见到 | 有 |
| 五加科 | 刺楸属 *Kalopanax* | 刺楸* | *Kalopanax septemlobus*（Thunb.）Koidz. | 乔木 | | LC | 缙志 | | |
| 五加科 | 梁王茶属 *Nothopanax* | 异叶梁王茶 | *Nothopanax davidii*（Franch.）Harms ex Diels | 灌木 | | LC | | | 有 |
| 伞形科 | 芹属 *Apium* | 旱芹（芹菜）* | *Apium graveolens* L. | 草本 | LC | | 缙志 | 见到 | |
| 伞形科 | 芹属 *Apium* | 细叶旱芹 | *Apium leptophyllum*（Pers.）F. Muell. | 草本 | | | | 见到 | 有 |
| 伞形科 | 藁本属 *Ligusticum* | 川芎* | *Ligusticum chuanxiong* Hort. | 草本 | | | 缙志 | 见到 | |
| 伞形科 | 积雪草属 *Centella* | 积雪草 | *Centella asiatica*（L.）Urban | 草本 | LC | | 缙志 | 见到 | |
| 伞形科 | 芫荽属 *Coriandrum* | 芫荽* | *Coriandrum sativum* L. | 草本 | | | 缙志 | 见到 | 有 |
| 伞形科 | 鸭儿芹属 *Cryptotaenia* | 鸭儿芹 | *Cryptotaenia japonica* Hassk. | 草本 | | | 缙志 | 见到 | |
| 伞形科 | 胡萝卜属 *Daucus* | 野胡萝卜 | *Daucus carota* L. | 草本 | DD | | 缙志 | 见到 | 有 |
| 伞形科 | 胡萝卜属 *Daucus* | 胡萝卜* | *Daucus carota* cv. Sativa | 草本 | DD | | 缙志 | 见到 | |
| 伞形科 | 茴香属 *Foeniculum* | 茴香（小茴香）* | *Foeniculum vulgare* Mill. | 草本 | | | 缙志 | 见到 | |
| 伞形科 | 天胡荽属 *Hydrocotyle* | 中华天胡荽 | *Hydrocotyle chinensis*（Dunn）Craib. | 草本 | | LC | 缙志 | 见到 | |
| 伞形科 | 天胡荽属 *Hydrocotyle* | 红马蹄草 | *Hydrocotyle nepalensis* Hook. | 草本 | | LC | 缙志 | 见到 | |
| 伞形科 | 天胡荽属 *Hydrocotyle* | 天胡荽 | *Hydrocotyle sibthorpioides* Lam. | 草本 | LC | | 缙志 | 见到 | |
| 伞形科 | 天胡荽属 *Hydrocotyle* | 破铜钱 | *Hydrocotyle sibthorpioides* Lam. var. *batrachium*（Hance）Hand.-Mazz. ex Shan | 草本 | | | 2009年科考 | | |

续表

| 科名 | 属名 | 中文名 | 拉丁名 | 生活型 | IUCN | 红色名录 | 资料来源 | 本次调查 | 照片 |
|---|---|---|---|---|---|---|---|---|---|
| 伞形科 | 当归属 *Angelica* | 当归* | *Angelica sinensis*（Oliv.）Diels | 草本 | | | 缙志 | | |
| 伞形科 | 水芹属 *Oenanthe* | 短辐水芹（少花水芹） | *Oenanthe benghalensis* Benth. et Hook. f. | 草本 | | | 缙志 | | |
| 伞形科 | 水芹属 *Oenanthe* | 水芹 | *Oenanthe javanica*（Bl.）DC. | 草本 | LC | | 缙志 | 见到 | 有 |
| 伞形科 | 水芹属 *Oenanthe* | 中华水芹 | *Oenanthe sinensis* Dunn | 草本 | | | 缙志 | | |
| 伞形科 | 茴芹属 *Pimpinella* | 异叶茴芹 | *Pimpinella diversifolia* DC. | 草本 | | LC | 缙志 | | |
| 伞形科 | 变豆菜属 *Sanicula* | 变豆菜 | *Sanicula chinensis* Bunge | 草本 | | | 缙志 | 见到 | 有 |
| 伞形科 | 变豆菜属 *Sanicula* | 天蓝变豆菜 | *Sanicula coerulescens* Franch. | 草本 | | NT | 缙志 | 见到 | 有 |
| 伞形科 | 窃衣属 *Torilis* | 小窃衣 | *Torilis japonica*（Houtt.）DC. | 草本 | | | 缙志 | 见到 | |
| 伞形科 | 窃衣属 *Torilis* | 窃衣 | *Torilis scabra*（Thunb.）DC. | 草本 | | | 缙志 | 见到 | 有 |
| 龙胆科 | 龙胆属 *Gentiana* | 鳞叶龙胆 | *Gentiana squarrosa* Ledeb. | 草本 | | LC | 缙志 | | |
| 龙胆科 | 龙胆属 *Gentiana* | 灰绿龙胆 | *Gentiana yokusai* Burk. | 草本 | | LC | 缙志 | | |
| 龙胆科 | 獐牙菜属 *Swertia* | 川东獐牙菜 | *Swertia davidii* Franch. | 草本 | | LC | 缙志 | | |
| 龙胆科 | 双蝴蝶属 *Tripterospermum* | 峨眉双蝴蝶 | *Tripterospermum cordatum*（Marq.）H. Sm. | 草本 | | LC | 缙志 | 见到 | 有 |
| 夹竹桃科 | 链珠藤属 *Alyxia* | 海南链珠藤 | *Alyxia bainanensis* Merr. et Chun | 灌木 | | LC | 缙志 | 见到 | |
| 夹竹桃科 | 鳝藤属 *Anodendron* | 鳝藤 | *Anodendron affine*（Hook. et Arn.）Druce | 灌木 | | LC | 缙志 | 见到 | 有 |
| 夹竹桃科 | 长春花属 *Catharanthus* | 长春花* | *Catharanthus roseus*（L.）G.Don | 灌木 | | | 缙志 | 见到 | 有 |
| 夹竹桃科 | 长春花属 *Catharanthus* | 白长春花* | *Catharanthus roseu* cv. Albus | 灌木 | | | 2009年科考 | | |
| 夹竹桃科 | 山橙属 *Melodinus* | 川山橙 | *Melodinus hemsleyanus* Diels | 藤本 | | LC | 缙志 | 见到 | 有 |
| 夹竹桃科 | 杜仲藤属 *Parabarium* | 杜仲藤 | *Parabarium micranthum*（A. DC.）Pierre | 灌木 | | LC | 缙志 | | |
| 夹竹桃科 | 杜仲藤属 *Parabarium* | 酸叶胶藤 | *Parabarium rosea* Hook. et Arn. | 藤本 | | LC | 缙志 | | |
| 夹竹桃科 | 黄花夹竹桃属 *Thevetia* | 黄花夹竹桃* | *Thevetia peruviana*（Pers.）K. Schum. | 乔木 | | | 缙志 | | |
| 夹竹桃科 | 夹竹桃属 *Nerium* | 夹竹桃* | *Nerium oleander* L.（*Nerium indicum* Mill.） | 乔木 | | | 缙志 | 见到 | |
| 夹竹桃科 | 夹竹桃属 *Nerium* | 白花夹竹桃* | *Nerium oleander* L. cv. Paihua | 乔木 | | | 2009年科考 | | |
| 夹竹桃科 | 络石属 *Trachelospermum* | 紫花络石 | *Trachelospermum axillare* Hook. f. | 藤本 | | LC | 缙志 | 见到 | |
| 夹竹桃科 | 络石属 *Trachelospermum* | 湖北络石 | *Trachelospermum gracilipes* Hook. f. var. *hupehense* Tsiang et P. T. Li | 藤本 | | | 缙志 | 见到 | |
| 夹竹桃科 | 络石属 *Trachelospermum* | 络石 | *Trachelospermum jasminoides*（Lindl.）Lem. | 藤本 | | LC | 缙志 | 见到 | |
| 萝藦科 | 马利筋属 *Asclepias* | 马利筋* | *Asclepias curassavica* L. | 草本 | | | 缙志 | 见到 | |
| 萝藦科 | 鹅绒藤属 *Cynanchum* | 刺瓜 | *Cynanchum corymbosum* Wight | 藤本 | | LC | 缙志 | 见到 | 有 |
| 萝藦科 | 鹅绒藤属 *Cynanchum* | 豹药藤 | *Cynanchum decipiens* Schneid. | 灌木 | | LC | 缙志 | | |
| 萝藦科 | 鹅绒藤属 *Cynanchum* | 隔山消 | *Cynanchum wilfordii*（Maxim.）Hemsl. | 藤本 | | LC | 缙志 | 见到 | |

续表

| 科名 | 属名 | 中文名 | 拉丁名 | 生活型 | IUCN | 红色名录 | 资料来源 | 本次调查 | 照片 |
|---|---|---|---|---|---|---|---|---|---|
| 萝摩科 | 醉魂藤属 *Heterostemma* | 醉魂藤 | *Heterostemma alatum* Wight | 藤本 | | | 缙志 | | |
| 萝摩科 | 牛奶菜属 *Marsdenia* | 蓝叶藤 | *Marsdenia tinctoria* R. Br. | 藤本 | | LC | 缙志 | 见到 | 有 |
| 萝摩科 | 萝藦属 *Metaplexis* | 华萝藦 | *Metaplexis hemsleyana* Oliv. | 藤本 | | | 缙志 | | |
| 萝摩科 | 杠柳属 *Periploca* | 青蛇藤 | *Periploca calophylla*（Wight）Falc. | 藤本 | | LC | 缙志 | 见到 | |
| 萝摩科 | 豹皮花属 *Stapelia* | 豹皮花* | *Stapelia pulchella* Mass. | 草本 | | | 缙志 | 见到 | |
| 萝摩科 | 夜来香属 *Telosma* | 夜来香 | *Telosma cordata*（Burm. f.）Merr. | 灌木 | LC | LC | 缙志 | | |
| 茄科 | 辣椒属 *Capsicum* | 辣椒* | *Capsicum annuum* L. | 草本 | | | 缙志 | 见到 | |
| 茄科 | 夜香树属 *Cestrum* | 夜香树* | *Cestrum nocturnum* L. | 灌木 | | | 缙志 | 见到 | 有 |
| 茄科 | 树番茄属 *Cyphomandra* | 树番茄* | *Cyphomandra betacea*（Cav.）Sendt. | 灌木 | | | 缙志 | | |
| 茄科 | 曼陀罗属 *Datura* | 木本曼陀罗* | *Datura arborea* L. | 乔木 | | | 缙志 | 见到 | |
| 茄科 | 曼陀罗属 *Datura* | 曼陀罗* | *Datura stramonium* L. | 乔木 | | | 缙志 | 见到 | |
| 茄科 | 番茄属 *Lycopersicon* | 番茄* | *Lycopersicon esculentum* Mill. | 草本 | | | 缙志 | 见到 | 有 |
| 茄科 | 红丝线属 *Lycianthes* | 单花红丝线 | *Lycianthes lysimachioides*（Wall.）Bitter | 草本 | | LC | 缙志 | 见到 | 有 |
| 茄科 | 枸杞属 *Lycium* | 枸杞 | *Lycium chinense* Mill. | 灌木 | | LC | 缙志 | 见到 | |
| 茄科 | 枸杞属 *Lycium* | 宁夏枸杞* | *Lycium barbarum* L. | 灌木 | | LC | 缙志 | 见到 | |
| 茄科 | 假酸浆属 *Nicandra* | 假酸浆 | *Nicandra physaloides*（L.）Gaertn. | 草本 | | | 缙志 | 见到 | |
| 茄科 | 烟草属 *Nicotiana* | 烟草* | *Nicotiana tabacum* L. | 草本 | | | 缙志 | 见到 | |
| 茄科 | 碧冬茄属 *Petunia* | 碧冬茄* | *Petunia hybrida* Vilm. | 草本 | | | 缙志 | 见到 | |
| 茄科 | 酸浆属 *Physalis* | 苦蘵 | *Physalis angulata* L. | 草本 | | | 缙志 | 见到 | |
| 茄科 | 茄属 *Solanum* | 白英 | *Solanum lyratum* Thunb. | 藤本 | | LC | 缙志 | 见到 | 有 |
| 茄科 | 茄属 *Solanum* | 茄* | *Solanum melongena* L. | 草本 | | | 缙志 | 见到 | |
| 茄科 | 茄属 *Solanum* | 龙葵 | *Solanum nigrum* L. | 草本 | | LC | 缙志 | 见到 | 有 |
| 茄科 | 茄属 *Solanum* | 海桐叶白英 | *Solanum pittosporifolium* Hemsll. | 灌木 | | LC | 缙志 | | |
| 茄科 | 茄属 *Solanum* | 牛茄子 | *Solanum surattence* Burm.f | 草本 | | LC | 缙志 | 见到 | 有 |
| 茄科 | 茄属 *Solanum* | 马铃薯* | *Solanum tuberosum* L. | 草本 | | | 缙志 | 见到 | 有 |
| 茄科 | 茄属 *Solanum* | 珊瑚樱* | *Solanum pseudocapsicum* L. | 灌木 | | | 缙志 | 见到 | 有 |
| 旋花科 | 打碗花属 *Calystegia* | 打碗花 | *Calystegia hederacea* ex Roxb. Wall. | 草本 | | LC | 缙志 | 见到 | |
| 旋花科 | 打碗花属 *Calystegia* | 鼓子花（篱打旋花，篱天箭） | *Calystegia silvatica*（Kitaib.）Griseb. subsp. *orientalis* Brummitt［*C. sepium*（L.）R. Br.］ | 草本 | | LC | 缙志 | 见到 | |
| 旋花科 | 马蹄金属 *Dichondra* | 马蹄金 | *Dichondra repens* Forst. | 草本 | | LC | 缙志 | 见到 | |
| 旋花科 | 番薯属 *Ipomoea* | 甘薯* | *Ipomoea batatas*（L.）Lam. | 草本 | | | 缙志 | 见到 | 有 |
| 旋花科 | 番薯属 *Ipomoea* | 蕹菜* | *Ipomoea aquatica* Forsk. | 草本 | LC | | 缙志 | 见到 | |
| 旋花科 | 牵牛属 *Pharbitis* | 牵牛* | *Pharbitis nil*（L.）Choisy | 草本 | | | 缙志 | 见到 | |

续表

| 科名 | 属名 | 中文名 | 拉丁名 | 生活型 | IUCN | 红色名录 | 资料来源 | 本次调查 | 照片 |
|---|---|---|---|---|---|---|---|---|---|
| 旋花科 | 牵牛属 *Pharbitis* | 圆叶牵牛* | *Pharbitis purpurea*（L.）Voigt | 草本 | | | 2009年科考 | 见到 | |
| 旋花科 | 茑萝属 *Quamoclit* | 圆叶茑萝* | *Quamoclit coccinea*（L.）Moench | 草本 | | | 2009年科考 | 见到 | |
| 旋花科 | 茑萝属 *Quamoclit* | 茑萝* | *Quamoclit pennata*（Desr.）Boj. | 草本 | | | 缙志 | 见到 | |
| 旋花科 | 茑萝属 *Quamoclit* | 羽叶茑萝* | *Quamoclit pennata*（Desr.）Boj. | 草本 | | | | 见到 | |
| 旋花科 | 茑萝属 *Quamoclit* | 槭叶茑萝* | *Quamoclit sloteri* House | 草本 | | | 缙志 | | |
| 旋花科 | 菟丝子属 *Cuscuta* | 日本菟丝子 | *Cuscuta japonica* Choisy | 草本 | | | 缙志 | | |
| 花荵科 | 天蓝绣球属 *Phlox* | 小天蓝绣球* | *Phlox drummondii* Hook. | 草本 | | | 缙志 | | |
| 紫草科 | 斑种草属 *Bothriospermum* | 柔弱斑种草 | *Bothriospermum tenellum*（Hornem.）Fisch. et Mey. | 草本 | | | 缙志 | 见到 | |
| 紫草科 | 琉璃草属 *Cynoglossum* | 琉璃草 | *Cynoglossum zeylanicum*（Vahl）Thunb. ex Lehm. | 草本 | | | 缙志 | 见到 | |
| 紫草科 | 厚壳树属 *Ehretia* | 光叶粗糠树 | *Ehretia macrophylla* Wall. var. *glabrescens*（Nakai）Y. L. Liu | 乔木 | | | 缙志 | 见到 | 有 |
| 紫草科 | 聚合草属 *Symphytum* | 聚合草* | *Symphytum officinale* L. | 草本 | | | 缙志 | 见到 | |
| 紫草科 | 盾果草属 *Thyrocarpus* | 盾果草 | *Thyrocarpus sampsonii* Hance | 草本 | | | 缙志 | 见到 | 有 |
| 紫草科 | 附地菜属 *Trigonotis* | 附地菜 | *Trigonotis peduncularis*（Trev.）Benth. ex Baker et Moore | 草本 | | | 缙志 | 见到 | |
| 马鞭草科 | 紫珠属 *Callicarpa* | 紫珠 | *Callicarpa bodinieri* Lévl. | 灌木 | | LC | 缙志 | 见到 | |
| 马鞭草科 | 紫珠属 *Callicarpa* | 老鸦糊 | *Callicarpa giraldii* Hesse ex Rehd. | 灌木 | | LC | 缙志 | 见到 | |
| 马鞭草科 | 紫珠属 *Callicarpa* | 缙云紫珠 | *Callicarpa giraldii* var. *chinyunensis*（Pei et W. Z. Fang）S. L. Chen | 灌木 | | | 缙志 | 见到 | |
| 马鞭草科 | 紫珠属 *Callicarpa* | 红紫珠 | *Callicarpa rubella* Lindl. | 灌木 | | LC | 缙志 | 见到 | 有 |
| 马鞭草科 | 莸属 *Caryopteris* | 金腺莸 | *Caryopteris aureoglandulosa*（Vant.）C. Y. Wu | 灌木 | | LC | 缙志 | 见到 | |
| 马鞭草科 | 莸属 *Caryopteris* | 三花莸 | *Caryopteris terniflora* Maxim. | 灌木 | | LC | 缙志 | | |
| 马鞭草科 | 大青属 *Clerodendrum* | 臭牡丹 | *Clerodendrum bungei* Steud. | 灌木 | | | 缙志 | 见到 | 有 |
| 马鞭草科 | 大青属 *Clerodendrum* | 尖齿臭茉莉（重瓣臭茉莉） | *Clerodendrum chinensis*（Osbeck）Mabberly | 灌木 | | | 缙志 | | |
| 马鞭草科 | 大青属 *Clerodendrum* | 黄腺大青 | *Clerodendrum confine* S. L. Chen et T.D.Zhuang | 灌木 | | LC | 缙志 | | |
| 马鞭草科 | 大青属 *Clerodendrum* | 海通 | *Clerodendrum manderinorum* Diels | 乔木 | | LC | 缙志 | 见到 | 有 |
| 马鞭草科 | 大青属 *Clerodendrum* | 海州常山 | *Clerodendrum trichotomum* Thunb. | 灌木 | | | 缙志 | 见到 | 有 |
| 马鞭草科 | 马缨丹属 *Lantana* | 马缨丹* | *Lantana camara* L. | 灌木 | | | 缙志 | 见到 | |
| 马鞭草科 | 马缨丹属 *Lantana* | 臭黄荆 | *Premna ligustroides* Hemsl. | 灌木 | | LC | 缙志 | 见到 | 有 |
| 马鞭草科 | 马缨丹属 *Lantana* | 狐臭柴 | *Premna puberula* Pamp. | 灌木 | | LC | 缙志 | 见到 | 有 |
| 马鞭草科 | 马鞭草属 *Verbena* | 马鞭草 | *Verbena officinalis* L. | 草本 | | | 缙志 | 见到 | 有 |
| 马鞭草科 | 马鞭草属 *Verbena* | 细叶美女樱* | *Verbena tenera* Spreng. | 草本 | | | 缙志 | 见到 | 有 |

续表

| 科名 | 属名 | 中文名 | 拉丁名 | 生活型 | IUCN | 红色名录 | 资料来源 | 本次调查 | 照片 |
|---|---|---|---|---|---|---|---|---|---|
| 马鞭草科 | 牡荆属 *Vitex* | 灰毛牡荆 | *Vitex cannescens* Kurz. | 灌木 | | LC | 缙志 | | |
| 马鞭草科 | 牡荆属 *Vitex* | 黄荆 | *Vitex negundo* L. | 灌木 | | LC | | 见到 | |
| 马鞭草科 | 牡荆属 *Vitex* | 牡荆 | *Vitex negundo*L. var. *cannabifolia*（Sieb. et Zucc.）Hand.-Mazz. | 灌木 | | LC | | 见到 | |
| 唇形科 | 四棱草属 *Schnabelia* | 四齿四棱草 | *Schnabelia tetrodonta*（Sun）C. Y. Wu et C. Chen | 草本 | | LC | 缙志 | | |
| 唇形科 | 藿香属 *Agastache* | 藿香* | *Agastache rugosa*（Fisch. et Mey.）O.Ktze. | 草本 | | | 缙志 | 见到 | 有 |
| 唇形科 | 筋骨草属 *Ajuga* | 紫背金盘 | *Ajuga nipponensis* Makino | 草本 | | LC | 缙志 | 见到 | 有 |
| 唇形科 | 筋骨草属 *Ajuga* | 筋骨草 | *Ajuga ciliata* Bunge | 草本 | | | | | |
| 唇形科 | 香茶菜属 *Rabdosia* | 鄂西香茶菜 | *Rabdosia henryi*（Hemsl.）Hara | 草本 | | LC | 缙志 | 见到 | |
| 唇形科 | 香茶菜属 *Rabdosia* | 碎米桠 | *Rabdosia rubescens*（Hemsl.）Hara | 灌木 | | LC | | 见到 | |
| 唇形科 | 风轮菜属 *Clinopodium* | 细风轮菜 | *Clinopodium gracile*（Benth.）Matsum. | 草本 | | | 缙志 | 见到 | |
| 唇形科 | 风轮菜属 *Clinopodium* | 灯笼草 | *Clinopodium polycephalum*（Diels）C. Y. Wu et Hsuan ex H. W. Li | 草本 | | LC | 缙志 | | |
| 唇形科 | 香薷属 *Elsholtzia* | 紫花香薷 | *Elsholtzia argyi* Lévl. | 草本 | | LC | 缙志 | 见到 | 有 |
| 唇形科 | 鼬瓣花属 *Galeobdolon* | 四川小野芝麻 | *Galeobdolon szechuanense* C. Y. Wu | 草本 | | LC | 缙志 | | |
| 唇形科 | 活血丹属 *Glechoma* | 活血丹 | *Glechoma longituba*（Nakai）Kupr. | 草本 | | | 缙志 | 见到 | 有 |
| 唇形科 | 夏至草属 *Lagopsis* | 夏至草 | *Lagopsis supina*（Steph.）Ik.-Gal. ex Knorr. | 草本 | | | 缙志 | 见到 | 有 |
| 唇形科 | 野芝麻属 *Lamium* | 宝盖草 | *Lamium amplexicaule* L. | 草本 | | | 缙志 | 见到 | |
| 唇形科 | 益母草属 *Leonurus* | 益母草 | *Leonurus artemisia*（Lour.）S. Y. Hu | 草本 | | | 缙志 | 见到 | 有 |
| 唇形科 | 绣球防风属 *Leucas* | 疏毛白绒草 | *Leucas mollissima* Wall. var. *chinensis* Benth. | 草本 | | | 缙志 | 见到 | |
| 唇形科 | 蜜蜂花属 *Melissa* | 蜜蜂花 | *Melissa axillaris*（Benth.）Bakh. f. | 草本 | | LC | 缙志 | 见到 | |
| 唇形科 | 薄荷属 *Mentha* | 薄荷 | *Mentha haplocalyx* Briq. | 草本 | | | 缙志 | 见到 | |
| 唇形科 | 石荠苎属 *Mosla* | 小鱼仙草 | *Mosla dianthera*（Buch.-Ham.）Maxim. | 草本 | | | 缙志 | 见到 | |
| 唇形科 | 石荠苎属 *Mosla* | 石荠苎 | *Mosla scabra*（Thunb.）C. Y. Wu et H. W. Li | 草本 | | LC | 缙志 | 见到 | |
| 唇形科 | 荆芥属 *Nepeta* | 心叶荆芥 | *Nepeta fodrii* Hemsl. | 草本 | | LC | 缙志 | 见到 | 有 |
| 唇形科 | 假野芝麻属 *Paraphlomis* | 理阳参（二花假糙苏） | *Paraphlomis albiflora*（Hemsl.）Hand.-Mazz. var. *biflora*（Sun）C. Y. Wuex H. Y. Li | 草本 | | | 缙志 | 见到 | 有 |
| 唇形科 | 假野芝麻属 *Paraphlomis* | 假糙苏 | *Paraphlomis javanica*（Bl.）Prain | 草本 | | | 缙志 | | |
| 唇形科 | 假野芝麻属 *Paraphlomis* | 小叶假糙苏 | *Paraphlomis javanica*（Bl.）Prain var. *coronata*（Vant.）C. Y. Wu et H. W. Li | 草本 | | | 缙志 | | |
| 唇形科 | 假野芝麻属 *Paraphlomis* | 狭叶假糙苏 | *Paraphlomis javanica* var. *angustifolia*（C. Y. Wu）C. Y. Wu et H. W. Li | 草本 | | LC | 缙志 | | |
| 唇形科 | 紫苏属 *Perilla* | 紫苏 | *Perilla frutescens*（L.）Britt. | 草本 | | | 缙志 | 见到 | 有 |
| 唇形科 | 紫苏属 *Perilla* | 回回苏 | *Perilla frutescens*（L.）Britt. var. *crispa*（Thunb.）Hand.-Mazz | 草本 | | | 缙志 | 见到 | |
| 唇形科 | 紫苏属 *Perilla* | 野紫苏 | *Perilla frutescens*（L.）Britt. var. *purpurascens*（Hayata）H. W. Li | 草本 | | | 缙志 | 见到 | |

续表

| 科名 | 属名 | 中文名 | 拉丁名 | 生活型 | IUCN | 红色名录 | 资料来源 | 本次调查 | 照片 |
|---|---|---|---|---|---|---|---|---|---|
| 唇形科 | 夏枯草属 *Prunella* | 夏枯草 | *Prunella vulgaris* L. | 草本 | | | 缙志 | 见到 | 有 |
| 唇形科 | 鼠尾草属 *Salvia* | 血盆草 | *Salvia cavalerie* Lévl. var. *simplicifolia* Stib. | 草本 | | LC | 2009 年科考 | | |
| 唇形科 | 鼠尾草属 *Salvia* | 贵州鼠尾草 | *Salvia cavaleriei* Lévl. | 草本 | LC | LC | 缙志 | | |
| 唇形科 | 鼠尾草属 *Salvia* | 荔枝草 | *Salvia plebeia* R. Br. | 草本 | | | 缙志 | 见到 | |
| 唇形科 | 鼠尾草属 *Salvia* | 一串红* | *Salvia splendens* Ker.-Gawl. | 草本 | | | 缙志 | 见到 | |
| 唇形科 | 黄芩属 *Scutellaria* | 岩藿香 | *Scutellaria franchetiana* Lévl. | 草本 | | | 缙志 | 见到 | |
| 唇形科 | 黄芩属 *Scutellaria* | 韩信草 | *Scutellaria indica* L. | 草本 | | LC | 缙志 | 见到 | 有 |
| 唇形科 | 黄芩属 *Scutellaria* | 四裂花黄芩 | *Scutellaria quadrilobulata* Sun ex C. H. Hu | 草本 | | LC | 缙志 | | |
| 唇形科 | 黄芩属 *Scutellaria* | 缙云黄芩 | *Scutellaria tsinyunensis* C. Y. Wu et S. Chow | 草本 | | LC | 缙志 | 见到 | 有 |
| 唇形科 | 黄芩属 *Scutellaria* | 柳叶红茎黄芩 | *Scutellaria yunanensis* Lévl. var. *salicifolia* Sun ex C. H. Hu | 草本 | | LC | 缙志 | 见到 | |
| 唇形科 | 黄芩属 *Scutellaria* | 半枝莲 | *Scutellaria barbata* D. Don | 草本 | | | | 见到 | 有 |
| 唇形科 | 水苏属 *Stachys* | 针筒菜 | *Stachys oblongifolia* Benth. | 草本 | | | 缙志 | 见到 | 有 |
| 唇形科 | 香科科属 *Teucrium* | 微毛血见愁 | *Teucrium viscidum* Bl. var. *nepetoides*（Levl.）C. Y. Wu et S. Chow | 草本 | | LC | 缙志 | 见到 | |
| 水马齿科 | 水马齿属 *Callitriche* | 水马齿 | *Callitriche pulustris* L. | 草本 | | | 缙志 | | |
| 水马齿科 | 水马齿属 *Callitriche* | 沼生水马齿 | *Callitriche palustris* L. | 草本 | LC | | 缙志 | | |
| 车前科 | 车前属 *Plantago* | 车前 | *Plantago asiatica* L. | 草本 | | | 缙志 | 见到 | |
| 车前科 | 车前属 *Plantago* | 疏花车前 | *Plantago asiatica* L. ssp.*erosa*（Wall.）Z. Y. Li | 草本 | | LC | 缙志 | 见到 | 有 |
| 车前科 | 车前属 *Plantago* | 大车前 | *Plantago major* L. | 草本 | | | 缙志 | 见到 | |
| 醉鱼草科 | 醉鱼草属 *Buddleja* | 白背枫（驳骨丹、七里香） | *Buddleja asiatica* Lour. | 灌木 | | | 缙志 | 见到 | |
| 醉鱼草科 | 醉鱼草属 *Buddleja* | 大叶醉鱼草 | *Buddleja davidii* Franch. | 灌木 | | LC | 缙志 | 见到 | |
| 醉鱼草科 | 醉鱼草属 *Buddleja* | 密蒙花 | *Buddleja officinalis* Maxim. | 灌木 | | LC | 缙志 | 见到 | |
| 木犀科 | 雪柳属 *Fontanesia* | 雪柳* | *Fontanesia fortunei* Carr. | 灌木 | | | 缙志 | 见到 | |
| 木犀科 | 连翘属 *Forsythia* | 连翘 | *Forsythia suspensa*（Thunb.）Vahl | 灌木 | | | 缙志 | | |
| 木犀科 | 连翘属 *Forsythia* | 金钟花* | *Forsythia viridissima* Lindl. | 灌木 | | | 缙志 | 见到 | 有 |
| 木犀科 | 梣属 *Fraxinus* | 白蜡树* | *Fraxinus chinensis* Roxb. | 乔木 | | | 缙志 | | |
| 木犀科 | 素馨属 *Jasminum* | 清香藤 | *Jasminum lanceolarium* Roxb. | 灌木 | | LC | 缙志 | 见到 | |
| 木犀科 | 素馨属 *Jasminum* | 迎春花* | *Jasminum nudiflorum* Lindl. | 灌木 | | | 缙志 | 见到 | 有 |
| 木犀科 | 素馨属 *Jasminum* | 华素馨* | *Jasminum sinense* Hemsl. | 藤本 | | | 缙志 | | |
| 木犀科 | 素馨属 *Jasminum* | 茉莉花* | *Jasminum sambac*（L.）Ait. | 灌木 | | | 缙志 | 见到 | 有 |
| 木犀科 | 女贞属 *Ligustrum* | 女贞 | *Ligustrum lucidum* Ait. | 乔木 | | | 缙志 | 见到 | |
| 木犀科 | 女贞属 *Ligustrum* | 小叶女贞（小白蜡树） | *Ligustrum quihoui* Carr. | 灌木 | | LC | 缙志 | 见到 | |

续表

| 科名 | 属名 | 中文名 | 拉丁名 | 生活型 | IUCN | 红色名录 | 资料来源 | 本次调查 | 照片 |
|---|---|---|---|---|---|---|---|---|---|
| 木犀科 | 女贞属 *Ligustrum* | 小蜡 | *Ligustrum sinense* Lour. | 灌木 | | | 缙志 | 见到 | 有 |
| 木犀科 | 木犀属 *Osmanthus* | 木犀* | *Osmanthus fragrans*（Thunb.）Lour. | 乔木 | | | 缙志 | 见到 | |
| 木犀科 | 丁香属 *Syringa* | 白丁香* | *Syringa oblata* Lindl. cv. *alba* | 灌木 | | | 缙志 | | |
| 木犀科 | 木樨榄属 *Olea* | 油橄榄（齐墩果）* | *Olea europaea* L. | 乔木 | | | 缙志 | | |
| 玄参科 | 毛地黄属 *Digitalis* | 毛地黄* | *Digitalis purpurea* L. | 草本 | | | 缙志 | | |
| 玄参科 | 母草属 *Lindernia* | 泥花草 | *Lindernia antipoda*（L.）Alston | 草本 | LC | | 缙志 | 见到 | |
| 玄参科 | 母草属 *Lindernia* | 母草 | *Lindernia crustacea*（L.）F. Muell | 草本 | LC | | 缙志 | 见到 | 有 |
| 玄参科 | 母草属 *Lindernia* | 宽叶母草 | *Lindernia nummularifolia*（D. Don）Wettst. | 草本 | | | 缙志 | | |
| 玄参科 | 母草属 *Lindernia* | 旱田草 | *Lindernia ruellioides*（Colsm.）Pennell | 草本 | | | 缙志 | 见到 | 有 |
| 玄参科 | 通泉草属 *Mazus* | 匍匐通泉草 | *Mazus miquelii* Makino | 草本 | | | 缙志 | 见到 | |
| 玄参科 | 通泉草属 *Mazus* | 通泉草 | *Mazus pumilus*（Burm.f.）Van. Steenis | 草本 | | | 缙志 | 见到 | 有 |
| 玄参科 | 通泉草属 *Mazus* | 弹刀子菜 | *Mazus stachydifolius*（Turcz.）Maxim. | 草本 | | | 缙志 | 见到 | |
| 玄参科 | 沟酸浆属 *Mimulus* | 尼泊尔沟酸浆 | *Mimulus tenellus* Bunge var. *nepalensis*（Benth.）Tsoong | 草本 | | LC | 缙志 | 见到 | 有 |
| 玄参科 | 泡桐属 *Paulownia* | 白花泡桐* | *Paulownia fortunei*（Seem）Hemsl. | 乔木 | | | 缙志 | 见到 | |
| 玄参科 | 玄参属 *Scrophularia* | 玄参* | *Scrophylaria ningpoensis* Hemsl. | 草本 | | | 缙志 | 见到 | 有 |
| 玄参科 | 蝴蝶草属 *Torenia* | 光叶蝴蝶草 | *Torenia glabra* Osbeck | 草本 | | | 缙志 | 见到 | 有 |
| 玄参科 | 蝴蝶草属 *Torenia* | 紫萼蝴蝶草 | *Torenia violacea*（Azaola）Pennell. | 草本 | | | 缙志 | 见到 | 有 |
| 玄参科 | 婆婆纳属 *Veronica* | 直立婆婆纳 | *Veronica arvensis* L. | 草本 | | | 缙志 | 见到 | 有 |
| 玄参科 | 婆婆纳属 *Veronica* | 婆婆纳 | *Veronica didyma* Tenore | 草本 | | | 缙志 | 见到 | |
| 玄参科 | 婆婆纳属 *Veronica* | 阿拉伯婆婆纳 | *Veronica persica* Poir. | 草本 | | | 缙志 | 见到 | 有 |
| 玄参科 | 婆婆纳属 *Veronica* | 水苦荬 | *Veronica undulata* Wall. | 草本 | | | 缙志 | 见到 | |
| 玄参科 | 腹水草属 *Veronicastrum* | 宽叶腹水草 | *Veronicastrum latifolium*（Hemsl.）Yamazaki | 草本 | | LC | 缙志 | 见到 | |
| 玄参科 | 腹水草属 *Veronicastrum* | 细穗腹水草 | *Veronicastrum stenostachyum*（Hemsl.）Yamazaki | 草本 | | LC | 缙志 | 见到 | 有 |
| 玄参科 | 来江藤属 *Brandisia* | 来江藤 | *Brandisia hancei* Hook. f. | 灌木 | | LC | 缙志 | 见到 | |
| 苦苣苔科 | 筒花苣苔属 *Briggsiopsis* | 筒花苣苔 | *Briggsiopsis delavayi*（Franch.）K. Y. Pan | 草本 | | LC | 缙志 | | |
| 苦苣苔科 | 半蒴苣苔属 *Hemiboea* | 纤细半蒴苣苔 | *Hemiboea gracilis* Franch | 草本 | | LC | 缙志 | 见到 | 有 |
| 苦苣苔科 | 吊石苣苔属 *Lysionotus* | 吊石苣苔 | *Lysionotus pauciflorus* Maxim. | 草本 | | LC | 缙志 | | |
| 苦苣苔科 | 线柱苣苔属 *Rhynchotechum* | 线柱苣苔 | *Rhynchotechum obovatum*（Griff.）Burtt | 草本 | | | 缙志 | 见到 | |
| 爵床科 | 老鼠簕属 *Acanthus* | 金蝉脱壳* | *Acanthus montanus*（Nees）T.Anders. | 草本 | LC | | 缙志 | 见到 | |
| 爵床科 | 黄猄属 *Championella* | 黄猄草 | *Championella tetraspermum*（Champ.ex Benrh.）Bremek. | 草本 | | | 缙志 | 见到 | |
| 爵床科 | 狗肝菜属 *Dicliptera* | 优雅狗肝菜 | *Dicliptera elegans* W. W. Sm. | 灌木 | | LC | 缙志 | | |

续表

| 科名 | 属名 | 中文名 | 拉丁名 | 生活型 | IUCN | 红色名录 | 资料来源 | 本次调查 | 照片 |
|---|---|---|---|---|---|---|---|---|---|
| 爵床科 | 麒麟吐珠属 *Calliaspida* | 虾衣花* | *Calliaspida guttata*（Brand.）Bre mek. | 草本 | | | 缙志 | | |
| 爵床科 | 水蓑衣属 *Hygrophila* | 水蓑衣 | *Hygrophila salicifolia*（Vahl.）Nees | 灌木 | LC | LC | 缙志 | | |
| 爵床科 | 爵床属 *Rostellularia* | 爵床 | *Rostellularia procumbens*（L.）Ness | 草本 | | | 缙志 | 见到 | 有 |
| 胡麻科 | 胡麻属 *Sesamum* | 芝麻* | *Sesamum indicum* DC. | 草本 | | | 缙志 | | |
| 紫葳科 | 梓属 *Catalpa* | 梓树* | *Catalpa ovata* G. Don | 乔木 | | | 缙志 | | |
| 紫葳科 | 梓属 *Catalpa* | 菜豆树* | *Radermachera sinica*（Hance）Hemsl. | 乔木 | | LC | 缙志 | 见到 | |
| 紫葳科 | 蓝花楹属 *Jacaranda* | 蓝花楹* | *Jacaranda mimosifolia* D.Don | 乔木 | VU | | 缙志 | 见到 | |
| 狸藻科 | 狸藻属 *Utricularia* | 南方狸藻 | *Utricularia australis* R. Br. | 草本 | LC | | 缙志 | | |
| 狸藻科 | 狸藻属 *Utricularia* | 挖耳草 | *Utricularia bifida* L. | 草本 | LC | LC | 缙志 | | |
| 狸藻科 | 狸藻属 *Utricularia* | 少花狸藻 | *Utricularia exoleta* R. Br. | 草本 | DD | LC | 缙志 | | |
| 桔梗科 | 沙参属 *Adenophora* | 湖北沙参 | *Adenophora longipedicellata* Hong | 草本 | | LC | 缙志 | | |
| 桔梗科 | 金钱豹属 *Campanumoea* | 金钱豹 | *Campanumoea javanica* Bl. subsp. *japonica*（Makino）Hong | 藤本 | | LC | 缙志 | 见到 | 有 |
| 桔梗科 | 半边莲属 *Lobelia* | 半边莲 | *Lobelia chinensis* Lour. | 草本 | | | | | 有 |
| 桔梗科 | 桔梗属 *Platycodon* | 桔梗* | *Platycodon grandiflorus*（Jacq.）A.DC. | 草本 | | | 缙志 | | |
| 桔梗科 | 铜锤玉带属 *Pratia* | 铜锤玉带草 | *Pratia nummularia*（Lam.）A. Br. et Ascher | 草本 | | | 缙志 | 见到 | 有 |
| 桔梗科 | 蓝花参属 *Wahlenbergia* | 蓝花参 | *Wahlenbergia marginata*（Thunb.）A. DC. | 草本 | | | 缙志 | 见到 | 有 |
| 茜草科 | 茜树属 *Aidia* | 茜树 | *Aidia cochinchinensis* Lour. | 灌木 | | LC | 缙志 | 见到 | 有 |
| 茜草科 | 虎刺属 *Damnacanthus* | 短刺虎刺 | *Damnacanthus giganteus*（Makino）Nakai | 灌木 | | LC | 缙志 | | |
| 茜草科 | 虎刺属 *Damnacanthus* | 虎刺 | *Damnacanthus indicus*（L.）Gaertn. f. | 灌木 | | | 缙志 | | |
| 茜草科 | 虎刺属 *Damnacanthus* | 柳叶虎刺 | *Damnacanthus labordei*（Lévl.）Lo | 灌木 | | LC | 缙志 | | |
| 茜草科 | 虎刺属 *Damnacanthus* | 浙皖虎刺 | *Damnacanthus macrophyllus* Sieb.ex Miq. | 灌木 | | | 缙志 | 见到 | 有 |
| 茜草科 | 香果树属 *Emmenopterys* | 香果树 | *Emmenopterys henryi* Oliv. | 乔木 | | NT | 缙志 | 见到 | |
| 茜草科 | 拉拉藤属 *Galium* | 拉拉藤 | *Galium aparine* L. var. *echinospermum*（Wallr.）Cuf. | 草本 | | | 缙志 | 见到 | |
| 茜草科 | 拉拉藤属 *Galium* | 四叶葎 | *Galium bungei* Steud. | 草本 | | | 缙志 | | |
| 茜草科 | 拉拉藤属 *Galium* | 阔叶四叶葎 | *Galium bungei* Steud. var. *trachyspermum*（A. Gray）Cuf. | 草本 | | | 缙志 | | |
| 茜草科 | 拉拉藤属 *Galium* | 小叶猪殃殃 | *Galium trifidum* L. | 草本 | | | 缙志 | | |
| 茜草科 | 栀子属 *Gardenia* | 栀子 | *Gardenia jasminoides* Ellis | 灌木 | | | 缙志 | 见到 | 有 |
| 茜草科 | 耳草属 *Hedyotis* | 纤花耳草 | *Hedyotis tenelliflora* Bl. | 草本 | | | 缙志 | | |
| 茜草科 | 粗叶木属 *Lasianthus* | 西南粗叶木 | *Lasianthus henryi* Hutch. | 灌木 | | LC | 缙志 | 见到 | |
| 茜草科 | 粗叶木属 *Lasianthus* | 日本粗叶木 | *Lasianthus japonicus* Miq. | 灌木 | | LC | 缙志 | 见到 | |
| 茜草科 | 粗叶木属 *Lasianthus* | 曲毛日本粗叶木 | *Lasianthus japonicus* Miq. var. *matsumensis*（Matsum.）Makino | 灌木 | LC | | 缙志 | | |

续表

| 科名 | 属名 | 中文名 | 拉丁名 | 生活型 | IUCN | 红色名录 | 资料来源 | 本次调查 | 照片 |
|---|---|---|---|---|---|---|---|---|---|
| 茜草科 | 巴戟天属 *Morinda* | 紫珠叶巴戟天 | *Morinda callicarpaefolia* Y.Z.Ruan | 藤木 | | | 缙志 | 见到 | 有 |
| 茜草科 | 玉叶金花属 *Mussaenda* | 展枝玉叶金花 | *Mussaenda divaricata* Hutch. | 灌木 | LC | LC | 缙志 | 见到 | 有 |
| 茜草科 | 密脉木属 *Myrioneuron* | 密脉木 | *Myrioneuron fabri* Hemsl. | 草本 | | LC | 缙志 | 见到 | 有 |
| 茜草科 | 新耳草属 *Neanotis* | 薄叶新耳草 | *Neanotis hirsuta*（L. f.）W. H. Lewis | 草本 | | LC | 缙志 | | |
| 茜草科 | 薄柱草属 *Nertera* | 薄柱草 | *Nertera sinensis* Hemsl. | 草本 | | LC | 缙志 | | |
| 茜草科 | 蛇根草属 *Ophiorrhiza* | 日本蛇根草 | *Ophiorrhiza japanica* Bl. | 草本 | LC | LC | 缙志 | 见到 | 有 |
| 茜草科 | 鸡矢藤属 *Paederia* | 毛鸡矢藤 | *Paederia scandens*（Lour.）Merr. var. *tomentosa*（Bl.）Hand.-Mazz. | 藤木 | | | 缙志 | 见到 | |
| 茜草科 | 鸡矢藤属 *Paederia* | 便毛鸡矢藤 | *Paederia villosa* Hayata | 藤木 | | | 缙志 | 见到 | |
| 茜草科 | 鸡矢藤属 *Paederia* | 鸡矢藤 | *Paederia scandens*（Lour.）Merr. | 藤木 | | LC | 缙志 | 见到 | |
| 茜草科 | 茜草属 *Rubia* | 金剑草 | *Rubia alata* Roxb. | 藤木 | | LC | 缙志 | | |
| 茜草科 | 茜草属 *Rubia* | 多花茜草 | *Rubia wallichiana* Decne. | 藤木 | | | 缙志 | | |
| 茜草科 | 白马骨属 *Serissa* | 六月雪 | *Serissa japonica*（Thunb.）Thunb. | 灌木 | | | 缙志 | 见到 | 有 |
| 茜草科 | 白马骨属 *Serissa* | 白马骨 | *Serissa serissoides*（DC.）Druce | 灌木 | LC | | 缙志 | 见到 | |
| 茜草科 | 鸡仔木属 *Sinoadina* | 鸡仔木 | *Sinoadina racemosa*（Sieb. et. Zucc.）Ridsd. | 乔木 | | LC | 缙志 | | |
| 茜草科 | 乌口树属 *Tarenna* | 滇南乌口树 | *Tarenna pubinervis* Hutch. | 乔木 | | LC | 缙志 | | |
| 茜草科 | 狗骨柴属 *Diplospora* | 毛狗骨柴 | *Diplospora fruticosa* Hemsl. | 乔木 | | LC | 缙志 | | |
| 茜草科 | 钩藤属 *Uncaria* | 钩藤 | *Uncaria rhynchophylla*（Miq.）Miq. ex Havil | 藤木 | | LC | 缙志 | 见到 | |
| 忍冬科 | 六道木属 *Abelia* | 小叶六道木 | *Abelia parvifolia* Hemsl. | 灌木 | | | 缙志 | 见到 | 有 |
| 忍冬科 | 六道木属 *Abelia* | 二翅六道木* | *Abelia macrotera*（Graebn. et Buchw.）Rehd. | 灌木 | | | | 见到 | |
| 忍冬科 | 忍冬属 *Lonicera* | 淡红忍冬 | *Lonicera acuminata* Wall. ex Roxb. | 藤木 | | LC | 缙志 | | |
| 忍冬科 | 忍冬属 *Lonicera* | 红腺忍冬 | *Lonicera hypoglauca* Miq. | 藤木 | | | 缙志 | | |
| 忍冬科 | 忍冬属 *Lonicera* | 忍冬 | *Lonicera japonica* Thunb. | 藤木 | LC | LC | 缙志 | 见到 | 有 |
| 忍冬科 | 忍冬属 *Lonicera* | 细毡毛忍冬 | *Lonicera similis* Hemsl. | 藤木 | LC | LC | 缙志 | 见到 | |
| 忍冬科 | 接骨木属 *Sambucus* | 接骨草 | *Sambucus chinensis* Lindl. | 草本 | | LC | 缙志 | 见到 | |
| 忍冬科 | 接骨木属 *Sambucus* | 接骨木 | *Sambucus williamsii* Hance | 灌木 | | LC | 缙志 | | |
| 忍冬科 | 荚迷属 *Viburnum* | 短序荚蒾 | *Viburnum brachybotryum* Hemsl. | 灌木 | | LC | 缙志 | 见到 | |
| 忍冬科 | 荚迷属 *Viburnum* | 金佛山荚蒾 | *Viburnum chinshanense* Graebn. | 灌木 | | LC | 缙志 | 见到 | 有 |
| 忍冬科 | 荚迷属 *Viburnum* | 金腺荚蒾 | *Viburnum chunii* Hsu | 灌木 | | LC | 缙志 | | |
| 忍冬科 | 荚迷属 *Viburnum* | 宜昌荚蒾 | *Viburnum erosum* Thunb. | 灌木 | | LC | 缙志 | 见到 | |
| 忍冬科 | 荚迷属 *Viburnum* | 直角荚蒾 | *Viburnum foetidum* Wall. var. *rectangulatum*（Graebn.）Rehd. | 灌木 | | LC | 缙志 | 见到 | |
| 忍冬科 | 荚迷属 *Viburnum* | 日本珊瑚树* | *Viburnum odoratissimum* Ker-Gawl.var. *awabuki*（K.Koch）Zabel et Rumpl. | 灌木 | | | 缙志 | 见到 | 有 |

续表

| 科名 | 属名 | 中文名 | 拉丁名 | 生活型 | IUCN | 红色名录 | 资料来源 | 本次调查 | 照片 |
|---|---|---|---|---|---|---|---|---|---|
| 忍冬科 | 荚蒾属 *Viburnum* | 雪球荚蒾* | *Viburnum plicatum* Thunb. | 灌木 | | | 缙志 | 见到 | 有 |
| 忍冬科 | 荚蒾属 *Viburnum* | 球核荚蒾 | *Viburnum propinquum* Hemsl. | 灌木 | | LC | 缙志 | 见到 | |
| 忍冬科 | 荚蒾属 *Viburnum* | 具毛常绿荚蒾 | *Viburnum sempervirens* K. Koch var. *trichophorum* Hand.-Mazz. | 灌木 | | LC | 缙志 | | |
| 忍冬科 | 荚蒾属 *Viburnum* | 茶荚蒾（汤饭子） | *Viburnum setigerum* Hance | 灌木 | | LC | 缙志 | 见到 | 有 |
| 忍冬科 | 荚蒾属 *Viburnum* | 三叶荚蒾 | *Viburnum ternatum* Rehd. | 灌木 | | LC | 缙志 | 见到 | 有 |
| 忍冬科 | 锦带花属 *Weigela* | 海仙花* | *Weigela coraeensis* Thunb. | 草木 | LC | LC | 缙志 | 见到 | 有 |
| 败酱科 | 败酱属 *Patrinia* | 白花败酱 | *Patrinia villosa*（Thunb.）Juss.［*P. sinensis*（Lévl.）Koidz.］ | 草木 | | | 缙志 | 见到 | 有 |
| 菊科 | 蓍属 *Achillea* | 蓍* | *Achillea millefolium* L. | 草木 | | | 缙志 | 见到 | |
| 菊科 | 下田菊属 *Adenostemma* | 下田菊 | *Adenostemma lavenia*（L.）O. Kuntze | 草木 | | | 缙志 | 见到 | 有 |
| 菊科 | 藿香蓟属 *Ageratum* | 藿香蓟（胜红蓟） | *Ageratum conyzoides* L. | 草木 | | | 缙志 | 见到 | 有 |
| 菊科 | 兔耳风属 *Ainsliaea* | 杏香兔儿风 | *Ainsliaea fragrans* Champ. | 草木 | | LC | 缙志 | 见到 | |
| 菊科 | 香青属 *Anaphalis* | 珠光香青 | *Anaphalis margaritacea*（L.）Benth. et Hook. f. | 草木 | | LC | 缙志 | | |
| 菊科 | 香青属 *Anaphalis* | 线叶珠光香青 | *Anaphalis margaritacea*（L.）Benth. et Hook. f. var. *japonica*（Sch.-Bip.）Makino | 草木 | | | 缙志 | | |
| 菊科 | 牛蒡属 *Arctium* | 牛蒡* | *Arctium lappa* L. | 草木 | | LC | 缙志 | | |
| 菊科 | 木茼蒿属 *Argyranthemum* | 木茼蒿* | *Argyranthemum frutescens*（L.）Sch.-Bip. | 草木 | | | 缙志 | 见到 | |
| 菊科 | 蒿属 *Artemisia* | 黄花蒿 | *Artemisia annua* L. | 草木 | | LC | 缙志 | 见到 | |
| 菊科 | 蒿属 *Artemisia* | 艾蒿 | *Artemisia argyi* Lévl. et Vant. | 草木 | | LC | 缙志 | 见到 | |
| 菊科 | 蒿属 *Artemisia* | 白苞蒿 | *Artemisia lactiflora* Wall. ex DC. | 草木 | | LC | 缙志 | 见到 | |
| 菊科 | 蒿属 *Artemisia* | 南毛蒿 | *Artemisia chingii* Pamp. | 草木 | | LC | 缙志 | 见到 | |
| 菊科 | 蒿属 *Artemisia* | 五月艾 | *Artemisia indica* Willd. | 草木 | | LC | 缙志 | | |
| 菊科 | 蒿属 *Artemisia* | 牡蒿 | *Artemisia japonica* Thunb. | 草木 | | LC | 缙志 | 见到 | |
| 菊科 | 蒿属 *Artemisia* | 矮蒿 | *Artemisia lancea* Vant. | 草木 | | LC | 缙志 | | |
| 菊科 | 蒿属 *Artemisia* | 魁蒿 | *Artemisia princeps* Pamp. | 草木 | | | 缙志 | | |
| 菊科 | 蒿属 *Artemisia* | 猪毛蒿 | *Artemisia scoparia* Waldst. et Kit. | 草木 | | | 缙志 | 见到 | |
| 菊科 | 紫菀属 *Aster* | 三脉紫菀 | *Aster ageratoides* Turcz. | 草木 | | LC | 缙志 | 见到 | 有 |
| 菊科 | 紫菀属 *Aster* | 川鄂紫菀 | *Aster moupinensis*（Franch.）Hand.-Mazz. | 草木 | LC | DD | 缙志 | | |
| 菊科 | 紫菀属 *Aster* | 琴叶紫菀 | *Aster panduratus* Nees ex Walper | 草木 | | LC | 缙志 | | |
| 菊科 | 紫菀属 *Aster* | 钻叶紫菀 | *Aster subulatus* Michx. | 草木 | LC | | 缙志 | 见到 | |
| 菊科 | 苍术属 *Atractylodes* | 白术* | *Atractylodes macrocephala* Koidz. | 草木 | | LC | 缙志 | | |
| 菊科 | 雏菊属 *Bellis* | 雏菊* | *Bellis perennis* L. | 草木 | | | 缙志 | 见到 | 有 |
| 菊科 | 鬼针草属 *Bidens* | 婆婆针 | *Bidens bipinnata* L. | 草木 | | | 缙志 | | |

续表

| 科名 | 属名 | 中文名 | 拉丁名 | 生活型 | IUCN | 红色名录 | 资料来源 | 本次调查 | 照片 |
|---|---|---|---|---|---|---|---|---|---|
| 菊科 | 鬼针草属 *Bidens* | 金盏银盘 | *Bidens biternata*（Lour.）Merr. et Sherff. | 草本 | LC | | 缙志 | | |
| 菊科 | 鬼针草属 *Bidens* | 鬼针草 | *Bidens pilosa* L. | 草本 | | | 缙志 | 见到 | |
| 菊科 | 鬼针草属 *Bidens* | 狼杷草 | *Bidens tripartita* L. | 草本 | | | 缙志 | 见到 | |
| 菊科 | 艾纳香属 *Blumea* | 馥芳艾纳香 | *Blumea aromatica* DC. | 草本 | | LC | 缙志 | 见到 | 有 |
| 菊科 | 艾纳香属 *Blumea* | 东风草 | *Blumea megacephala*（Randeria）Chang et Tseng | 草本 | | LC | 缙志 | 见到 | 有 |
| 菊科 | 艾纳香属 *Blumea* | 柔毛艾纳香 | *Blumea mollis*（D. Don）Merr. | 草本 | | LC | 缙志 | 见到 | |
| 菊科 | 金盏花属 *Calendula* | 金盏菊* | *Calendula officinalis* L. | 草本 | LC | | 缙志 | 见到 | 有 |
| 菊科 | 天名精属 *Carpesium* | 天名精 | *Carpesium abrotanoides* L. | 草本 | | | 缙志 | 见到 | 有 |
| 菊科 | 天名精属 *Carpesium* | 烟管头草 | *Carpesium cernuum* L. | 草本 | | | 缙志 | 见到 | |
| 菊科 | 天名精属 *Carpesium* | 金挖耳 | *Carpesium divaricatum* Sieb. et Zucc. | 草本 | | | 缙志 | | |
| 菊科 | 天名精属 *Carpesium* | 贵州天名精 | *Carpesium faberi* Winkl. | 草本 | | | 缙志 | 见到 | |
| 菊科 | 翠菊属 *Callistephus* | 翠菊* | *Callistephus chinensis*（L.）Nees | 草本 | LC | DD | 缙志 | 见到 | |
| 菊科 | 石胡荽属 *Centipeda* | 石胡荽 | *Centipeda minima*（L.）A. Br. et Aschers. | 草本 | LC | | 缙志 | 见到 | |
| 菊科 | 茼蒿属 *Chrysanthemum* | 蒿子秆* | *Chrysanthemum carinatum* Schousb. | 草本 | LC | | 缙志 | | |
| 菊科 | 瓜叶菊属 *Pericallis* | 瓜叶菊* | *Pericallis hybrda* B.Nord.（*Cineraria cruenta* Mass. ex L' Herit.） | 草本 | | | 缙志 | 见到 | 有 |
| 菊科 | 蓟属 *Cirsium* | 蓟 | *Cirsium japonicum* Fisch. ex DC. | 草本 | LC | LC | 缙志 | 见到 | |
| 菊科 | 蓟属 *Cirsium* | 刺儿菜 | *Cirsium setosum*（Willd.）MB. | 草本 | LC | LC | 缙志 | 见到 | |
| 菊科 | 白酒草属 *Conyza* | 香丝草 | *Conyza bonariensis*（L.）Cronq. | 草本 | | | 缙志 | 见到 | 有 |
| 菊科 | 白酒草属 *Conyza* | 小蓬草 | *Conyza canadensi*（L.）Cronq. | 草本 | | | 缙志 | 见到 | |
| 菊科 | 白酒草属 *Conyza* | 白酒草 | *Conyza japonica*（Thunb.）Less. | 草本 | | | 缙志 | 见到 | |
| 菊科 | 金鸡菊属 *Coreopsis* | 线叶金鸡菊* | *Coreopsis lanceolata* L. | 草本 | | | 2009 年科考 | | |
| 菊科 | 山芫荽属 *Cotula* | 山芫荽 | *Cotula hemisphaerica* Wall. | 草本 | | | 缙志 | 见到 | |
| 菊科 | 野茼蒿属 *Crassocephalum* | 野茼蒿 | *Crassocephalum crepidioides* Benth. | 草本 | | | 缙志 | 见到 | 有 |
| 菊科 | 大丽菊属 *Dahlia* | 大丽花* | *Dahlia pinnata* Cav. | 草本 | | | 缙志 | 见到 | 有 |
| 菊科 | 菊属 *Dendranthema* | 菊花（菊）* | *Dendranthema morifolium*（Ramat.）Kitam. | 草本 | | | 缙志 | 见到 | |
| 菊科 | 菊属 *Dendranthema* | 野菊 | *Dendranthema indicum*（L.）Des Moul. | 草本 | | | 缙志 | 见到 | 有 |
| 菊科 | 歧笔菊属 *Dichrocephala* | 鱼眼草 | *Dichrocephala auriculata*（Thunb.）Druce. | 草本 | | | 缙志 | 见到 | 有 |
| 菊科 | 歧笔菊属 *Dichrocephala* | 小鱼眼草 | *Dichrocephala benthamii* Clarke | 草本 | LC | | 缙志 | 见到 | |
| 菊科 | 鲤肠属 *Eclipta* | 鳢肠 | *Eclipta prostrata*（L.）L. | 草本 | | | 缙志 | 见到 | |
| 菊科 | 一点红属 *Emilia* | 一点红 | *Emilia sonchifolia*（L.）DC. | 草本 | | | 缙志 | | |
| 菊科 | 飞蓬属 *Erigeron* | 一年蓬 | *Erigeron annuus*（L.）Pers. | 草本 | | | 缙志 | 见到 | |

续表

| 科名 | 属名 | 中文名 | 拉丁名 | 生活型 | IUCN | 红色名录 | 资料来源 | 本次调查 | 照片 |
|---|---|---|---|---|---|---|---|---|---|
| 菊科 | 泽兰属 *Eupatorium* | 异叶泽兰 | *Eupatorium heterophyllum* DC. | 草本 | | LC | 缙志 | 见到 | |
| 菊科 | 泽兰属 *Eupatorium* | 泽兰（白头婆） | *Eupatorium japonicum* Thunb. | 草本 | | | 缙志 | 见到 | 有 |
| 菊科 | 牛膝菊属 *Galinsoga* | 辣子草 | *Galinsoga parviflora* Cav. | 草本 | | | 缙志 | 见到 | |
| 菊科 | 鼠麹草属 *Gnaphalium* | 鼠麹草 | *Gnaphalium affine* D. Don | 草本 | | | 缙志 | 见到 | 有 |
| 菊科 | 鼠麹草属 *Gnaphalium* | 细叶鼠麹草 | *Gnaphalium japonicum* Thunb. | 草本 | | | 缙志 | | |
| 菊科 | 鼠麹草属 *Gnaphalium* | 匙叶鼠麹草 | *Gnaphalium pensylvanicum* Willd | 草本 | | | 缙志 | 见到 | |
| 菊科 | 菊三七属 *Gynura* | 白子菜* | *Gynura divaricata*（L.）DC. | 草本 | | LC | 缙志 | | |
| 菊科 | 菊三七属 *Gynura* | 红凤菜 | *Gynura bicolor*（Willd.）DC. | 草本 | | LC | 缙志 | 见到 | 有 |
| 菊科 | 菊三七属 *Gynura* | 菊三七（三七草） | *Gynura japonica*（Thumb.）Juel. | 草本 | | LC | 缙志 | | |
| 菊科 | 向日葵属 *Helianthus* | 向日葵* | *Helianthus annuus* L. | 草本 | | | 缙志 | 见到 | |
| 菊科 | 向日葵属 *Helianthus* | 菊芋* | *Helianthus tuberosus* L. | 草本 | | | 缙志 | 见到 | 有 |
| 菊科 | 泥胡菜属 *Hemistepta* | 泥胡菜 | *Hemistepta lyrata*（Bunge）Bunge | 草本 | | | 缙志 | 见到 | 有 |
| 菊科 | 旋覆花属 *Inula* | 羊耳菊 | *Inula cappa*（Buch.-Ham.）DC. | 草本 | | LC | 缙志 | 见到 | |
| 菊科 | 小苦荬属 *Ixeridium* | 中华小苦荬 | *Ixeridium chinense*（Thunb.）Tzvel | 草本 | | | 缙志 | 见到 | |
| 菊科 | 小苦荬属 *Ixeridium* | 细叶小苦荬 | *Ixeridium gracilis*（DC.）Stebb. | 草本 | | | 缙志 | | |
| 菊科 | 小苦荬属 *Ixeridium* | 窄叶小苦荬 | *Ixeridium gramineum*（Fisch.）Tzvel | 草本 | | | 缙志 | | |
| 菊科 | 苦荬菜属 *Ixeris* | 苦荬菜 | *Ixeris polycephala* Cass. | 草本 | | | 缙志 | 见到 | |
| 菊科 | 马兰属 *Kalimeris* | 马兰 | *Kalimeris indica*（L.）Sch.-Bip. | 草本 | | | 缙志 | 见到 | 有 |
| 菊科 | 莴苣属 *Lactuca* | 莴苣* | *Lactuca sativa* L. | 草本 | | | 缙志 | 见到 | |
| 菊科 | 莴苣属 *Lactuca* | 稻搓菜 | *Lapsana apogonoides* Maxim. | 草本 | | | 缙志 | | |
| 菊科 | 滨菊属 *Leucanthemum* | 滨菊* | *Leucanthemum vulgare* Lam. | 草本 | LC | | 缙志 | | |
| 菊科 | 黄瓜菜属 *Paraixeris* | 黄瓜菜 | *Paraixeris denticulata*（Houtt）Stebb. | 草本 | | | 缙志 | 见到 | 有 |
| 菊科 | 假福王草属 *Paraprenanthes* | 密毛假福王草 | *Paraprenanthes glandulosissima*（Chang）Shih | 草本 | | LC | 缙志 | 见到 | 有 |
| 菊科 | 假福王草属 *Paraprenanthes* | 三角叶假福王草 | *Paraprenanthes hastata* Shih | 草本 | | DD | 缙志 | 见到 | |
| 菊科 | 假福王草属 *Paraprenanthes* | 雷山假福王草 | *Paraprenanthes heptanhta* Shih et D. J. Liou | 草本 | | LC | 缙志 | 见到 | |
| 菊科 | 假福王草属 *Paraprenanthes* | 异叶假福王草 | *Paraprenanthes prenanthoides*（Hemsl.）Shih | 草本 | | LC | 缙志 | 见到 | |
| 菊科 | 假福王草属 *Paraprenanthes* | 假福王草 | *Paraprenanthes sororia*（Miq.）Shih | 草本 | | LC | 缙志 | | |
| 菊科 | 假福王草属 *Paraprenanthes* | 林生假福王草 | *Paraprenanthes sylvicola* Shih | 草本 | | LC | 缙志 | | |
| 菊科 | 毛莲菜属 *Picris* | 毛连菜 | *Picris hieracioides* L. | 草本 | | LC | 缙志 | | |
| 菊科 | 毛莲菜属 *Picris* | 日本毛连菜 | *Picris japonica* Thunb. | 草本 | | | 缙志 | | |

续表

| 科名 | 属名 | 中文名 | 拉丁名 | 生活型 | IUCN | 红色名录 | 资料来源 | 本次调查 | 照片 |
|---|---|---|---|---|---|---|---|---|---|
| 菊科 | 翅果菊属 *Pterocypsela* | 高大翅果菊 | *Pterocypsela elata*（Hemsl.）Shih | 草本 | | LC | 缙志 | | |
| 菊科 | 翅果菊属 *Pterocypsela* | 台湾翅果菊 | *Pterocypsela formosana*（Maxim.）Shih | 草本 | | | 缙志 | | |
| 菊科 | 翅果菊属 *Pterocypsela* | 翅果菊（山莴苣） | *Pterocypsela indica*（L.）Shih | 草本 | | | 缙志 | 见到 | |
| 菊科 | 翅果菊属 *Pterocypsela* | 椭圆叶翅果菊 | *Pterocypsela indica*（L.）Shih var. *dentata* C.x.Yang | 草本 | | | 缙志 | | |
| 菊科 | 翅果菊属 *Pterocypsela* | 多裂翅果菊 | *Pterocypsela laciniata*（Hoult.）Shih | 草本 | | LC | 缙志 | 见到 | |
| 菊科 | 匹菊属 *Pyrethrum* | 除虫菊* | *Pyrethrum cinerariaefolium* Trev. | 草本 | | | 2009年科考 | | |
| 菊科 | 秋分草属 *Rhynchospermum* | 秋分草 | *Rhynchospermum verticillatum* Reinw. ex Bl. | 草本 | | LC | 缙志 | | |
| 菊科 | 风毛菊属 *Saussurea* | 三角叶风毛菊 | *Saussurea deltoide*（DC.）Sch.-Bip | 草本 | | LC | 缙志 | | |
| 菊科 | 千里光属 *Senecio* | 散生千里光 | *Senecio exul* Hance | 草本 | | LC | 缙志 | | |
| 菊科 | 千里光属 *Senecio* | 千里光 | *Senecio scandens* Buch.-Ham. et D. Don | 草本 | | | 缙志 | 见到 | 有 |
| 菊科 | 豨莶属 *Siegesbeckia* | 毛梗豨莶 | *Siegesbeckia glabrescens* Makino | 草本 | | | 缙志 | 见到 | |
| 菊科 | 豨莶属 *Siegesbeckia* | 豨莶 | *Siegesbeckia orientalis* L. | 草本 | | | 缙志 | 见到 | 有 |
| 菊科 | 水飞蓟属 *Silybum* | 水飞蓟 | *Silybum marianum*（L.）Gaertn. | 草本 | | | 缙志 | | |
| 菊科 | 蒲儿根属 *Sinosenecio* | 滇黔蒲儿根 | *Sinosenecio bodinieri*（Vant.）B. Nord. | 草本 | | | 缙志 | | |
| 菊科 | 蒲儿根属 *Sinosenecio* | 蒲儿根 | *Sinosenecio oldhamianus*（Maxim.）B. Nord. | 草本 | | | 缙志 | 见到 | |
| 菊科 | 一枝黄花属 Solidago | 一枝黄花 | *Solidago decurrens* Lour. | 草本 | | | 缙志 | | |
| 菊科 | 苦苣菜属 *Sonchus* | 苣荬菜 | *Sonchus arvensis* L. | 草本 | | | 缙志 | 见到 | 有 |
| 菊科 | 苦苣菜属 *Sonchus* | 苦苣菜 | *Sonchus oleraceus* L. | 草本 | | | 缙志 | 见到 | 有 |
| 菊科 | 甜菊属 *Stevia* | 甜叶菊* | *Stevia rebaudiana*（Bertoni）Hemsl. | 草本 | | | 2009年科考 | | |
| 菊科 | 万寿菊属 *Tagetes* | 孔雀草* | *Tagetes patula* L. | 草本 | | | 缙志 | 见到 | 有 |
| 菊科 | 万寿菊属 *Tagetes* | 万寿菊* | *Tagetes erecta* L. | 草本 | | | 缙志 | 见到 | |
| 菊科 | 蒲公英属 *Taraxacum* | 蒲公英 | *Taraxacum mongolicum* Hand.-Mazz. | 草本 | | | 缙志 | 见到 | |
| 菊科 | 斑鸠菊属 *Vernonia* | 南川斑鸠菊 | *Vernonia bockiana* Diels | 灌木 | | LC | 缙志 | 见到 | 有 |
| 菊科 | 斑鸠菊属 *Vernonia* | 毒根斑鸠菊 | *Vernonia cumingiana* Benth. | 灌木 | | LC | 缙志 | 见到 | 有 |
| 菊科 | 苍耳属 *Xanthium* | 苍耳 | *Xanthium sibircum* Patrin ex Widder | 草本 | | | 缙志 | 见到 | 有 |
| 菊科 | 黄鹌菜属 *Youngia* | 异叶黄鹌菜 | *Youngia heterophylla*（Hemsl.）Babc. et Stebb. | 草本 | | | 缙志 | 见到 | |
| 菊科 | 黄鹌菜属 *Youngia* | 黄鹌菜 | *Youngia japonica*（L.）DC. | 草本 | | | 缙志 | 见到 | |
| 菊科 | 黄鹌菜属 *Youngia* | 戟叶黄鹌菜 | *Youngia longipes*（Hemsl.）Babc. et Stebb. | 草本 | | DD | 缙志 | 见到 | |
| 菊科 | 黄鹌菜属 *Youngia* | 川黔黄鹌菜 | *Youngia rubida* Babc. et Stebb. | 草本 | | LC | 缙志 | | |
| 菊科 | 百日菊属 *Zinnia* | 百日菊* | *Zinnia elegans* Jacq. | 草本 | | | 缙志 | 见到 | 有 |

续表

| 科名 | 属名 | 中文名 | 拉丁名 | 生活型 | IUCN | 红色名录 | 资料来源 | 本次调查 | 照片 |
|---|---|---|---|---|---|---|---|---|---|
| 泽泻科 | 慈姑属 *Sagittaria* | 矮慈姑 | *Sagittaria pygmaea* Miq. | 草本 | | | 缙志 | | |
| 泽泻科 | 慈姑属 *Sagittaria* | 慈姑* | *Sagittaria trifolia* var. *sinensis*（Sims）Makino | 草本 | | | 缙志 | | |
| 泽泻科 | 慈姑属 *Sagittaria* | 野慈姑 | *Sagittaria trifolia* L. | 草本 | | LC | 缙志 | | |
| 水鳖科 | 水筛属 *Blyxa* | 有尾水筛 | *Blyxa echinosperma*（Clarke）Hook. f. | 草本 | | LC | 缙志 | | |
| 水鳖科 | 水筛属 *Blyxa* | 水筛 | *Blyxa japonica*（Miq.）Maxim. | 草本 | | LC | 缙志 | | |
| 水鳖科 | 黑藻属 *Hydrilla* | 黑藻 | *Hydrilla verticillata*（L. f.）Royle | 草本 | | | 缙志 | | |
| 眼子菜科 | 眼子菜属 *Potamogeton* | 菹草 | *Potamogeton crispus* L. | 草本 | | LC | 缙志 | | |
| 眼子菜科 | 眼子菜属 *Potamogeton* | 螺胚眼子菜 | *Potamogeton miduhikimo* Makino | 草本 | | | 缙志 | | |
| 眼子菜科 | 眼子菜属 *Potamogeton* | 浮叶眼子菜 | *Potamogeton natans* L. | 草本 | | NT | 缙志 | | |
| 眼子菜科 | 眼子菜属 *Potamogeton* | 蓼叶眼子菜 | *Potamogeton polygonifolius* Pour. | 草本 | | | 缙志 | | |
| 眼子菜科 | 眼子菜属 *Potamogeton* | 小叶眼子菜（线叶眼子菜） | *Potamogeton pusillus* L. | 草本 | | | 缙志 | | |
| 茨藻科 | 茨藻属 *Najas* | 草茨藻 | *Najas graminea* Del. | 草本 | | LC | 缙志 | | |
| 茨藻科 | 茨藻属 *Najas* | 小茨藻 | *Najas minor* All. | 草本 | | LC | 缙志 | | |
| 棕榈科 | 棕榈属 *Trachycarpus* | 棕榈 | *Trachycarpus fortunei*（Hook.）H. Wendl. | 乔木 | | | 缙志 | 见到 | |
| 棕榈科 | 刺葵属 *Phoenix* | 椰枣（伊拉克枣）* | *Phoenix dactylifera* L. | 乔木 | | | 缙志 | | |
| 棕榈科 | 蒲葵属 *Livistona* | 蒲葵* | *Livistona chinensis* Mart. | 乔木 | | VU | 缙志 | 见到 | |
| 棕榈科 | 棕竹属 *Rhapis* | 矮棕竹* | *Rhapis humilis* Bl. | 灌木 | | | 缙志 | 见到 | |
| 棕榈科 | 棕竹属 *Rhapis* | 棕竹* | *Rhapis excelsa*（Thunb.）Henry ex Rehd. | 灌木 | | | 缙志 | 见到 | 有 |
| 棕榈科 | 槟榔属 *Areca* | 三药槟榔* | *Areca triandra* Roxb.ex Buch.-Ham. | 乔木 | | | 2009年科考 | | |
| 棕榈科 | 鱼尾葵属 *Caryota* | 鱼尾葵* | *Caryota ochlandra* Hance | 乔木 | | LC | | 见到 | |
| 棕榈科 | 鱼尾葵属 *Caryota* | 董棕* | *Caryota urens* L. | 乔木 | LC | | | | |
| 天南星科 | 菖蒲属 *Acorus* | 菖蒲 | *Acorus calamus* L. | 草本 | LC | LC | 缙志 | 见到 | |
| 天南星科 | 菖蒲属 *Acorus* | 金钱蒲（钱蒲） | *Acorus gramineus* Soland. | 草本 | | LC | | 见到 | |
| 天南星科 | 菖蒲属 *Acorus* | 石菖蒲 | *Acorus tatarinowii* Schott | 草本 | | LC | 缙志 | 见到 | 有 |
| 天南星科 | 广东万年青属 *Aglaonema* | 广东万年青* | *Aglaonema modestum* Schott ex Engl. | 草本 | | | 缙志 | 见到 | |
| 天南星科 | 海芋属 *Alocasia* | 海芋* | *Alocasia macrorrhiza*（L.）Schott | 草本 | | | 缙志 | 见到 | 有 |
| 天南星科 | 魔芋属 *Amorphophallus* | 魔芋 | *Amorphophallus rivieri* Durieu | 草本 | | | 缙志 | 见到 | |
| 天南星科 | 天南星属 *Arisaema* | 棒头南星 | *Arisaema clavatum* Buchet | 草本 | | VU | 缙志 | | |
| 天南星科 | 天南星属 *Arisaema* | 天南星（异叶南星） | *Arisaema heterophyllum* Bl. | 草本 | | | 缙志 | 见到 | |
| 天南星科 | 芋属 *Colocasia* | 芋* | *Colocasia esculenta*（L.）Schott | 草本 | | | 缙志 | 见到 | |

续表

| 科名 | 属名 | 中文名 | 拉丁名 | 生活型 | IUCN | 红色名录 | 资料来源 | 本次调查 | 照片 |
|---|---|---|---|---|---|---|---|---|---|
| 天南星科 | 芋属 *Colocasia* | 大野芋 | *Colocasia gigantea*（Bl.）Hook. f. | 草本 |  | NT | 缙志 | 见到 |  |
| 天南星科 | 芋属 *Colocasia* | 紫芋* | *Colocasia tonoimo* Nakai | 草本 |  |  | 缙志 |  |  |
| 天南星科 | 龟背竹属 *Monostera* | 龟背竹* | *Monostera deliciosa* Liebm. | 灌木 |  |  | 缙志 | 见到 |  |
| 天南星科 | 半夏属 *Pinellia* | 虎掌 | *Pinellia pedatisecta* Schott. | 草本 |  |  | 缙志 |  |  |
| 天南星科 | 半夏属 *Pinellia* | 半夏 | *Pinellia ternata*（Thunb.）Breit. | 草本 |  | LC | 缙志 | 见到 | 有 |
| 天南星科 | 大薸属 *Pistia* | 大漂* | *Pistia stratiotes* L. | 草本 | LC |  | 缙志 |  |  |
| 天南星科 | 石柑属 *Pothos* | 石柑子 | *Pothos chinensis*（Raf.）Merr. | 藤本 |  | LC | 缙志 | 见到 |  |
| 天南星科 | 犁头尖属 *Typhonium* | 犁头尖 | *Typhonium divaricatum*（L.）Decne. | 草本 |  | LC | 缙志 | 见到 | 有 |
| 天南星科 | 马蹄莲属 *Zantedeschia* | 马蹄莲* | *Zantedeschia aethiopica*（L.）Spreng | 草本 |  |  | 缙志 | 见到 | 有 |
| 浮萍科 | 浮萍属 *Lemna* | 稀脉浮萍 | *Lemna perprusilla* Torr. | 草本 |  | DD | 缙志 |  |  |
| 浮萍科 | 浮萍属 *Lemna* | 三脉浮萍 | *Lemna trinervis*（Austin）Small | 草本 |  |  | 缙志 |  |  |
| 浮萍科 | 浮萍属 *Lemna* | 品藻 | *Lemna trisulca* L. | 草本 | LC |  | 缙志 |  |  |
| 浮萍科 | 紫萍属 *Spirodela* | 紫萍 | *Spirodela polyrrhiza*（L.）Schleid. | 草本 |  |  | 缙志 |  |  |
| 浮萍科 | 紫萍属 *Spirodela* | 四川紫萍 | *Spirodela sichuannensis* M.G.Liu et K.M.xie | 草本 |  |  | 缙志 |  |  |
| 浮萍科 | 芜萍属 *Wolffia* | 无根萍 | *Wolffia arrhiza*（L.）Wimmer | 草本 |  |  | 缙志 |  |  |
| 鸭跖草科 | 鸭跖草属 *Commelina* | 饭包草 | *Commelina bengalensis* L. | 草本 |  |  | 缙志 | 见到 | 有 |
| 鸭跖草科 | 鸭跖草属 *Commelina* | 鸭跖草 | *Commelina communis* L. | 草本 |  |  | 缙志 | 见到 | 有 |
| 鸭跖草科 | 水竹叶属 *Murdannia* | 牛轭草 | *Murdannia loriformis*（Hassk.）Rolla Rao et Kammathy | 草本 |  | LC | 缙志 | 见到 |  |
| 鸭跖草科 | 杜若属 *Pollia* | 杜若 | *Pollia japonica* Thunnb. | 草本 |  | LC | 缙志 | 见到 | 有 |
| 鸭跖草科 | 紫鸭趾草属 *Setcreasea* | 紫鸭跖草* | *Setcreasea pallida* Rose cv. Purpie Hart（*Setcreasea purpurea* Room.） | 草本 |  |  |  | 见到 | 有 |
| 鸭跖草科 | 紫露草属 *Tradescantia* | 白花紫露草 | *Tradescantia fluminensis* Vell. | 草本 |  |  |  | 见到 | 有 |
| 鸭跖草科 | 吊竹梅属 *Zebrina* | 吊竹梅* | *Zebrina pendula* Schnizl. | 草本 |  |  | 缙志 |  |  |
| 谷精草科 | 谷精草属 *Eriocaulon* | 谷精草 | *Eriocaulon buergerianum* Koern. | 草本 |  | LC | 缙志 |  |  |
| 谷精草科 | 谷精草属 *Eriocaulon* | 白药谷精草 | *Eriocaulon cinereum* R. Br. Prodr. | 草本 |  | LC | 缙志 |  |  |
| 灯心草科 | 灯心草属 *Juncus* | 翅茎灯心草 | *Juncus alatus* Franch. et Sav. | 草本 |  |  | 缙志 |  |  |
| 灯心草科 | 灯心草属 *Juncus* | 小花灯心草 | *Juncus articulatus* L. | 草本 | LC | LC | 缙志 |  |  |
| 灯心草科 | 灯心草属 *Juncus* | 星花灯心草 | *Juncus diastrophanthus* Buchen. | 草本 |  |  | 缙志 |  |  |
| 灯心草科 | 灯心草属 *Juncus* | 灯心草 | *Juncus effusus* L. | 草本 | LC |  | 缙志 | 见到 |  |
| 灯心草科 | 灯心草属 *Juncus* | 野灯心草 | *Juncus setchuensis* Buchen. | 草本 |  |  | 缙志 |  |  |
| 灯心草科 | 地杨梅属 *Luzula* | 多花地杨梅 | *Luzula multiflora*（Retz.）Lej. | 草本 |  |  | 缙志 |  |  |
| 莎草科 | 球柱草属 *Bulbostylis* | 丝叶球柱草 | *Bulbostylis densa*（Wall.）Hand.-Mazz. | 草本 | LC | LC | 缙志 |  |  |
| 莎草科 | 薹草属 *Carex* | 浆果苔草 | *Carex baccans* Nees | 草本 | LC |  | 缙志 | 见到 | 有 |

续表

| 科名 | 属名 | 中文名 | 拉丁名 | 生活型 | IUCN | 红色名录 | 资料来源 | 本次调查 | 照片 |
|---|---|---|---|---|---|---|---|---|---|
| 莎草科 | 薹草属 *Carex* | 青绿苔草 | *Carex brevicalmis* R.Br. | 草本 | | | 缙志 | 见到 | |
| 莎草科 | 薹草属 *Carex* | 褐果苔草（栗褐苔草） | *Carex brunnea* Thunb. | 草本 | | | 缙志 | 见到 | |
| 莎草科 | 薹草属 *Carex* | 十字苔草 | *Carex cruciata* Wahlenb. | 草本 | | | 缙志 | 见到 | |
| 莎草科 | 薹草属 *Carex* | 二型鳞苔草（垂穗苔草） | *Carex dimorpholepis* Steud. | 草本 | | | 缙志 | 见到 | |
| 莎草科 | 薹草属 *Carex* | 签草芒尖苔草（芒尖苔草） | *Carex doniana* Spreng. | 草本 | | | 2009年科考 | | |
| 莎草科 | 薹草属 *Carex* | 蕨状苔草 | *Carex filicina* Nees | 草本 | LC | LC | 缙志 | | |
| 莎草科 | 薹草属 *Carex* | 长囊苔草 | *Carex harlandii* Boott. | 草本 | | | 缙志 | | |
| 莎草科 | 薹草属 *Carex* | 舌叶苔草 | *Carex ligulata* Nees | 草本 | | | 缙志 | 见到 | |
| 莎草科 | 薹草属 *Carex* | 大理苔草 | *Carex rubro-brunnea* C. B. Clarke var. *taliensis*（Franch.）Kukenth | 草本 | | | 缙志 | | |
| 莎草科 | 薹草属 *Carex* | 三穗苔草 | *Carex tristachya* Thunb. | 草本 | | | 缙志 | 见到 | |
| 莎草科 | 莎草属 *Cyperus* | 扁穗莎草 | *Cyperus compressus* L. | 草本 | LC | LC | 缙志 | 见到 | |
| 莎草科 | 莎草属 *Cyperus* | 异型莎草 | *Cyperus difformis* L. | 草本 | LC | LC | 缙志 | | |
| 莎草科 | 莎草属 *Cyperus* | 碎米莎草 | *Cyperus iria* L. | 草本 | LC | LC | 缙志 | 见到 | |
| 莎草科 | 莎草属 *Cyperus* | 具芒碎米莎草 | *Cyperus microiria* Steud. | 草本 | | LC | 缙志 | | |
| 莎草科 | 莎草属 *Cyperus* | 毛轴莎草 | *Cyperus pilosus* Vahl | 草本 | LC | LC | 缙志 | | |
| 莎草科 | 莎草属 *Cyperus* | 香附子 | *Cyperus rotundus* L. | 草本 | LC | LC | 缙志 | 见到 | |
| 莎草科 | 荸荠属 *Heleocharis* | 紫果蔺 | *Heleocharis atropurpurea*（Retz.）Presl | 草本 | | DD | 缙志 | | |
| 莎草科 | 荸荠属 *Heleocharis* | 荸荠 | *Heleocharis dulcis*（Burm. f.）Trin. | 草本 | | | 缙志 | | |
| 莎草科 | 荸荠属 *Heleocharis* | 木贼状荸荠 | *Heleocharis equisetina* J. et C. Presl | 草本 | | | 缙志 | | |
| 莎草科 | 荸荠属 *Heleocharis* | 透明鳞荸荠 | *Heleocharis pellucida* Presl | 草本 | | LC | 缙志 | | |
| 莎草科 | 荸荠属 *Heleocharis* | 牛毛毡 | *Heleocharis yokoscensis*（Franch. et Savat.）Tang et Wang | 草本 | | LC | 缙志 | | |
| 莎草科 | 羊胡子草属 *Eriophorum* | 丛毛羊胡子草 | *Eriophorum comosum* Nees | 草本 | | | 缙志 | | |
| 莎草科 | 飘拂草属 *Fimbristylis* | 两歧飘拂草 | *Fimbristylis dichotoma*（L.）Vahl | 草本 | LC | LC | 缙志 | 见到 | |
| 莎草科 | 飘拂草属 *Fimbristylis* | 线叶两歧飘拂草 | *Fimbristylis dichotoma* f. *annua*（All.）Ohwi | 草本 | LC | | 缙志 | | |
| 莎草科 | 飘拂草属 *Fimbristylis* | 水虱草 | *Fimbristylis miliacea*（L.）Vahl | 草本 | | LC | 缙志 | 见到 | 有 |
| 莎草科 | 飘拂草属 *Fimbristylis* | 五棱杆飘拂草 | *Fimbristylis quinquangularis*（Vahl）Kunth | 草本 | LC | | 缙志 | | |
| 莎草科 | 水蜈蚣属 *Kyllinga* | 水蜈蚣（短叶水蜈蚣） | *Kyllinga brevifolia* Rottb. | 草本 | LC | | 缙志 | 见到 | 有 |
| 莎草科 | 砖子苗属 *Mariscus* | 砖子苗 | *Mariscus umbellatus* Vahl | 草本 | | | 缙志 | 见到 | |
| 莎草科 | 扁莎属 *Pycreus* | 球穗扁莎 | *Pycreus globosus*（All.）Reichb. | 草本 | | LC | 缙志 | | |
| 莎草科 | 扁莎属 *Pycreus* | 直球穗扁莎草 | *Pycreus globosus* var. *strictus*（Roxb.）Clarke | 草本 | | LC | 缙志 | | |

续表

| 科名 | 属名 | 中文名 | 拉丁名 | 生活型 | IUCN | 红色名录 | 资料来源 | 本次调查 | 照片 |
|---|---|---|---|---|---|---|---|---|---|
| 莎草科 | 扁莎属 *Pycreus* | 红鳞扁莎 | *Pycreus sanguinolentus*（Vahl）Nees | 草本 | LC | LC | 缙志 | | |
| 莎草科 | 刺子莞属 *Rhynchospora* | 白喙刺子莞 | *Rhynchospora brownii* Roem. et Schult. | 草本 | | LC | 缙志 | | |
| 莎草科 | 藨草 *Scirpus* | 萤蔺 | *Scirpus juncoides* Roxb. | 草本 | | LC | 缙志 | | |
| 莎草科 | 藨草 *Scirpus* | 扁杆藨草 | *Scirpus planiculmis* Franch. et Schmidt | 草本 | | LC | 缙志 | | |
| 莎草科 | 藨草 *Scirpus* | 百球藨草 | *Scirpus rosthornii* Diels | 草本 | | LC | 缙志 | | |
| 莎草科 | 藨草 *Scirpus* | 藨草 | *Scirpus triqueter* L. | 草本 | LC | | 缙志 | | |
| 莎草科 | 藨草 *Scirpus* | 猪毛草 | *Scirpus wallichii* Nees | 草本 | | LC | 缙志 | | |
| 莎草科 | 珍珠茅属 *Scleria* | 高秆珍珠茅 | *Scleria elata* Thw. | 草本 | | LC | 缙志 | 见到 | 有 |
| 莎草科 | 珍珠茅属 *Scleria* | 黑鳞珍珠茅 | *Scleria hookeriana* Bocklr. | 草本 | | LC | 缙志 | | |
| 禾本科 | 剪股颖属 *Agrostis* | 剪股颖 | *Agrostis matsumurae* Hack. ex Honda | 草本 | | | 缙志 | 见到 | |
| 禾本科 | 剪股颖属 *Agrostis* | 多花剪股颖 | *Agrostis myriantha* Hook. f. | 草本 | | LC | 缙志 | 见到 | |
| 禾本科 | 看麦娘属 *Alopecurus* | 看麦娘 | *Alopecurus aequalis* Sobol. | 草本 | DD | LC | 缙志 | 见到 | |
| 禾本科 | 荩草属 *Arthraxon* | 匿芒荩草 | *Arthraxon hispidus*（Thunb.）Makino var. *cryptatherus*（Hack.）Honda | 草本 | | | 缙志 | 见到 | |
| 禾本科 | 荩草属 *Arthraxon* | 茅叶荩草 | *Arthraxon lanceolatus*（Roxb.）Hochst. | 草本 | LC | LC | 缙志 | 见到 | 有 |
| 禾本科 | 野古草属 *Arundinella* | 野古草 | *Arundinella anomala* Steud. | 草本 | | | 缙志 | 见到 | 有 |
| 禾本科 | 野古草属 *Arundinella* | 瘦瘠野古草 | *Arundinella anomala* var. *depauperata* Steud. | 草本 | | | 缙志 | | |
| 禾本科 | 芦竹属 *Arundo* | 芦竹 | *Arundo donax* L. | 草本 | LC | LC | 缙志 | 见到 | |
| 禾本科 | 燕麦属 *Avena* | 光稃野燕麦 | *Avena fatua* L. var. *glabrata* Peterm. | 草本 | DD | LC | 缙志 | 见到 | |
| 禾本科 | 燕麦属 *Avena* | 野燕麦 | *Avena fatua* L. | 草本 | DD | LC | | 见到 | 有 |
| 禾本科 | 簕竹属 *Bambusa* | 坭竹* | *Bambusa gibba* McClure | 乔木 | | LC | 缙志 | | |
| 禾本科 | 簕竹属 *Bambusa* | 花孝顺竹*（小琴丝竹） | *Bambusa alphonsokarri*（Mitf.）Sasski | 乔木 | | | 缙志 | | |
| 禾本科 | 簕竹属 *Bambusa* | 妈竹* | *Bambusa boniopsis* McClure | 乔木 | | | 缙志 | | |
| 禾本科 | 簕竹属 *Bambusa* | 簕竹* | *Bambusa dissemulator* McClure | 乔木 | | | 缙志 | | |
| 禾本科 | 簕竹属 *Bambusa* | 牛角竹* | *Bambusa cornigera* McClure | 乔木 | | DD | 缙志 | | |
| 禾本科 | 簕竹属 *Bambusa* | 粉单竹* | *Lingnania chungii*（McClure）McClure | 乔木 | | | 缙志 | | |
| 禾本科 | 簕竹属 *Bambusa* | 孝顺竹* | *Bambusa multiplex*（Lour.）Raeusch. | 灌木 | | | 缙志 | 见到 | |
| 禾本科 | 簕竹属 *Bambusa* | 硬头黄竹* | *Bambusa rigida* Keng et Keng f. | 乔木 | | | 缙志 | | |
| 禾本科 | 簕竹属 *Bambusa* | 凤尾竹* | *Bambusa multiplex*（Lour.）Raeusch. ex Schult. cv. Fernleaf R. A. Young | 灌木 | | | 缙志 | 见到 | |
| 禾本科 | 簕竹属 *Bambusa* | 凤凰竹* | *Bambusa multiplex*（Lour.）Raeusch. var. *nana*（Roxb.）Keng f. | 乔木 | | | 缙志 | | |
| 禾本科 | 簕竹属 *Bambusa* | 小琴丝竹 | *Bambusa multiplex*（Lour.）Raeusch. ex Schult. cv. Alphonse-Kar R. A. Young | 灌木 | | | 缙志 | 见到 | |
| 禾本科 | 簕竹属 *Bambusa* | 料慈竹* | *Bambusa distegia*（Keng et Keng f.）Chia. | 乔木 | | | 缙志 | | |

续表

| 科名 | 属名 | 中文名 | 拉丁名 | 生活型 | IUCN | 红色名录 | 资料来源 | 本次调查 | 照片 |
|---|---|---|---|---|---|---|---|---|---|
| 禾本科 | 簕竹属 *Bambusa* | 桂单竹* | *Bambusa guangxiensis* Chia et H. L. Fung | 灌木 | | | 缙志 | | |
| 禾本科 | 簕竹属 *Bambusa* | 绵竹* | *Bambusa intermedia* Hsueh er Yi | 乔木 | | | 缙志 | | |
| 禾本科 | 簕竹属 *Bambusa* | 撑蒿竹* | *Bambusa pervariabilis* McClure | 灌木 | | | 缙志 | | |
| 禾本科 | 簕竹属 *Bambusa* | 牛儿竹* | *Bambusa prominens* H. L. Fung et C.Y. Sia | 乔木 | | DD | 缙志 | | |
| 禾本科 | 簕竹属 *Bambusa* | 青皮竹* | *Bambusa textilis* McClure | 乔木 | | | 缙志 | | |
| 禾本科 | 簕竹属 *Bambusa* | 崖州竹* | *Bambusa textilis* McClure var. *gruclilia* McClure | 乔木 | | | 缙志 | | |
| 禾本科 | 簕竹属 *Bambusa* | 花眉竹* | *Bambusa tuldoieles* McClure | 乔木 | | | 缙志 | | |
| 禾本科 | 簕竹属 *Bambusa* | 朱村黄竹* | *Bambusa textilis* McClure cv. Purplestripe | 乔木 | | | 缙志 | | |
| 禾本科 | 簕竹属 *Bambusa* | 青竿竹 | *Bambusa tuldoides* Munro | 乔木 | | | 缙志 | | |
| 禾本科 | 簕竹属 *Bambusa* | 黄金间碧竹* | *Bambusa vulgaris* Schrader ex Wendland cv. Vittata | 乔木 | | | 缙志 | 见到 | |
| 禾本科 | 簕竹属 *Bambusa* | 佛肚竹* | *Bambusa ventricosa* McClure | 草本 | | | 缙志 | 见到 | |
| 禾本科 | 簕竹属 *Bambusa* | 牛角竹* | *Bambusa sinospinosa* McClure | 乔木 | | | 缙志 | | |
| 禾本科 | 簕竹属 *Bambusa* | 锦竹* | *Bambusa subaequalis* H.L.Hung et C.Y.Sia | 灌木 | | | 缙志 | | |
| 禾本科 | 孔颖草属 *Bothriochloa* | 白羊草 | *Bothriochloa ischaemum*（L.）Keng | 草本 | | LC | 缙志 | | |
| 禾本科 | 臂形草属 *Brachiaria* | 毛臂形草 | *Brachiaria villosa*（Lam.）A. Camus | 草本 | | LC | 缙志 | | |
| 禾本科 | 雀麦属 *Bromus* | 疏花雀麦 | *Bromus remotiflorus*（Steud.）Ohwi | 草本 | | LC | 缙志 | | |
| 禾本科 | 菵草属 *Beckmannia* | 菵草 | *Beckmannia syzigachne*（Steud.）Fern. | 草本 | | LC | | 见到 | |
| 禾本科 | 拂子茅属 *Calamagrostis* | 拂子茅 | *Calamagrostis epigejos*（L.）Roth | 草本 | | LC | 缙志 | 见到 | |
| 禾本科 | 细柄草属 *Capillipedium* | 竹枝细柄草 | *Capillipedium assimile*（Stued.）A. Camus | 草本 | | | 缙志 | 见到 | |
| 禾本科 | 细柄草属 *Capillipedium* | 细柄草 | *Capillipedium parviflorum*（R. Br.）Stapf | 草本 | | LC | 缙志 | | |
| 禾本科 | 沿沟草属 *Catabrosa* | 沿沟草 | *Catabrosa aquatica*（L.）Beauv. | 草本 | LC | LC | 缙志 | | |
| 禾本科 | 寒竹属 *Chimonobambusa* | 寒竹* | *Chimonobambusa marmorea*（Mitf.）Makino | 灌木 | | VU | 缙志 | | |
| 禾本科 | 寒竹属 *Chimonobambusa* | 花叶寒竹* | *Chimonobambusa marmorea* f. *varigata*（Makino）Ohwi | 灌木 | | | 缙志 | | |
| 禾本科 | 寒竹属 *Chimonobambusa* | 方竹 | *Chimonobambusa quadrangularis*（Fenzi）Makino | 乔木 | | LC | 缙志 | | |
| 禾本科 | 寒竹属 *Chimonobambusa* | 小方竹* | *Chimonobambusa quadrangularis*（Fenzi）Makino | 灌木 | | LC | 缙志 | | |
| 禾本科 | 寒竹属 *Chimonobambusa* | 八月竹* | *Chimonobambusa szechuanensis*（Rendle）Keng f. | 灌木 | | LC | 缙志 | | |
| 禾本科 | 寒竹属 *Chimonobambusa* | 金佛山方竹* | *Chimonobambusa utilis*（Keng）Keng f. | 乔木 | | LC | 缙志 | | |
| 禾本科 | 寒竹属 *Chimonobambusa* | 刺竹子* | *Chimonobambusa pachystachys* Hsuehet Yi | 乔木 | | LC | 缙志 | | |
| 禾本科 | 寒竹属 *Chimonobambusa* | 刺黑竹* | *Chimonobambusa purpurea* Hsueh et Yi | 乔木 | | NT | 缙志 | | |
| 禾本科 | 薏苡属 *Coix* | 薏苡 | *Coix lacryma-jobi* L. | 草本 | | LC | 缙志 | 见到 | 有 |

续表

| 科名 | 属名 | 中文名 | 拉丁名 | 生活型 | IUCN | 红色名录 | 资料来源 | 本次调查 | 照片 |
|---|---|---|---|---|---|---|---|---|---|
| 禾本科 | 狗牙根属 *Cynodon* | 狗牙根 | *Cynodon dactylon*（L.）Pers. | 草本 | | | 缙志 | 见到 | |
| 禾本科 | 弓果黍属 *Cyrtococcum* | 弓果黍 | *Cyrtococcum patens*（L.）A. Camus | 草本 | | LC | 缙志 | 见到 | 有 |
| 禾本科 | 牡竹属 *Dendrocalamus* | 梁山慈竹 | *Dendrocalamus farinosus*（Keng et Kengf.）Chia et H. L. Fung | 乔木 | | | 缙志 | | |
| 禾本科 | 牡竹属 *Dendrocalamus* | 甜竹* | *Dendrocalamus asper*（Schult.）Backer ex Heyne | 灌木 | | | 缙志 | 见到 | 有 |
| 禾本科 | 牡竹属 *Dendrocalamus* | 麻竹* | *Dendrocalamus latiflorus* Munro | 乔木 | | | 缙志 | | |
| 禾本科 | 牡竹属 *Dendrocalamus* | 吊丝竹* | *Dendrocalamus minor*（McClure）Chia et H.L.Fung | 乔木 | | DD | 缙志 | | |
| 禾本科 | 牡竹属 *Dendrocalamus* | 龙丹竹* | *Dendrocalamopsis rongchengensi* Yi et C.Y.Sia | 乔木 | | | 缙志 | | |
| 禾本科 | 牡竹属 *Dendrocalamus* | 壮绿竹* | *Dendrocalamopsis validus* Dai | 乔木 | | | 缙志 | | |
| 禾本科 | 野青茅属 *Deyeuxia* | 野青茅 | *Deyeuxia arundinacea* Beauv. | 草本 | | LC | 缙志 | | |
| 禾本科 | 野青茅属 *Deyeuxia* | 房县野青茅 | *Deyeuxia henryi* Rendle［*Calamagrostis henryi*（Rehdle）Kuo et Lu］ | 草本 | | | 缙志 | | |
| 禾本科 | 野青茅属 *Deyeuxia* | 糙野青茅 | *Deyeuxia scabrescens* Munro ex Duthie | 草本 | | LC | 缙志 | | |
| 禾本科 | 双花草属 *Dichanthium* | 双花草 | *Dichanthium annulatum*（Foarsk.）Stapf | 草本 | | LC | 缙志 | | |
| 禾本科 | 马唐属 *Digitaria* | 华马唐 | *Digitaria chinensis* Hornem | 草本 | | | 缙志 | 见到 | |
| 禾本科 | 马唐属 *Digitaria* | 马唐 | *Digitaria sanguinalis*（L.）Scop. | 草本 | | LC | 缙志 | 见到 | |
| 禾本科 | 马唐属 *Digitaria* | 紫马唐 | *Digitaria violascens* Link | 草本 | | LC | 缙志 | 见到 | |
| 禾本科 | 觿茅属 *Dimeria* | 觿茅 | *Dimeria ornithopode* Trin. | 草本 | | | 缙志 | | |
| 禾本科 | 镰竹属 *Drepanostachyum* | 坝竹* | *Drepanostachyum microphyllum*（Hsueh et Yi）Keng f. | 灌木 | | LC | 缙志 | | |
| 禾本科 | 油芒属 *Eccoilopus* | 油芒 | *Eccoilopus cotulifer*（Thunb.）A. Camus | 草本 | | LC | 缙志 | | |
| 禾本科 | 稗属 *Echinochloa* | 稗 | *Echinochloa crusgalli*（L.）Beauv. | 草本 | LC | LC | 缙志 | 见到 | |
| 禾本科 | 稗属 *Echinochloa* | 无芒稗 | *Echinochloa crusgalli*（L.）Beauv. var. *mitis*（Pursh）Peterm | 草本 | LC | LC | 缙志 | 见到 | |
| 禾本科 | 稗属 *Echinochloa* | 西来稗 | *Echinochloa crusgalli*（L.）Beauv. var. *zelayensis*（Hbk.）Hitche. | 草本 | LC | LC | 缙志 | | |
| 禾本科 | 穇属 *Eleusine* | 牛筋草 | *Eleusine indica*（L.）Gaertn. | 草本 | LC | LC | 缙志 | 见到 | |
| 禾本科 | 画眉草属 *Eragrostis* | 知风草 | *Eragrostis ferruginea*（Thunb.）Beauv. | 草本 | | LC | 缙志 | 见到 | 有 |
| 禾本科 | 画眉草属 *Eragrostis* | 乱草 | *Eragrostis japonica*（Thunb.）Trin. | 草本 | LC | LC | 缙志 | 见到 | |
| 禾本科 | 画眉草属 *Eragrostis* | 画眉草 | *Eragrostis pilosa*（L.）Beauv. | 草本 | | LC | 缙志 | 见到 | |
| 禾本科 | 野黍属 *Eriochloa* | 野黍 | *Eriochloa villosa*（Thunb.）Kunth | 草本 | | LC | 缙志 | 见到 | |
| 禾本科 | 箭竹属 *Fargesia* | 青川箭竹* | *Fargesia rufa* Yi | 灌木 | | LC | 缙志 | | |
| 禾本科 | 羊茅属 *Festuca* | 高羊茅 | *Festuca elata* Keng | 草本 | | LC | 缙志 | | |
| 禾本科 | 羊茅属 *Festuca* | 小颖羊茅 | *Festuca parvigluma* Steud. | 草本 | LC | LC | 缙志 | | |
| 禾本科 | 甜茅属 *Glyceria* | 甜茅 | *Glyceria acutiflora* Torr. ssp. *japonica*（Steud.）T. Koyama et Kawano | 草本 | | LC | 缙志 | | |

续表

| 科名 | 属名 | 中文名 | 拉丁名 | 生活型 | IUCN | 红色名录 | 资料来源 | 本次调查 | 照片 |
| --- | --- | --- | --- | --- | --- | --- | --- | --- | --- |
| 禾本科 | 牛鞭草属 *Hemarthria* | 扁穗牛鞭草 | *Hemarthria compressa*（L. f.）R. Br. | 草本 | LC | LC | 缙志 | | |
| 禾本科 | 黄茅属 *Heteropogon* | 黄茅 | *Heteropogon contortus*（L.）Beauv. ex Roem. et Schult. | 草本 | | LC | 缙志 | | |
| 禾本科 | 大麦属 *Hordeum* | 大麦* | *Hvulgare vulgaere* L. | 草本 | | | 缙志 | | |
| 禾本科 | 黑麦草属 *Lolium* | 多花黑麦草 | *Lolium multiflorum* Lamk. | 草本 | | LC | 缙志 | 见到 | |
| 禾本科 | 小麦属 *Tritioum* | 小麦* | *Tritioum aestivum* L. | 草本 | | | 缙志 | | |
| 禾本科 | 鹅观草属 *Roegneria* | 鹅观草 | *Roegneria kamoji* Ohwi | 草本 | | | 缙志 | 见到 | |
| 禾本科 | 鹅观草属 *Roegneria* | 纤毛鹅观草 | *Roegneria ciliaris*（Trin.）Nevski | 草本 | | | 缙志 | 见到 | 有 |
| 禾本科 | 白茅属 *Imperata* | 丝茅（白茅） | *Imperata koenigii*（Retz.）Beauv.［*I. cylindrica*（L.）Beauv. var. *major* C.E. Hubb.］ | 草本 | | | 缙志 | 见到 | 有 |
| 禾本科 | 箬竹属 *Indocalamus* | 巴山箬竹* | *Indocalamus bashanensis*（C. D. Chu et C. S. Chao）H.R. Zhao et Y.L. Yang | 草本 | | LC | 缙志 | | |
| 禾本科 | 箬竹属 *Indocalamus* | 箬叶竹* | *Indocalamus longiauritus* Hand.-Mazz. | 草本 | | LC | 缙志 | | |
| 禾本科 | 箬竹属 *Indocalamus* | 胜利箬竹 | *Indocalamus victorialis* Keng f. | 草本 | | LC | 缙志 | | |
| 禾本科 | 箬竹属 *Indocalamus* | 巫溪箬竹* | *Indocalamus wuxiensis* Yi | 草本 | | | 缙志 | | |
| 禾本科 | 柳叶箬属 *Isachne* | 白花柳叶箬 | *Isachne albens* Trin. | 草本 | LC | LC | 缙志 | | |
| 禾本科 | 假稻属 *Leersia* | 假稻 | *Leersia japonica* Makino | 草本 | | LC | 缙志 | | |
| 禾本科 | 千金子属 *Leptochloa* | 千金子 | *Leptochloa chinensis*（L.）Nees | 草本 | | LC | 缙志 | 见到 | 有 |
| 禾本科 | 千金子属 *Leptochloa* | 虮子草 | *Leptochloa panicea*（Retz.）Ohwi | 草本 | LC | LC | 缙志 | 见到 | |
| 禾本科 | 淡竹叶属 *Lophatherum* | 淡竹叶 | *Lophatherum gracile* Brongn | 草本 | | LC | 缙志 | 见到 | 有 |
| 禾本科 | 莠竹属 *Microstegium* | 莠竹 | *Microstegium nodosum*（Kom.）Tzvel. | 草本 | | | 缙志 | | |
| 禾本科 | 莠竹属 *Microstegium* | 竹叶茅 | *Microstegium nudum*（Trin）A. Camus | 草本 | | LC | 缙志 | | |
| 禾本科 | 莠竹属 *Microstegium* | 柔枝莠竹 | *Microstegium vimineum*（Trin.）A. Camus | 草本 | | LC | 缙志 | | |
| 禾本科 | 芒属 *Miscanthus* | 芒 | *Miscanthus sinensis* Anderss | 草本 | | LC | 缙志 | 见到 | |
| 禾本科 | 河八王属 *Narenga* | 河八王 | *Narenga porphyrocoma*（Hance）Bor | 草本 | | LC | 缙志 | | |
| 禾本科 | 慈竹属 *Neosinocalamus* | 慈竹 | *Neosinocalamus affinis*（Rendle）Kengf. | 乔木 | | LC | 缙志 | 见到 | 有 |
| 禾本科 | 慈竹属 *Neosinocalamus* | 黄毛慈竹* | *Neosinocalamus affinis* cv. Chrysotrichus | 乔木 | | | 缙志 | | |
| 禾本科 | 慈竹属 *Neosinocalamus* | 大琴丝竹* | *Neosinocalamus affinis* cv. Flavidorivens | 乔木 | | | 缙志 | | |
| 禾本科 | 慈竹属 *Neosinocalamus* | 金丝慈竹* | *Neosinocalamus affinis* cv. Viridiflavus | 乔木 | | | 缙志 | | |
| 禾本科 | 求米草属 *Oplismenus* | 竹叶草 | *Oplismenus compositus*（L.）Beav. | 草本 | | LC | 缙志 | 见到 | |
| 禾本科 | 求米草属 *Oplismenus* | 中间型竹叶草 | *Oplismenus compositus*（L.）Beauv. var. *intermedius* | 草本 | | LC | 缙志 | | |
| 禾本科 | 落芒草属 *Oryzopsis* | 湖北落芒草 | *Orthoraphium henryi*（Rendle）Keng. ex P. C. Kuo | 草本 | | | 缙志 | | |
| 禾本科 | 稻属 *Oryza* | 稻* | *Oryza sativa* L. | 草本 | | | 缙志 | 见到 | |

续表

| 科名 | 属名 | 中文名 | 拉丁名 | 生活型 | IUCN | 红色名录 | 资料来源 | 本次调查 | 照片 |
|---|---|---|---|---|---|---|---|---|---|
| 禾本科 | 黍属 *Panicum* | 黍（稷、糜子） | *Panicum miliaceum* L. | 草本 | | | 缙志 | | |
| 禾本科 | 雀稗属 *Paspalum* | 圆果雀稗 | *Paspalum orbiculare* Forst. | 草本 | | LC | 缙志 | 见到 | |
| 禾本科 | 雀稗属 *Paspalum* | 双穗雀稗 | *Paspalum paspaloides*（Michx.）Scribn. | 草本 | | LC | 缙志 | 见到 | |
| 禾本科 | 雀稗属 *Paspalum* | 雀稗 | *Paspalum thunbergii* Kunth ex Steud. | 草本 | | LC | 缙志 | 见到 | |
| 禾本科 | 狼尾草属 *Pennisetum* | 狼尾草 | *Pennisetum alopecuroides*（L.）Spreng. | 草本 | | LC | 缙志 | 见到 | 有 |
| 禾本科 | 显子草属 *Phaenosperma* | 显子草 | *Phaenosperma globosa* Munro ex Benth. | 草本 | | | 缙志 | | |
| 禾本科 | 刚竹属 *Phyllostachys* | 寿竹 | *Phyllostachys bambusoides* f. *shouzhu* Yi | 乔木 | | | 缙志 | | |
| 禾本科 | 刚竹属 *Phyllostachys* | 石绿竹 | *Phyllostachys arcana* McClure | 乔木 | | | 缙志 | | |
| 禾本科 | 刚竹属 *Phyllostachys* | 黄秆绿槽白夹竹* | *Phyllostachys nidularia* Makino f. | 乔木 | | | 缙志 | | |
| 禾本科 | 刚竹属 *Phyllostachys* | 花斑竹* | *Phyllostachys nidulasia* Munro | 草本 | | | 缙志 | | |
| 禾本科 | 刚竹属 *Phyllostachys* | 桂竹 | *Phyllostachys bambusoides* Sieb. et Zucc. | 乔木 | | LC | 缙志 | | |
| 禾本科 | 刚竹属 *Phyllostachys* | 人面竹* | *Phyllostachys bambusoides* Sieb.et Zucc .var. *aurea*（Carr.）Makino | 乔木 | | LC | 缙志 | | |
| 禾本科 | 刚竹属 *Phyllostachys* | 毛竹 | *Phyllostachys heterocycla* cv. Pubescens | 灌木 | | | 缙志 | 见到 | |
| 禾本科 | 刚竹属 *Phyllostachys* | 水竹 | *Phyllostachys heteroclada* Oliv. | 灌木 | | LC | 缙志 | 见到 | |
| 禾本科 | 刚竹属 *Phyllostachys* | 龟甲竹* | *Phyllostachys heterocycla*（Carr.）Mitf. | 灌木 | | | 缙志 | 见到 | |
| 禾本科 | 刚竹属 *Phyllostachys* | 紫竹* | *Phyllostachys nigra*（Lodd.）Munro * | 乔木 | | | 缙志 | | |
| 禾本科 | 刚竹属 *Phyllostachys* | 金竹 | *Phyllostachys sulphurea*（Carr.）A. et C. Riv. | 乔木 | | LC | 缙志 | 见到 | |
| 禾本科 | 大明竹属 *Pleioblastus* | 大明竹* | *Pleioblastus gramineus*（Bean）Nakai | 灌木 | | | 缙志 | | |
| 禾本科 | 大明竹属 *Pleioblastus* | 苦竹* | *Pleioblastus amarus* Keng f. | 乔木 | | LC | 缙志 | | |
| 禾本科 | 大明竹属 *Pleioblastus* | 斑苦竹* | *Pleioblastus maculatus*（McClure）C.D.Chu et S. S.Chao | 乔木 | | LC | 缙志 | | |
| 禾本科 | 矢竹属 *Pseudosasa* | 胜利茶秆竹* | *Pseudosasa victorialis*（Keng f.） | 乔木 | | | 缙志 | | |
| 禾本科 | 早熟禾属 *Poa* | 白顶早熟禾 | *Poa acroleuca* Steud. | 草本 | | LC | 缙志 | 见到 | |
| 禾本科 | 早熟禾属 *Poa* | 早熟禾 | *Poa annua* L. | 草本 | LC | LC | 缙志 | 见到 | |
| 禾本科 | 早熟禾属 *Poa* | 硬质早熟禾 | *Poa sphondylodes* Trin | 草本 | | LC | 缙志 | 见到 | |
| 禾本科 | 金发草属 *Pogonatherum* | 金丝草 | *Pogonatherum crinitum*（Thunb.）Kunth | 草本 | | LC | 缙志 | 见到 | |
| 禾本科 | 金发草属 *Pogonatherum* | 金发草 | *Pogonatherum paniceum*（Lam.）Hack. | 草本 | LC | LC | 缙志 | 见到 | |
| 禾本科 | 棒头草属 *Polypogon* | 棒头草 | *Polypogon fugax* Nees ex Steud. | 草本 | | LC | 缙志 | 见到 | |
| 禾本科 | 甘蔗属 *Saccharum* | 斑茅（巴茅） | *Saccharum arundinaceum* Retz. | 草本 | | LC | 缙志 | | |
| 禾本科 | 甘蔗属 *Saccharum* | 甘蔗 | *Saccharum officinarum* L. | 草本 | | | 缙志 | 见到 | |
| 禾本科 | 甘蔗属 *Saccharum* | 甜根子草（马儿杆） | *Saccharum spontaneum* L. | 草本 | LC | LC | 缙志 | 见到 | |
| 禾本科 | 囊颖草属 *Sacciolepis* | 囊颖草 | *Sacciolepis indica*（L.）A. Chase | 草本 | | LC | 缙志 | | |

续表

| 科名 | 属名 | 中文名 | 拉丁名 | 生活型 | IUCN | 红色名录 | 资料来源 | 本次调查 | 照片 |
|---|---|---|---|---|---|---|---|---|---|
| 禾本科 | 裂稃草属 *Schizachyrium* | 短叶裂稃草 | *Schizachyrium brevifolium*（Sw.）Nees ex Buse | 草本 | LC | LC | 缙志 | | |
| 禾本科 | 赤竹属 *SaSa* | 菲白竹* | *Sasa fortunei*（Ven Houtte）Flori | 草本 | | DD | 缙志 | | |
| 禾本科 | 狗尾草属 *Setaria* | 大狗尾草 | *Setaria faberii* Herrm. | 草本 | | LC | 缙志 | | |
| 禾本科 | 狗尾草属 *Setaria* | 西南莩草 | *Setaria forbesiana*（Nees）Hook. f. | 草本 | | LC | 缙志 | 见到 | |
| 禾本科 | 狗尾草属 *Setaria* | 金色狗尾草 | *Setaria glauca*（L.）Beauv.［*S. lutescens*（Weiqel）F. T. Hubb.］ | 草本 | | | 缙志 | 见到 | |
| 禾本科 | 狗尾草属 *Setaria* | 小米* | *Setatia italica*（L.）Beauv. | 草本 | | | 缙志 | | |
| 禾本科 | 狗尾草属 *Setaria* | 棕叶狗尾草 | *Setaria palmifolia*（Koen.）Stapf | 草本 | | LC | 缙志 | 见到 | 有 |
| 禾本科 | 狗尾草属 *Setaria* | 皱叶狗尾草 | *Setaria plicata*（Lam.）T. Cooke | 草本 | | LC | 缙志 | 见到 | |
| 禾本科 | 狗尾草属 *Setaria* | 狗尾草 | *Setaria viridis*（L.）Beauv. | 草本 | | LC | 缙志 | 见到 | |
| 禾本科 | 高粱属 *Sorghum* | 高粱* | *Sorghum vulgare* Pers. | 草本 | | | 缙志 | | |
| 禾本科 | 鼠尾粟属 *Sporobolus* | 鼠尾粟 | *Sporobolus fertilis*（Steud.）W. D. Clayt. | 草本 | | LC | 缙志 | 见到 | |
| 禾本科 | 唐竹属 *Sinobambusa* | 唐竹* | *Sinobmbusa tootsid*（Sieb.）Makino | 乔木 | | LC | 缙志 | | |
| 禾本科 | 唐竹属 *Sinobambusa* | 月月竹 | *Sinobambusa sichuanensis*（T. P. Yi）T. P. Yi | 灌木 | | | 缙志 | | |
| 禾本科 | 菅属 *Themeda* | 黄背草 | *Themeda japonica*（Willd.）Tanada | 草本 | | LC | 缙志 | 见到 | |
| 禾本科 | 菅属 *Themeda* | 菅 | *Themeda villosa*（Poir.）A. Camus | 草本 | | LC | 缙志 | 见到 | |
| 禾本科 | 三毛草属 *Trisetum* | 三毛草 | *Trisetum bifidum*（Thunb.）Ohwi | 草本 | LC | LC | 缙志 | | |
| 禾本科 | 尾稃草属 *Urochloa* | 尾稃草 | *Urochloa reptans*（L.）Stapf | 草本 | LC | LC | 缙志 | | |
| 禾本科 | 玉山竹属 *Yushania* | 马边玉山竹* | *Yushania mabianensis* Yi | 灌木 | | LC | 缙志 | | |
| 禾本科 | 玉蜀黍属 *Zea* | 玉米（玉蜀黍）* | *Zea mays* L. | 草本 | | | 缙志 | 见到 | |
| 芭蕉科 | 芭蕉属 *Musa* | 芭蕉 | *Musa basjoo* Sieb. et Zucc. | 草本 | | | 缙志 | 见到 | 有 |
| 芭蕉科 | 芭蕉属 *Musa* | 香蕉 | *Musa nana* Lour | 草本 | | | 缙志 | | |
| 芭蕉科 | 地涌金莲属 *Musella* | 地涌金莲* | *Musella lasiocarpa*（Fr.）C. Y. Wu ex H. W. Li | 草本 | | | 缙志 | | |
| 姜科 | 山姜属 *Alpinia* | 山姜 | *Alpinia japonica*（Thunb.）Miq. | 草本 | | LC | 缙志 | 见到 | 有 |
| 姜科 | 山姜属 *Alpinia* | 艳山姜 | *Alpinia zerumbet*（Pers.）Burtt et Smith | 草本 | | | 缙志 | 见到 | 有 |
| 姜科 | 姜花属 *Hedychium* | 峨眉姜花 | *Hedychium omeiensis* Z. Y. Zhu | 草本 | | LC | 缙志 | 见到 | |
| 姜科 | 姜属 *Zingiber* | 姜* | *Zingiber officinale* Rosc. | 草本 | | | 缙志 | 见到 | |
| 美人蕉科 | 美人蕉属 *Canna.L* | 柔瓣美人蕉* | *Canna flaccida* Salisb. | 草本 | | | 缙志 | 见到 | |
| 美人蕉科 | 美人蕉属 *Canna.L* | 大花美人蕉* | *Canna generalis* Bailey | 草本 | | | 缙志 | 见到 | |
| 美人蕉科 | 美人蕉属 *Canna.L* | 美人蕉* | *Canna indica* L. | 草本 | | | 缙志 | 见到 | 有 |
| 美人蕉科 | 美人蕉属 *Canna.L* | 蕉芋* | *Canna edulis* Ker. | 草本 | | | 缙志 | | |
| 雨久花科 | 凤眼蓝属 *Eichhornia* | 凤眼莲（水葫芦） | *Eichhornia crassipes*（Mart.）Solms | 草本 | | | 缙志 | 见到 | |
| 雨久花科 | 雨久花属 *Monochoria* | 鸭舌草 | *Monochoria vaginalis*（Burm. f.）Presl | 草本 | LC | | 缙志 | | |

续表

| 科名 | 属名 | 中文名 | 拉丁名 | 生活型 | IUCN | 红色名录 | 资料来源 | 本次调查 | 照片 |
|---|---|---|---|---|---|---|---|---|---|
| 百合科 | 粉条儿菜属 *Aletris* | 粉条儿菜 | *Aletris spicata*（Thunb.）Franch. | 草本 | | LC | 缙志 | 见到 | 有 |
| 百合科 | 粉条儿菜属 *Aletris* | 狭瓣粉条儿菜 | *Aletris stenoloba* Franch. | 草本 | | | 缙志 | | |
| 百合科 | 葱属 *Allium* | 藠头* | *Allium chinense* G. Don | 草本 | LC | LC | 缙志 | 见到 | |
| 百合科 | 葱属 *Allium* | 洋葱* | *Allium capa* L. | 草本 | | | 缙志 | 见到 | |
| 百合科 | 葱属 *Allium* | 葱* | *Allium fistulosum* L. | 草本 | | | 缙志 | 见到 | 有 |
| 百合科 | 葱属 *Allium* | 火葱（分葱） | *Allium ascalonicum* L. | 草本 | | | | 见到 | 有 |
| 百合科 | 葱属 *Allium* | 宽叶韭* | *Allium hookeri* Thwaites | 草本 | | | 2009 年科考 | | |
| 百合科 | 葱属 *Allium* | 薤白* | *Allium macrostemon* Bunge | 草本 | | LC | 缙志 | | |
| 百合科 | 葱属 *Allium* | 蒜* | *Allium sativum* L. | 草本 | | | 缙志 | 见到 | |
| 百合科 | 葱属 *Allium* | 韭* | *Allium tuberosum* Rottl.ex Spreng. | 草本 | | | 缙志 | 见到 | |
| 百合科 | 芦荟属 *Aloe* | 芦荟* | *Aloe barbaddensis* Mill.［*Aloe vera* L.var *chinensis*（Haw.）Berg.］ | 草本 | | | 缙志 | 见到 | |
| 百合科 | 天门冬属 *Asparagus* | 天门冬 | *Asparagus cochinchinensis*（Lour.）Merr. | 草本 | | LC | 缙志 | 见到 | |
| 百合科 | 天门冬属 *Asparagus* | 非洲天门冬* | *Asparagus densiflorus*（Kunth）Jessop cv. Sprengeri | 草本 | | | 缙志 | 见到 | |
| 百合科 | 天门冬属 *Asparagus* | 羊齿天门冬* | *Asparagus filicinus* D. Don | 草本 | | LC | | 见到 | |
| 百合科 | 天门冬属 *Asparagus* | 短梗天门冬 | *Asparagus lycopodineus* Wall. ex Baker | 草本 | | LC | 缙志 | | |
| 百合科 | 天门冬属 *Asparagus* | 石刁柏* | *Asparagus officinalis* L. | 草本 | | | 缙志 | | |
| 百合科 | 天门冬属 *Asparagus* | 文竹* | *Asparagus setaceus*（Kunth）Jessop | 草本 | | | 缙志 | 见到 | |
| 百合科 | 蜘蛛抱蛋属 *Aspidistra* | 丛生蜘蛛抱蛋 | *Aspidistra caespitosa* Pei | 草本 | | LC | 缙志 | | |
| 百合科 | 蜘蛛抱蛋属 *Aspidistra* | 蜘蛛抱蛋 | *Aspidistra elatior* Bl. | 草本 | | | | 见到 | |
| 百合科 | 蜘蛛抱蛋属 *Aspidistra* | 粽叶草 | *Aspidistra oblanceifolia* Wang et Lang | 草本 | | | 缙志 | | |
| 百合科 | 蜘蛛抱蛋属 *Aspidistra* | 四川蜘蛛抱蛋 | *Aspidistra sichuanensis* Lang et Z. Y. Zhu | 草本 | | LC | 缙志 | | |
| 百合科 | 蜘蛛抱蛋属 *Aspidistra* | 粽粑叶 | *Aspidistra zongbayi* Lang et Z. Y. Zhu | 草本 | | | 缙志 | 见到 | |
| 百合科 | 吊兰属 *Chlorophytum* | 吊兰 | *Chlorophytum comosum*（Thunb.）Baker | 草本 | | | 缙志 | 见到 | |
| 百合科 | 吊兰属 *Chlorophytum* | 金心吊兰* | *Chlorophytum comosum* cv. Medio-pictum | 草本 | | | | 见到 | |
| 百合科 | 吊兰属 *Chlorophytum* | 金边吊兰* | *Chlorophytum comosum* cv. Variegatum | 草本 | | | | 见到 | |
| 百合科 | 山菅属 *Dianella* | 山菅 | *Dianella ensifolia*（L.）DC. | 草本 | | LC | 缙志 | 见到 | 有 |
| 百合科 | 万寿竹属 *Disporum* | 长蕊万寿竹 | *Disporum bodinieri*（Lévl. et Vant.）Wang et Tang | 草本 | | LC | 缙志 | 见到 | 有 |
| 百合科 | 万寿竹属 *Disporum* | 万寿竹 | *Disporum cantoniense*（Lour.）Merr. | 草本 | | LC | 缙志 | | |
| 百合科 | 龙血树属 *Dracaena* | 香龙血树* | *Dracaena fragrans* Ker-Gawl. | 灌木 | | | | 见到 | |
| 百合科 | 萱草属 *Hemerocallis* | 黄花菜 | *Hemerocallis citrina* Baroni | 草本 | | | 缙志 | 见到 | |

续表

| 科名 | 属名 | 中文名 | 拉丁名 | 生活型 | IUCN | 红色名录 | 资料来源 | 本次调查 | 照片 |
|---|---|---|---|---|---|---|---|---|---|
| 百合科 | 萱草属 *Hemerocallis* | 萱草* | *Hemerocallis fulva*（L.）L. | 草本 | | LC | 缙志 | 见到 | 有 |
| 百合科 | 肖菝葜属 *Heterosmilax* | 华肖菝葜 | *Heterosmilax chinensis* Wang | 草本 | | LC | 缙志 | | |
| 百合科 | 玉簪属 *Hosta* | 玉簪 | *Hosta plantaginea*（Lam.）Aschers. | 草本 | | | | 见到 | |
| 百合科 | 玉簪属 *Hosta* | 紫萼 | *Hosta ventricosa*（Salisb.）Stearn | 草本 | | | 缙志 | 见到 | 有 |
| 百合科 | 百合属 *Lilium* | 百合 | *Lilium brownii* F. E. Br. ex Miellez var. *viridulum* Baker | 草本 | | LC | 缙志 | 见到 | 有 |
| 百合科 | 百合属 *Lilium* | 野百合 | *Lilium brownii* F. E. Br. ex Miellze | 草本 | | LC | 缙志 | | |
| 百合科 | 百合属 *Lilium* | 南川百合 | *Lilium rosthornii* Diels | 草本 | | | 缙志 | | |
| 百合科 | 山麦冬属 *Liriope* | 禾叶山麦冬 | *Liriope graminifolia*（L.）Baker | 草本 | | LC | 缙志 | 见到 | |
| 百合科 | 山麦冬属 *Liriope* | 阔叶山麦冬 | *Liriope platyphylla* Wang et Tang | 草本 | | LC | 缙志 | 见到 | |
| 百合科 | 沿阶草属 *Ophiopogon* | 粉叶沿阶草 | *Ophiopogon chingii* Wang et Tang var. *glaucifolius* Wang et Dai | 草本 | | | 缙志 | | |
| 百合科 | 沿阶草属 *Ophiopogon* | 麦冬 | *Ophiopogon japonicus*（L. f.）Ker-Gawl. | 草本 | | | 缙志 | 见到 | |
| 百合科 | 沿阶草属 *Ophiopogon* | 林生沿阶草 | *Ophiopogon sylvicola* Wang et Tang | 草本 | | NT | 缙志 | 见到 | |
| 百合科 | 虎眼万年青 *Ornithogalum* | 虎眼万年青* | *Ornithogalum caudatum* Ait. | 草本 | | | 2009 年科考 | | |
| 百合科 | 重楼属 *Paris* | 华重楼 | *Paris polyphylla* Sm. var. *chinensis*（Franch.）Hara | 草本 | | VU | 缙志 | 见到 | |
| 百合科 | 重楼属 *Paris* | 滇重楼（宽瓣重楼） | *Paris polyphylla* Sm. var. *yunnanensis*（Franch.）Hand.-Mazz. | 草本 | | NT | 缙志 | 见到 | |
| 百合科 | 球子草属 *Peliosanthes* | 大盖球子草 | *Peliosanthes macrostegia* Hance | 草本 | | LC | 缙志 | 见到 | |
| 百合科 | 黄精属 *Polygonatum* | 大叶黄精（新变种） | *Polygonatum kingianum* Coll. et Hemsl. var. *grandifolium* D. M. Liu et W. Z. Zeng. var. *nov* | 草本 | | | 缙志 | | |
| 百合科 | 吉祥草属 *Reineckea* | 吉祥草 | *Reineckea carnea*（Andr.）Kunth | 草本 | | LC | 缙志 | 见到 | |
| 百合科 | 万年青属 *Rohdea* | 万年青 | *Rohdea japonica*（Thunb.）Roth | 草本 | | LC | 缙志 | | |
| 百合科 | 锦枣儿属 *Scilla* | 绵枣儿 | *Scilla scilloides*（Lindl.）Druce | 草本 | | LC | 缙志 | | |
| 百合科 | 菝葜属 *Smilax* | 菝葜 | *Smilax china* L. | 草本 | | | 缙志 | 见到 | 有 |
| 百合科 | 菝葜属 *Smilax* | 银叶菝葜 | *Smilax cocculoides* Warb. | 灌木 | | LC | 缙志 | 见到 | 有 |
| 百合科 | 菝葜属 *Smilax* | 土茯苓 | *Smilax glabra* Roxb. | 灌木 | | | 缙志 | 见到 | |
| 百合科 | 菝葜属 *Smilax* | 马甲菝葜 | *Smilax lanceifolia* Roxb. | 灌木 | | LC | 缙志 | 见到 | 有 |
| 石蒜科 | 君子兰属 *Clivia* | 君子兰* | *Clivia miniata* Regel. | 草本 | | | | 见到 | 有 |
| 石蒜科 | 石蒜属 *Lycoris* | 忽地笑 | *Lycoris aurea*（L'Her.）Herb. | 草本 | | LC | 缙志 | 见到 | |
| 石蒜科 | 石蒜属 *Lycoris* | 石蒜 | *Lycoris radiata*（L'Her.）Herb. | 草本 | | | 缙志 | 见到 | |
| 石蒜科 | 朱顶红属 *Hippeastrum* | 朱顶红* | *Hippeastrum rutilum*（Ker-Gawl.）Herb. | 草本 | | | 缙志 | 见到 | 有 |
| 石蒜科 | 葱莲属 *Zephyranthes* | 葱莲* | *Zephyranthes candida*（Lindl.）Herb. | 草本 | | | 缙志 | 见到 | |
| 石蒜科 | 葱莲属 *Zephyranthes* | 韭莲* | *Zephyranthes grandiflora* Lindl. | 草本 | | | 缙志 | 见到 | |

续表

| 科名 | 属名 | 中文名 | 拉丁名 | 生活型 | IUCN | 红色名录 | 资料来源 | 本次调查 | 照片 |
|---|---|---|---|---|---|---|---|---|---|
| 石蒜科 | 百子莲属 *Agapantus* | 百子莲* | *Agapantus africanus* Hoffmg. | 草本 | | | | 见到 | 有 |
| 石蒜科 | 仙茅属 *Curculigo* | 大叶仙茅 | *Curculigo capitulata*（Lour.）O. Kuntze | 草本 | | LC | | 见到 | 有 |
| 石蒜科 | 仙茅属 *Curculigo* | 疏花仙茅 | *Curculigo gracilis*（Wall. ex Kurz.）Hook. f. | 草本 | | LC | 缙志 | | |
| 石蒜科 | 仙茅属 *Curculigo* | 仙茅 | *Curculigo orchioides* Gaertn. | 草本 | | LC | 缙志 | 见到 | |
| 石蒜科 | 小金梅草属 *Hypoxis* | 小金梅草 | *Hypoxis aurea* Lour. | 草本 | | | 缙志 | 见到 | 有 |
| 鸢尾科 | 香雪兰属 *Freesia* | 小菖兰* | *Freesia refracta*（Jacq.）Klatt | 草本 | | | 2009 年科考 | | |
| 鸢尾科 | 射干属 *Belamcanda* | 射干* | *Belamcanda chinensis*（L.）DC. | 草本 | | LC | 缙志 | 见到 | |
| 鸢尾科 | 鸢尾属 *Iris* | 蝴蝶花 | *Iris japonica* Thunb. | 草本 | | LC | 缙志 | 见到 | 有 |
| 鸢尾科 | 鸢尾属 *Iris* | 鸢尾 | *Iris tectorum* Maxim | 草本 | | LC | | 见到 | 有 |
| 鸢尾科 | 庭菖蒲属 *Sisyrinchium* | 庭菖蒲 | *Sisyrinchium rosulatum* Bickn. | 草本 | | | 缙志 | | |
| 鸢尾科 | 唐菖蒲属 *Gladiolus* | 唐菖蒲* | *Gladiolus gandavensis* Van Houtte | 草本 | | | 缙志 | 见到 | |
| 龙舌兰科 | 丝兰属 *Yucca* | 凤尾丝兰* | *Yucca gloriosa* L. | 灌木 | | | 缙志 | 见到 | |
| 龙舌兰科 | 朱蕉属 *Cordyline* | 朱蕉* | *Cordyline fruticosa*（L.）A. Cheval. | 灌木 | | | 缙志 | | |
| 龙舌兰科 | 虎尾兰属 *Sansevieria* | 虎尾兰* | *Sansevieria trifasciata* Prain | 草本 | | | 缙志 | | |
| 龙舌兰科 | 虎尾兰属 *Sansevieria* | 金边虎尾兰 | *Sansevieria trifasciata* Prain var. *laurentii*（De Wildem.）N. E. Brown | 草本 | | | 2009 年科考 | | |
| 龙舌兰科 | 龙舌兰属 *Agave* | 龙舌兰* | *Agave americana* L. | 草本 | | | 缙志 | 见到 | |
| 龙舌兰科 | 龙舌兰属 *Agave* | 金边龙舌兰* | *Agave americana* cv. Marginata-aurea | 草本 | | | 缙志 | | |
| 龙舌兰科 | 晚香玉属 *Polianthes* | 晚香玉* | *Polianthes tuberosa* L. | 草本 | | | 缙志 | | |
| 薯蓣科 | 薯蓣属 *Dioscorea* | 参薯* | *Dioscorea alata* L. | 藤本 | | LC | 缙志 | 见到 | |
| 薯蓣科 | 薯蓣属 *Dioscorea* | 黄独 | *Dioscorea bulbifera* L. | 藤本 | | LC | 缙志 | 见到 | 有 |
| 薯蓣科 | 薯蓣属 *Dioscorea* | 薯莨 | *Dioscorea cirrhosa* Lour. | 藤本 | | NT | 缙志 | 见到 | |
| 薯蓣科 | 薯蓣属 *Dioscorea* | 毛芋头薯蓣 | *Dioscorea kamoonensis* Kunth | 藤本 | | LC | 缙志 | | |
| 薯蓣科 | 薯蓣属 *Dioscorea* | 薯蓣（山药） | *Dioscorea opposita* Thunb. | 藤本 | | LC | 缙志 | 见到 | |
| 兰科 | 白及属 *Bletilla* | 白及 | *Bletilla striata*（Thunb. ex A. Murray）Rchb. f. | 草本 | | EN | 缙志 | | |
| 兰科 | 头蕊兰属 *Cephalanthera* | 金兰 | *Cephalanthera falcata*（Thunb. ex A. Murray）Lindl. | 草本 | | LC | 缙志 | 见到 | 有 |
| 兰科 | 杜鹃兰属 *Cremastra* | 杜鹃兰 | *Cremastra appendiculata*（D. Don）Makino | 草本 | | NT | 缙志 | | |
| 兰科 | 兰属 *Cymbidium* | 建兰* | *Cymbidium ensifolium*（L.）Sw. | 草本 | | VU | 缙志 | 见到 | |
| 兰科 | 兰属 *Cymbidium* | 春兰* | *Cymbidium goeringii*（Rchb. f.）Rchb. f.（*C. virescens* Lindl.） | 草本 | | VU | 缙志 | 见到 | |
| 兰科 | 兰属 *Cymbidium* | 虎头兰* | *Cymbidium hookerianum* Rchb. f.（*Cymbidium. grandiflorum* Griff.） | 草本 | | EN | 缙志 | 见到 | |
| 兰科 | 兰属 *Cymbidium* | 墨兰* | *Cymbidium sinense*（Jackson ex Andr.）Willd. | 草本 | | VU | 缙志 | | |
| 兰科 | 羊耳蒜属 *Liparis* | 见血青 | *Liparis nervosa*（Thunb.）Lindl. | 草本 | | LC | 缙志 | | |

续表

| 科名 | 属名 | 中文名 | 拉丁名 | 生活型 | IUCN | 红色名录 | 资料来源 | 本次调查 | 照片 |
|---|---|---|---|---|---|---|---|---|---|
| 兰科 | 舌唇兰属 *Platanthera* | 小舌唇兰 | *Platanthera minor*（Miq.）Rchb. f. | 草本 |  | NT | 缙志 | 见到 |  |
| 兰科 | 绶草属 *Spiranthes* | 绶草 | *Spiranthes sinensis*（Pers.）Ames | 草本 | LC | LC | 缙志 | 见到 |  |

# 附表5　重庆缙云山国家级自然保护区珍稀濒危植物名录

| 科名 | 属名 | 中文名 | 拉丁名 | 红皮书 | IUCN | 红色名录 |
|---|---|---|---|---|---|---|
| 石杉科 | 石杉属 *Huperzia* | 蛇足石杉 | *Huperzia serrata*（Thunb. ex Murray）Trev. | | | EN |
| 桫椤科 | 桫椤属 *Alsophila* | 桫椤 | *Alsophila spinulosa*（Wall. ex Hook.）R. M. Tryon | 渐危种 | | NT |
| 铁线蕨科 | 铁线蕨属 *Adiantum* | 荷叶铁线蕨 | *Adiantum reniforme* L. var. *sinense* Y. X. Lin | 濒危种 | | CR |
| 苏铁科 | 苏铁属 *Cycas* | 攀枝花苏铁 | *Cycas panzhihuaensis* L.Zhou et S.Y.Yang | 濒危种 | VU | EN |
| 苏铁科 | 苏铁属 *Cycas* | 苏铁 | *Cycas revoluta* Thunb. | | LC | CR |
| 苏铁科 | 苏铁属 *Cycas* | 四川苏铁 | *Cycas szechuanensis* Cheng et L. K. Fu | | CR | CR |
| 银杏科 | 银杏属 *Ginkgo* | 银杏 | *Ginkgo biloba* L. | 稀有种 | EN | CR |
| 松科 | 银杉属 *Cathaya* | 银杉 | *Cathaya argyrophylla* Chun et Kuang | 渐危种 | VU | EN |
| 松科 | 松属 *Pinus* | 白皮松 | *Pinus bungeana* Zucc.et Sieb. | | LC | EN |
| 松科 | 金钱松属 *Pseudolarix* | 金钱松 | *Pseudolarix amabilis*（Nelson）Rehd. | 稀有种 | LC | VU |
| 杉科 | 水杉属 *Metasequoia* | 水杉 | *Metasequoia glyptostroboides* Hu et Cheng | 稀有种 | EN | EN |
| 杉科 | 台湾杉属 *Taiwania* | 秃杉 | *Taiwania flousiana* Gaussen | | VU | |
| 柏科 | 福建柏属 *Fokienia* | 福建柏 | *Fokienia hodginsii*（Dunn）Henry et Thom. | 渐危种 | VU | VU |
| 罗汉松科 | 罗汉松属 *Podocarpus* | 罗汉松 | *Podocarpus macrophyllus*（Thunb.）D. Don | | LC | VU |
| 罗汉松科 | 罗汉松属 *Podocarpus* | 百日青 | *Podocarpus neriifolius* D. Don | | LC | VU |
| 罗汉松科 | 罗汉松属 *Podocarpus* | 竹柏 | Podocarpus nagi（Thunb.）Zoll. et Mor. ex Zoll. | | | EN |
| 南洋杉科 | 南洋杉属 *Araucaria* | 异叶南洋杉 | *Araucaria heterophylla*（Salisb.）Franco | | VU | |
| 红豆杉科 | 红豆杉属 *Taxus* | 红豆杉 | *Taxus chinensis*（Pilger.）Rehd. | | EN | VU |
| 红豆杉科 | 红豆杉属 *Taxus* | 南方红豆杉 | *Taxus chinensis*（Pilger.）Rehd. var. *mairei*（Lemée & H. Léveillé）L. K. Fu | | EN | VU |
| 木兰科 | 八角属 *Illicium* | 厚皮香八角 | *Illicium ternstroemioides* A. C. Sm. | | VU | NT |
| 木兰科 | 木莲属 *Manglietia* | 大叶木莲 | *Manglietia megaphylla* Hu et Cheng | 渐危种 | | EN |
| 木兰科 | 木兰属 *Magnolia* | 辛夷 | *Magnolia liliflora* Desr. | | EN | |
| 木兰科 | 木兰属 *Magnolia* | 厚朴 | *Magnolia officinalis* Rehd.et Wils. | 稀有种 | | LC |
| 木兰科 | 木兰属 *Magnolia* | 夜香木兰 | *Magnolia coco*（Lour.）DC. | | DD | EN |
| 木兰科 | 木兰属 *Magnolia* | 山玉兰 | *Magnolia delavayi* Franch.x | | EN | LC |
| 木兰科 | 含笑属 *Michelia* | 峨眉含笑 | *Michelia wilsonii* Finet et Gagnep. | 濒危种 | EN | VU |
| 蜡梅科 | 夏蜡梅属 *Calycanthus* | 夏蜡梅 | *Calycanthus chinensis* Cheng et S. Y. Chang | 渐危种 | | EN |
| 樟科 | 樟属 *Cinnamomum* | 阔叶樟（银木） | *Cinnamomum platyphyllum*（Diels）Allen | | | VU |
| 樟科 | 樟属 *Cinnamomum* | 天竺桂 | *Cinnamomum japonicun* Sieb. | 濒危种 | | VU |
| 樟科 | 润楠属 *Machilus* | 润楠 | *Machilus nanmu*（Oliv.）Hemsl. | | | EN |
| 樟科 | 新木姜子属 *Neolitsea* | 凹脉新木姜子 | *Neolitsea impressa* Yang | | | VU |
| 樟科 | 楠属 *Phoebe* | 桢楠 | *Phoebe zhennan* S. Lee | 渐危种 | VU | |
| 樟科 | 楠属 *Phoebe* | 浙江楠 | *Phoebe chekiangensis* C. B. Shang | 渐危种 | VU | VU |
| 毛茛科 | 黄连属 *Coptis* | 黄连 | *Coptis chinensis* Franch. | 渐危种 | | VU |
| 小檗科 | 鬼臼属 *Dysosma* | 八角莲 | *Dysosma versipelle*（Hance）M. Cheng ex T. S. Ying | 渐危种 | | VU |
| 防己科 | 青牛胆属 *Tinospora* | 青牛胆 | *Tinospora sagittata*（Oliv.）Gagnep. | | | EN |
| 连香树科 | 连香树属 *Cercidiphyllum* | 连香树 | *Cercidiphyllum japonicum* Sieb. et Zucc. | 稀有种 | NT | |
| 杜仲科 | 杜仲属 *Eucommia* | 杜仲 | *Eucommia ulmoides* Oliver | 稀有种 | NT | VU |

续表

| 科名 | 属名 | 中文名 | 拉丁名 | 红皮书 | IUCN | 红色名录 |
|---|---|---|---|---|---|---|
| 榆科 | 青檀属 *Pteroceltis* | 青檀 | *Pteroceltis tatarinowii* Maxim. | 稀有种 | | LC |
| 桑科 | 榕属 *Ficus* | 北碚榕 | *Ficus beipeiensis* S. S. Chang | | | EN |
| 胡桃科 | 胡桃属 *Juglans* | 胡桃 | *Juglans regia* L. | 渐危种 | NT | VU |
| 桦木科 | 榛属 *Corylus* | 华榛 | *Corylus chinensis* Franch. | 渐危种 | EN | LC |
| 芍药科 | 芍药属 *Paeonia* | 牡丹 | *Paeonia suffruticosa* Andr. | | | CR |
| 山茶科 | 山茶属 *Camellia* | 滇山茶 | *Camellia reticulata* Lindl. | | VU | VU |
| 山茶科 | 山茶属 *Camellia* | 金花茶 | *Camellia sinensis*（L.）O. Ktze. | 稀有种 | VU | VU |
| 山茶科 | 山茶属 *Camellia* | 茶 | *Camellia sinensis*（L.）O. Ktze. | | | VU |
| 大风子科 | 栀子皮属 *Itoa* | 栀子皮 | *Itoa orientalis* Hemsl | | | CR |
| 柽柳科 | 柽柳属 *Myricaria* | 疏花水柏枝 | *Myricaria laxiflora*（Franch.）P. Y. Zhang et Y. J. Zhang | | | EN |
| 安息香科 | 白辛树属 *Pterostyrax* | 白辛树 | *Pterostyrax psilophyllus* Diels ex Perk. | 渐危种 | | NT |
| 安息香科 | 木瓜红属 *Rehderodendron* | 木瓜红 | *Rehderodendron macrocarpum* Hu | 渐危种 | NT | VU |
| 安息香科 | 秤锤树属 *Sinojackia* | 长果秤锤树 | *Sinojackia dolichocarpa* C. J. Qi | 濒危种 | | EN |
| 安息香科 | 秤锤树属 *Sinojackia* | 秤锤树 | *Sinojackia xylocarpa* Hu | 濒危种 | VU | EN |
| 报春花科 | 报春花属 *Primula* | 藏报春 | *Primula sinensis* Sabine ex Lindl. | | | EN |
| 蔷薇科 | 杏属 *Armeniaca* | 杏 | *Armeniaca vulgaris* Lam. | | EN | NT |
| 蔷薇科 | 苹果属 *Malus* | 苹果 | *Malus pumila* Mill. | | | EN |
| 苏木科 | 任豆属 *Zenia* | 任木 | *Zenia insignis* Chun | 稀有种 | | |
| 蝶形花科 | 黄檀属 *Dalbergia* | 南岭黄檀 | *Dalbergia balansae* Prain. | | VU | |
| 蝶形花科 | 胡枝子属 *Lespedeza* | 铁马鞭 | *Lespedeza pilosa*（Thunb.）Sieb. et Zucc. | | | VU |
| 蝶形花科 | 红豆属 *Ormosia* | 花榈木 | *Ormosia henryi* Prain | | | VU |
| 蝶形花科 | 红豆属 *Ormosia* | 红豆树 | *Ormosia hosiei* Hemsl.et Wils. | 渐危种 | | EN |
| 蓝果树科 | 珙桐属 *Davidia* | 光叶珙桐 | *Davidia involucrata* Baill. var. *vilmoriniana* | 稀有种 | | |
| 卫矛科 | 卫矛属 *Euonymus* | 缙云卫矛 | *Euonymus chloranthoides* Yang | | | EN |
| 省沽油科 | 瘿椒树属 *Tapiscia* | 瘿椒树 | *Tapiscia sinensis* Oliv. | | VU | LC |
| 钟萼木科 | 伯乐树属 *Tsoongia* | 伯乐树 | *Tsoongia axillariflora* Merr. | 稀有种 | | |
| 槭树科 | 槭属 *Acer* | 梓叶槭 | *Acer catalpifolium* Rehd. | 濒危种 | | |
| 槭树科 | 槭属 *Acer* | 鸡爪槭 | *Acer palmatum* Thunb. | | | VU |
| 漆树科 | 南酸枣属 *Choerospondias* | 毛脉南酸枣 | *Choerospondias axillaries*（Roxb.）Burtt et Hill var. *pubinervis*（Rehd. et Wils.）Burtt et Hill | | | VU |
| 楝科 | 香椿属 *Toona* | 红椿 | *Toona sureni*（Bl.）Merr. | 渐危种 | | VU |
| 芸香科 | 裸芸香属 *Psilopeganum* | 裸芸香（山麻黄） | *Psilopeganum sinense* Hemsl. | | | EN |
| 凤仙花科 | 凤仙花属 *Impatiens* | 湖北凤仙花 | *Impatiens pritzelii* Hook. f. | | EN | VU |
| 五加科 | 楤木属 *Aralia* | 楤木 | *Aralia chinensis* L. | | VU | LC |
| 紫葳科 | 蓝花楹属 *Jacaranda* | 蓝花楹 | *Jacaranda mimosifolia* D.Don | | VU | |
| 茜草科 | 香果树属 *Emmenopterys* | 香果树 | *Emmenopterys henryi* Oliv. | 稀有种 | | NT |
| 棕榈科 | 蒲葵属 *Livistona* | 蒲葵 | *Livistona chinensis* Mart. | | | VU |
| 棕榈科 | 鱼尾葵属 *Caryota* | 董棕 | *Caryota urens* L. | 渐危种 | LC | |
| 天南星科 | 天南星属 *Arisaema* | 棒头南星 | *Arisaema clavatum* Buchet | | | VU |
| 禾本科 | 寒竹属 *Chimonobambusa* | 寒竹 | *Chimonobambusa marmorea*（Mitf.）Makino | | | VU |
| 百合科 | 重楼属 *Paris* | 华重楼 | *Paris polyphylla* Sm. var. *chinensis*（Franch.）Hara | | | VU |

续表

| 科名 | 属名 | 中文名 | 拉丁名 | 红皮书 | IUCN | 红色名录 |
| --- | --- | --- | --- | --- | --- | --- |
| 兰科 | 白及属 *Bletilla* | 白及 | *Bletilla striata*（Thunb. ex A. Murray）Rchb. f. | | | EN |
| 兰科 | 兰属 *Cymbidium* | 建兰 | *Cymbidium ensifolium*（L.）Sw. | | | VU |
| 兰科 | 兰属 *Cymbidium* | 春兰 | *Cymbidium goeringii*（Rchb. f.）Rchb. f.（*C. virescens* Lindl.） | | | VU |
| 兰科 | 兰属 *Cymbidium* | 虎头兰 | *Cymbidium hookerianum* Rchb. f.（*Cymbidium. grandiflorum* Griff.） | | | EN |
| 兰科 | 兰属 *Cymbidium* | 墨兰 | *Cymbidium sinense*（Jackson ex Andr.）Willd. | | | VU |

# 附图1　部分植物照片

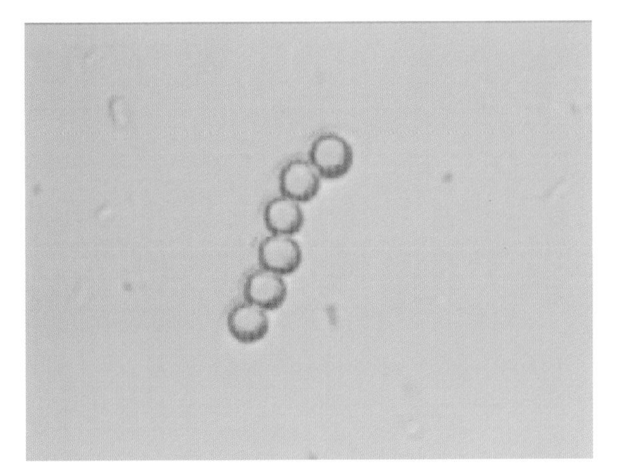

念珠藻科　普通念珠藻
*Nostoc commune*

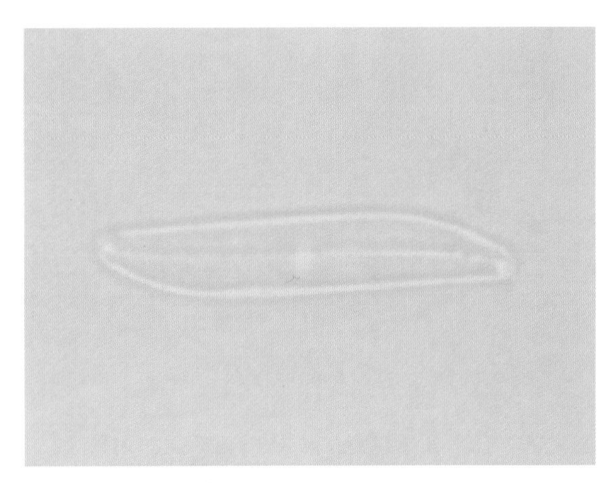

舟形藻科　解剖刀形布纹藻
*Gyrosigma scalproides*

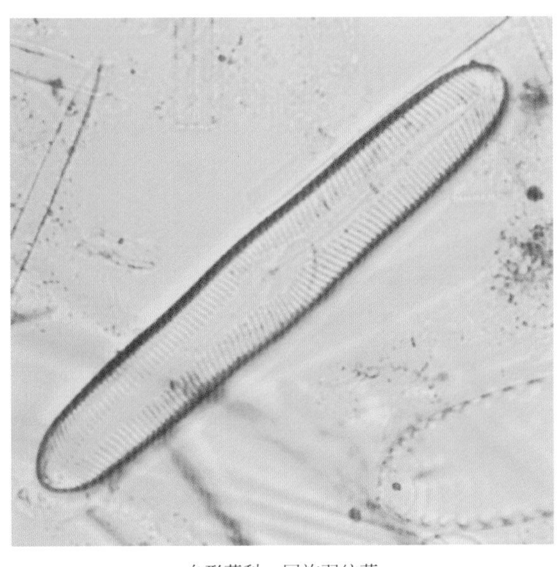

舟形藻科　同族羽纹藻
*Pinunlaria gentiles*

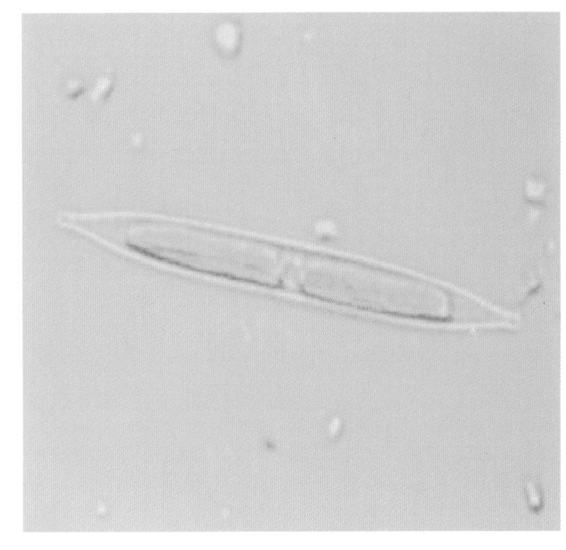

菱形藻科　谷皮菱形藻
*Nitzschia palea*

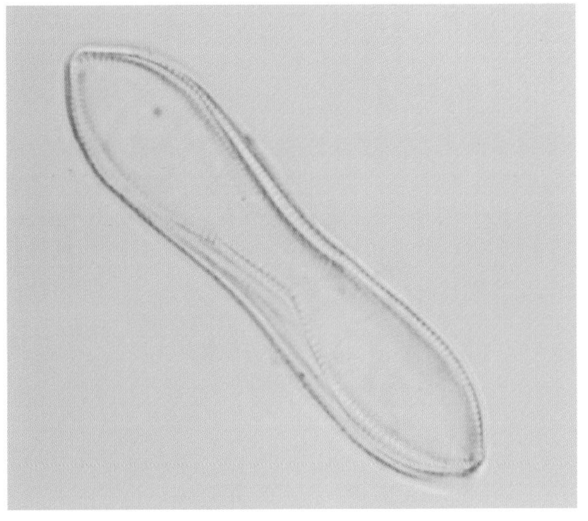

双菱藻科　草鞋形波缘藻
*Cymatopleura solea*

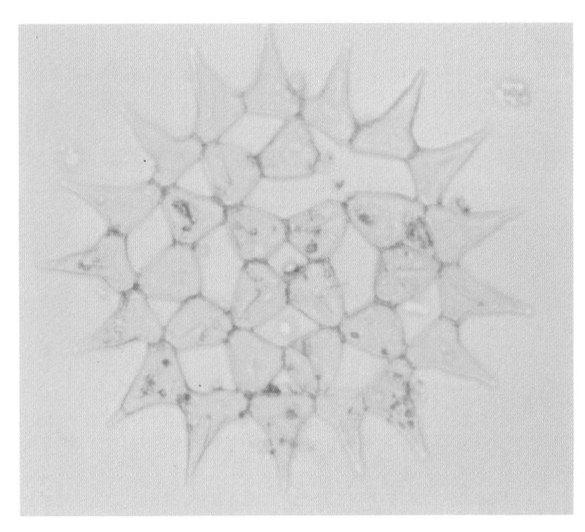

绿球藻科　单角盘星藻
*Pediastrum simplex*

伞菌科　头状秃马勃
*Calvatia craniiformis*

伞菌科　网纹马勃
*Lycoperdon perlatum*

珊瑚菌科　紫珊瑚菌
*Clavaria purpurea*

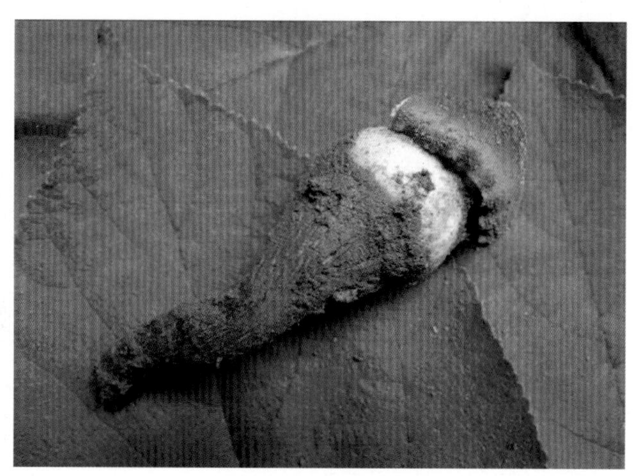

离褶伞科　粗柄白蚁伞
*Termitomyces robustus*

小皮伞科　干小皮伞
*Marasmius siccus*

脆柄菇科　晶粒小鬼伞
*Coprinellus micaceus*

鬼笔科　短裙竹荪
*Dictyophora duplicata*

灵芝科　树舌灵芝
*Ganoderma applanatum*

多孔菌科　云芝栓孔菌
*Trametes versicolor*

胶耳科　焰耳
*Phlogiotis helvelloides*

白发藓科　桧叶白发藓
*Leucobryum juniperoideum*

卷柏藓科　毛尖卷柏藓
*Rhacopilum aristatum*

桫椤科　桫椤
*Alsophila spinulosa*

蚌壳蕨科　金毛狗
*Cibotium barometz*

紫萁科 紫萁
*Osmunda japonica*

蹄盖蕨科 亮毛蕨
*Acystopteris japonica*

里百科 中华里白
*Diplopterygium chinense*

海金沙科 海金沙
*Lygodium japonicum*

金星蕨科 齿牙毛蕨
*Cyclosorus dentatus*

观音座莲科 福建观音座莲
*Angiopteris fokiensis*

鳞毛蕨科　尖齿耳蕨
*Polystichum acutidens*

金星蕨科　披针新月蕨
*Pronephrium penangianum*

鳞毛蕨科　南方复叶耳蕨
*Arachniodes caudata*

鳞毛蕨科　红盖鳞毛蕨
*Dryopteris erythrosora*

铁线蕨科　扇叶铁线蕨
*Adiantum flabellulatum*

铁线蕨科　条裂铁线蕨
*Adiantum capillus-veneris* f. *dissectum*

铁角蕨科　倒挂铁角蕨
*Asplenium normale*

铁角蕨科　北京铁角蕨科
*Asplenium pekinense*

水龙骨科　金鸡脚假瘤蕨
*Phymatopteris hastata*

肾蕨科　肾蕨
*Nephrolepis auriculata*

苏铁科　苏铁
*Cycas revoluta*

银杏科　银杏
*Ginkgo biloba*

杉科　柳杉
*Cryptomeria japonica*

杉科　杉木
*Cunninghamia lanceolata*

罗汉松科　罗汉松（雄）
*Podocarpus macrophyllus*

罗汉松科　罗汉松（雌）
*Podocarpus macrophyllus*

松科　金钱松
*Pseudolarix amabilis*

三尖杉科　三尖杉
*Cephalotaxus fortunei*

红豆杉科　南方红豆杉
*Taxus chinensis* var. *mairei*

安息香科　野茉莉
*Styrax japonicus*

安息香科　白辛树
*Pterostyrax psilophyllus*

安息香科　赤杨叶
*Alniphyllum fortune*

安息香科　木瓜红
*Rehderodendron macrocarpum*

堇菜科　浅圆齿堇菜
*Viola schneideri*

堇菜科　七星莲
*Viola diffusa*

堇菜科 戟叶堇菜
*Viola betonicifolia*

堇菜科 堇菜
*Viola verecunda*

梧桐科 梭罗树
*Reevesia pubescens*

山茱萸科 缙云四照花
*Dendrobenthamia ferruginea* var. *jinyunensis*

兰科　金兰
*Cephalanthera falcata*

蓼科　头花蓼
*Polygonum capitatum*

蓼科　金荞麦
*Fagopyrum dibotrys*

桔梗科　半边莲
*Lobelia chinensis*

报春花科　聚花过路黄
*Lysimachia congestiflora*

报春花科　细梗香草
*Lysimachia capillipes*

唇形科　缙云黄芩
*Scutellaria tsinyunensis*

唇形科　紫背金盘
*Ajuga nipponensis*

桑科　北碚榕
*Ficus beipeiensis*

桑科　长叶冠毛榕
*Ficus gasparriniana* var. *esquirolii*

山茶科　四川大头茶
*Gordonia acuminata*

山茶科　细萼连蕊茶
*Camellia tsofui*

山茶科　陕西短柱茶
*Camellia shensiensis*

山茶科　四川毛蕊茶
*Camellia lawii*

蛇菰科　红冬蛇菰
*Balanophora harlandii*

苦苣苔科　纤细半蒴苣苔
*Hemiboea gracilis*

八角科　厚皮香八角
*Illicium ternstroemioides*

樟科　近轮叶木姜子
*Litsea elongata* var. *subverticillata*

蝶形花科 常春油麻藤
*Mucuna sempervirens*

含羞草科 亮叶猴耳环
*Pithecellobium lucidum*

秋海棠科 缙云秋海棠
*Begonia jinyunensis*

卫矛科 缙云卫矛
*Euonymus chloranthoides*

卫矛科 百齿卫矛
*Euonymus centidens*

忍冬科 三叶荚蒾
*Viburnum ternatum*

忍冬科 忍冬
*Lonicera japonica*

伯乐树科　伯乐树
*Bretschneidera sinensis*

## 附图 2　重庆缙云山国家级自然保护区功能区划

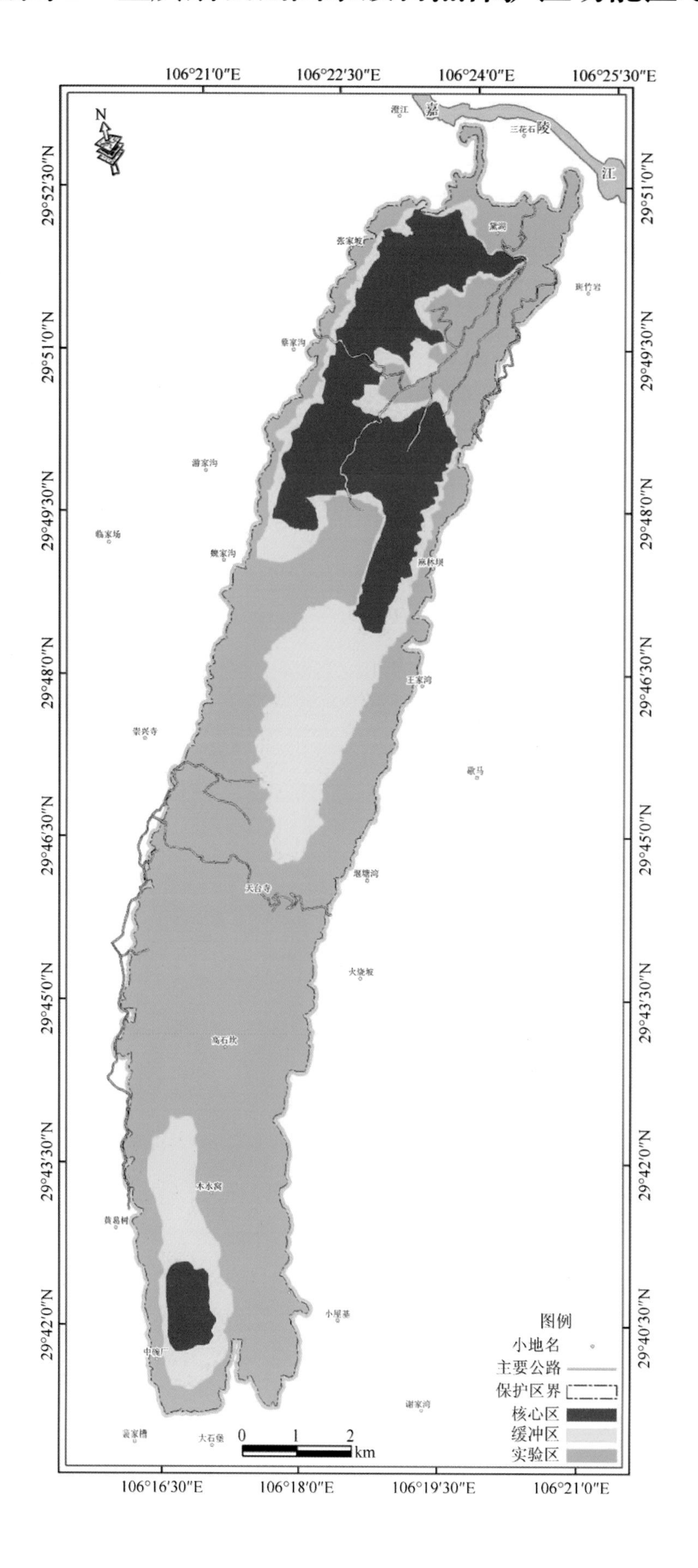

# 附图3　重庆缙云山国家级自然保护区数字高程图

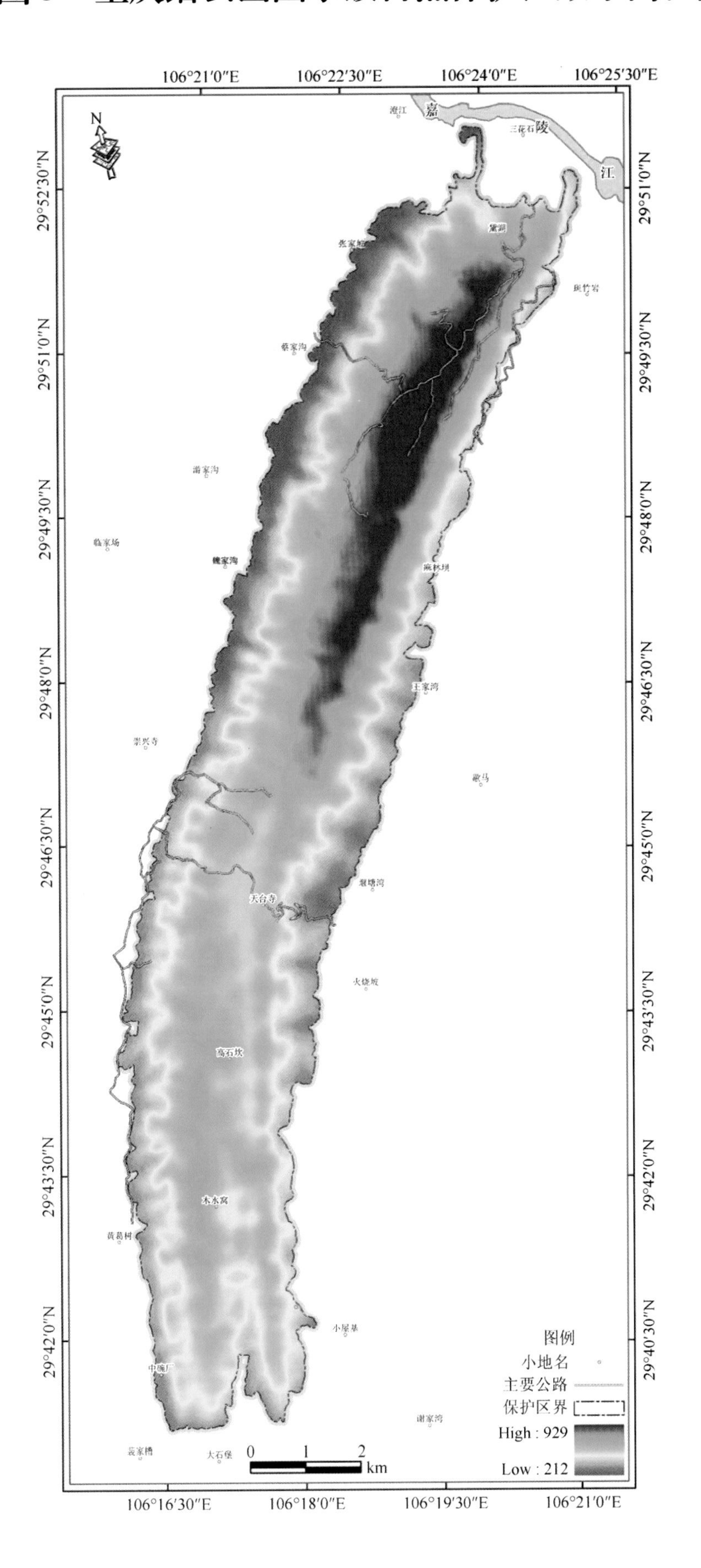

# 附图4 重庆缙云山国家级自然保护区野生保护植物位点示意图

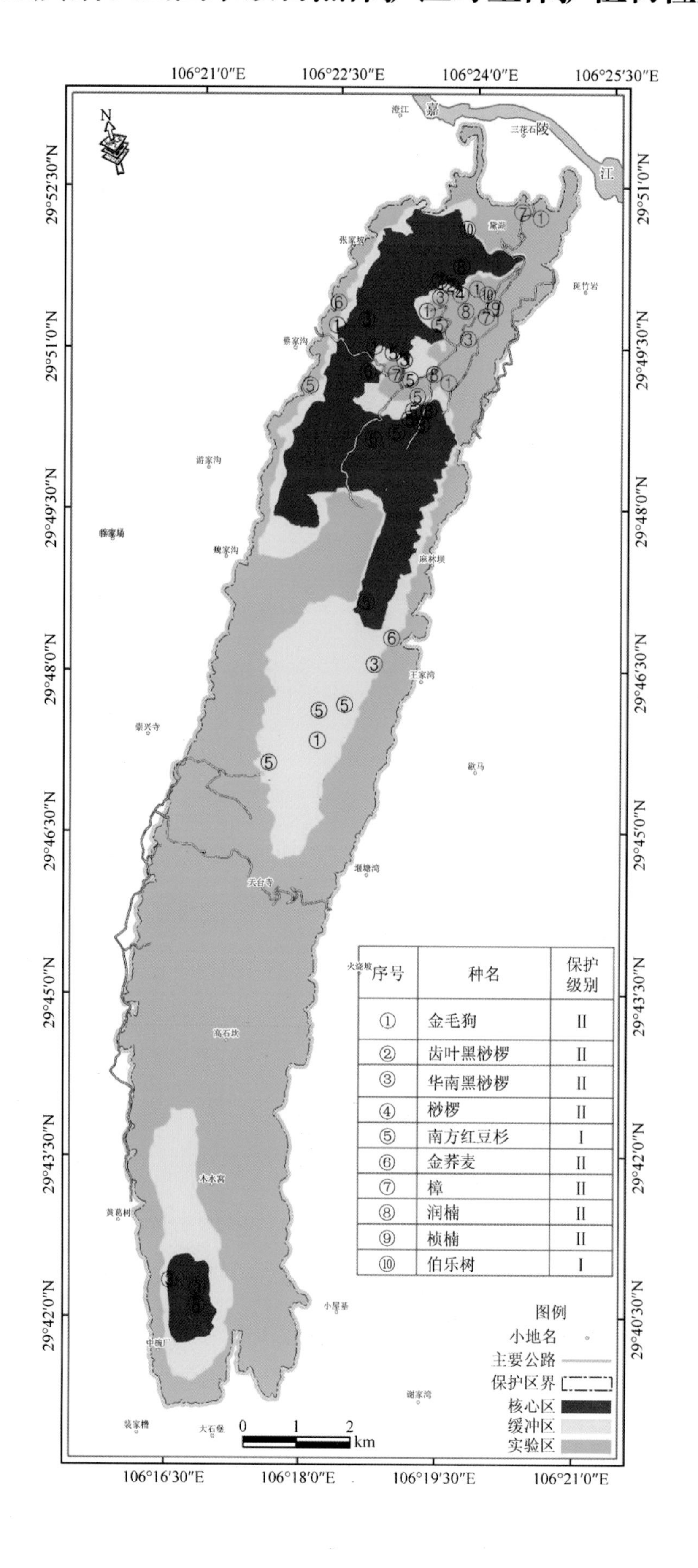

# 附图 5　重庆缙云山国家级自然保护区古树调查位点示意图

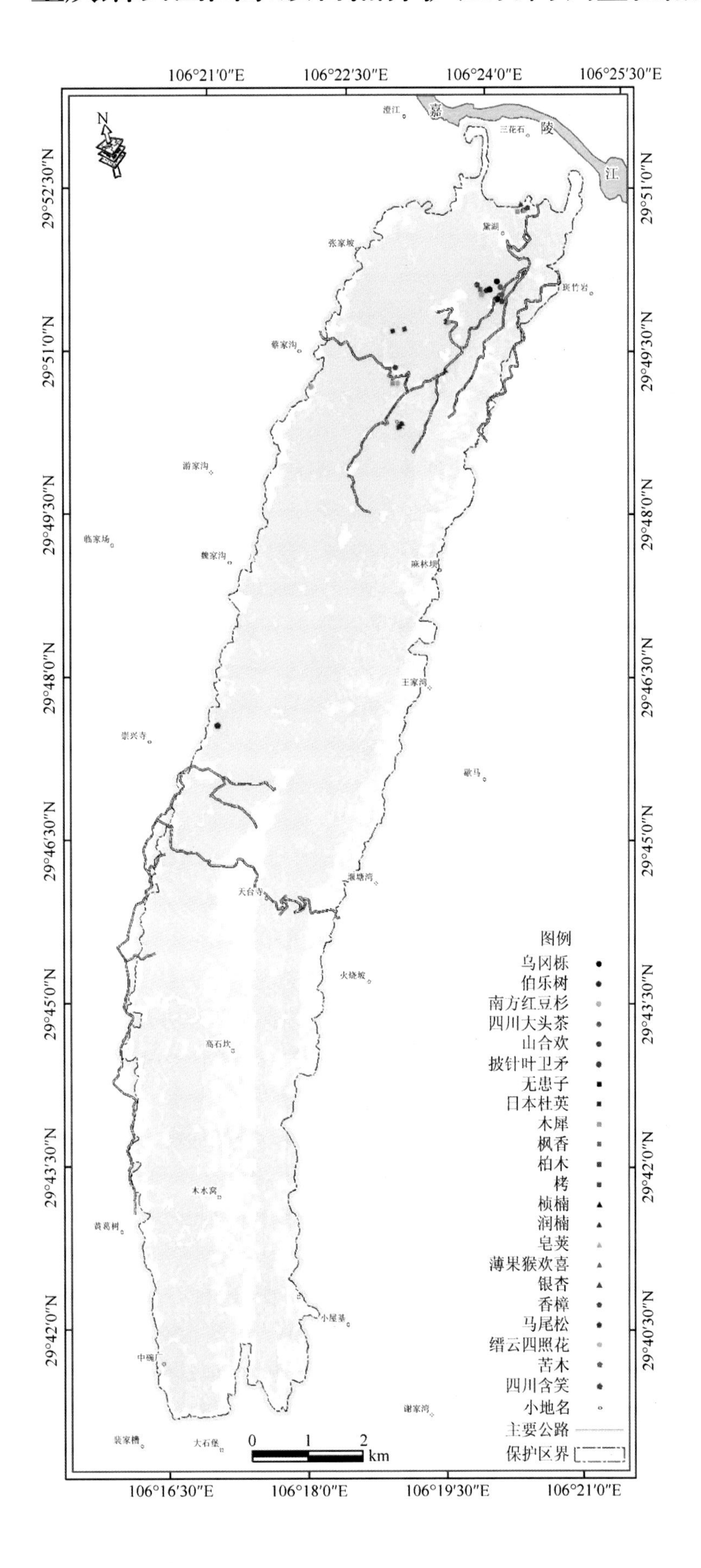

# 附图 6　重庆缙云山国家级自然保护区景观类型图

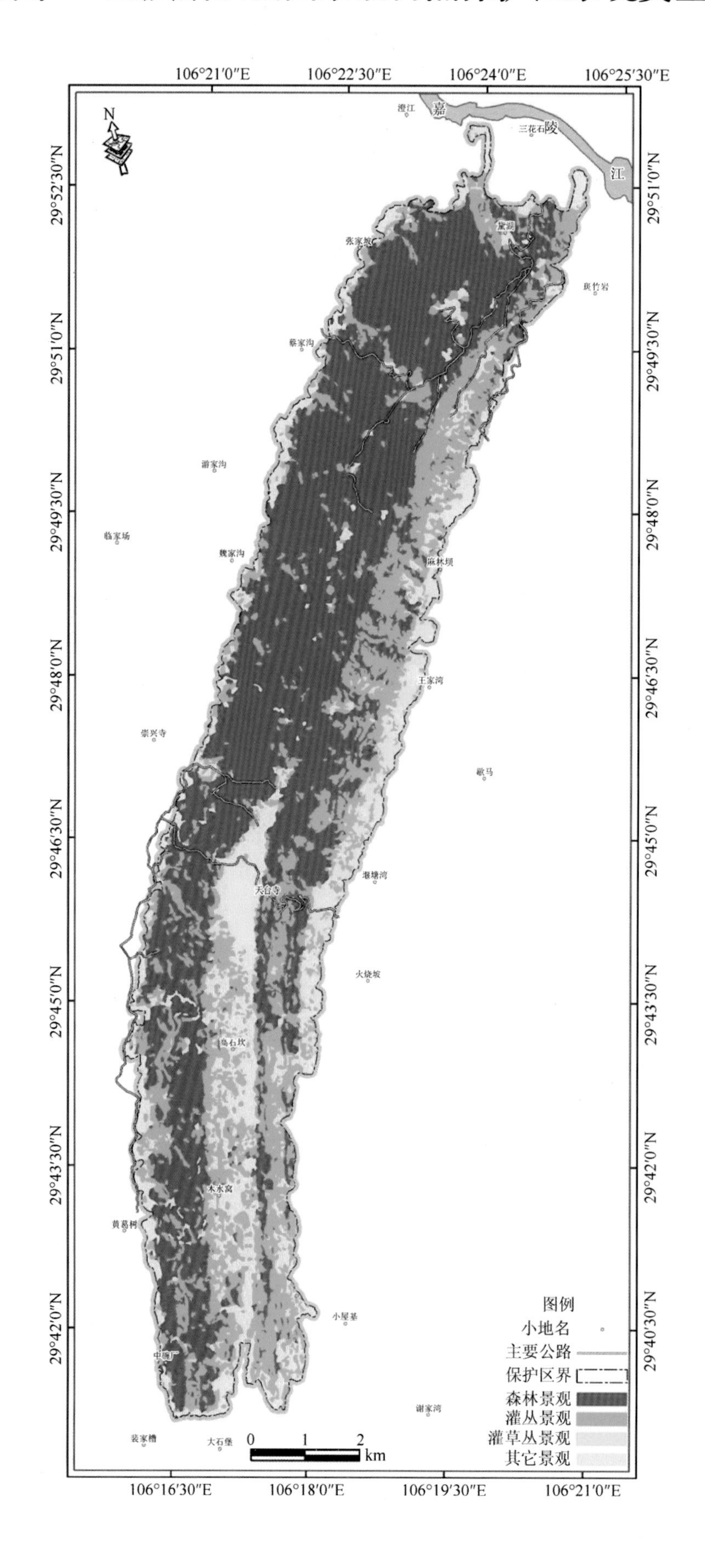

## 附图 7　重庆缙云山国家级自然保护区植被类型图

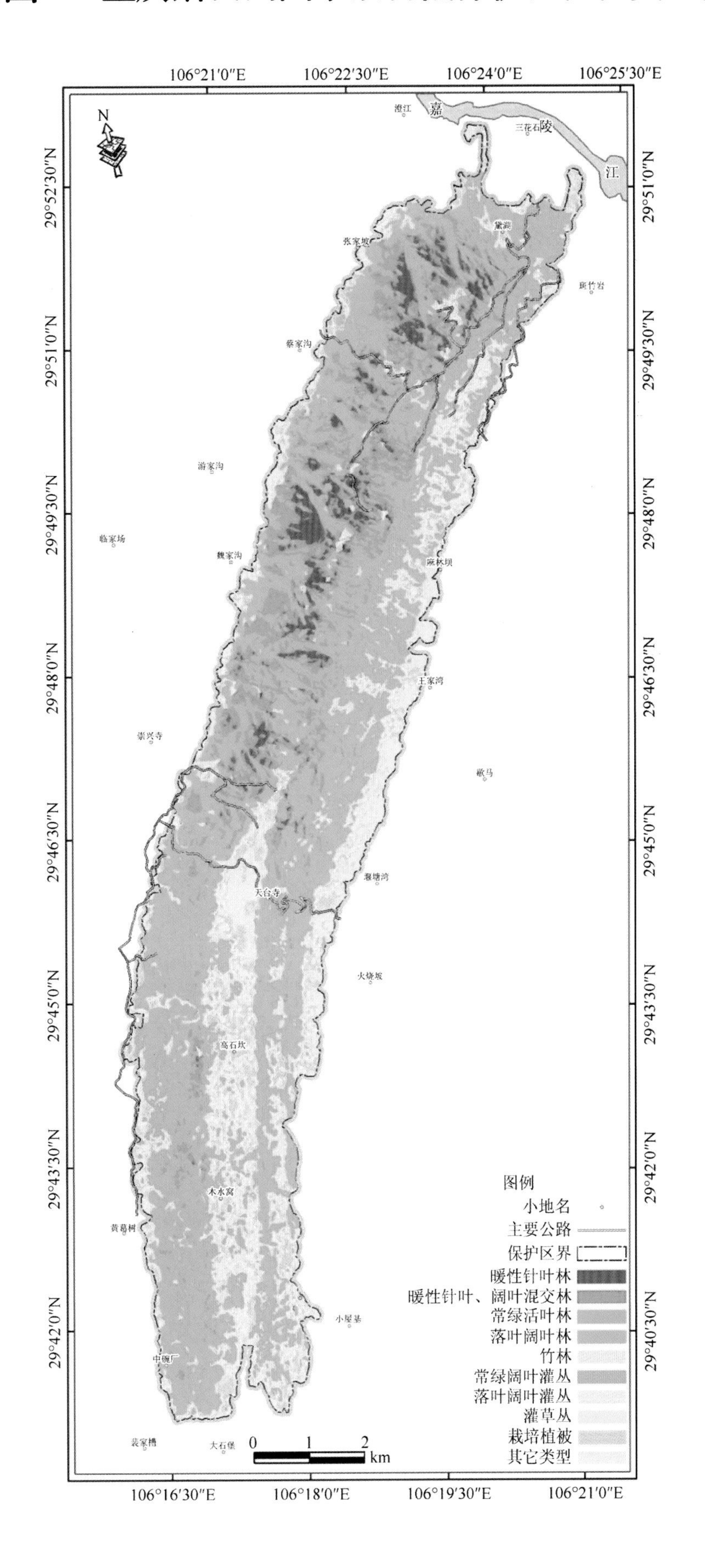